中国清代官式建筑彩画技术

蒋广全 著

马炳坚 审

中国建筑工业出版社

图书在版编目(CIP)数据

中国清代官式建筑彩画技术/蒋广全著.—北京：中国建筑工业出版社，2005 （2024.2重印）
ISBN 978-7-112-07416-7

Ⅰ.中… Ⅱ.蒋… Ⅲ.古建筑—建筑艺术—绘画—技法(美术)　Ⅳ.TU204

中国版本图书馆CIP数据核字(2005)第047099号

本书是作者在多年从事古建筑彩画工程施工、设计、研究的基础上，对清代各类官式建筑彩画技术认真系统的研究和总结。作者根据各历史时期彩画的特点，对各种彩画的纹饰设计、图案构成、设色工艺等，结合具体法式图例作了全面深入的论述和说明。本书对继承和弘扬我国古代建筑彩画的传统做法，对古建筑文物的保护修缮、设计施工，对传统和现代民族风格建筑彩画职业人才的培养，都具有十分重要的指导作用，是绝好的教材。对建筑史、建筑技术史、工艺美术史的研究具有重要价值。

本书适合于古建筑研究、设计、施工、教学和文物保护工作者阅读；可供工艺美术、舞台美术工作者以及建筑院校师生参考、学习和应用。

* * *

责任编辑：胡永旭　周世明
责任设计：赵　力
责任校对：孙　爽　王金珠

中国清代官式建筑彩画技术

蒋广全　著

马炳坚　审

*

中国建筑工业出版社出版、发行(北京西郊百万庄)
各地新华书店、建筑书店经销
天津翔远印刷有限公司印刷

*

开本：850×1168毫米　1/16　印张：16　插页：34　字数：460千字
2005年9月第一版　2024年2月第四次印刷
定价：120.00元
ISBN 978-7-112-07416-7
(13370)

版权所有　翻印必究
如有印装质量问题，可寄本社退换
(邮政编码　100037)

彩画是中国建筑艺术的重要组成部分。雕梁画栋，金碧辉煌之宫殿坛庙、陵寝寺观、楼台亭阁等。若无彩画之装饰将难以保存木质，难以展现其建筑之风彩，艺术之辉煌。

兹有毕生从事中国古建筑彩画实践之作之当代彩画大师蒋广全先生将

其多年积累之彩画设计、施工、研究的经验、心得编辑成书，即将出版。我相信此书的问世必将对弘扬传统建筑文化、保护维修古建筑以及教学科研等方面都将起到积极的作用。于是写了以上几句短语赘言，请教读者高明，并借以对同行老友此书即将出版之祝贺

罗哲文

二〇〇五年乙酉之春

传统彩画难学艰

古法失传忧患生

学术尽白谁来补

专著问世补真经

为《中国清代官式建筑彩画技术》出版
题辞
乙酉年正月 杜仙洲

序

彩画是我国木构古建筑的重要组成部分，它伴随着木构建筑的发展而发展，代代相袭，流传至今已有两千余载的历史。彩画携带着多方面的历史信息，是世人认识中国建筑文化的一个方面的历史见证。清代是我国古建筑彩画发展过程中最为辉煌的时代，此时的官式彩画、地方彩画相互融合、借鉴齐步发展，多姿多彩。官式彩画以其寓意清晰、等级严明、画法规范、用料考究是这时最具权威性典型做法。

由于多种原因，古建筑彩画的整理、研究工作相对起步较晚，专业著述不多。社会上的古建筑修缮工程设计者，管理者和后学者都盼望早日见到一部既有理论分析，又有实例剖解，又有技法传授的专业书籍问世，以便充实这方面的知识。

蒋广全先生自幼酷爱彩画专业，青年时期受教于技工专科学校，系统地学习彩画基础知识，毕业后又投入彩画巨匠郑书本先生门下，继续深造，中年以来转入彩画修缮工程技术管理和修缮设计工作，先后参加主持多项重要的彩画修缮工程。正因为他有如此丰富的经历才有机会接触清代各个历史时期的彩画原迹和不同流派做法特征，又加之他勤奋好学，善于思考，赋于开拓的精神，经数年编绘，几易其稿，终于完成这部巨著，顺应社会之需，可谓好事。

彩画研究整理工作受制于多方面的基础条件不完备，随着新资料的挖掘丰富，我们对彩画的认识还会有新的提高。在目前条件下，蒋先生将彩画整理研究工作向前推进一步，使同业人深感欣羡。

王仲杰
2004 年 12 月 12 日

序

　　蒋广全先生的古建筑彩画专业技术著作《中国清代官式建筑彩画技术》，经过10年的艰苦磨砺，终于与广大读者见面了。这是我国古建界的又一幸事。

　　《中国清代官式建筑彩画技术》和《中国古建筑木作营造技术》、《中国古建筑瓦石营法》一样，同为阐述中国明清古建筑传统技术的专业著作，是填补空白的传世之作，对继承、弘扬中华传统建筑文化具有重要意义。《中国清代官式建筑彩画技术》的出版，使古建筑木作、瓦作、彩作三大主要工种的传统技术均见于经传，结束了传统建筑技术在师徒之间口传心授的历史，因此值得庆贺。

　　蒋广全先生20世纪60年代初即投身古建筑彩画行业，先后从事施工、管理、研究、设计、教学等工作，在40余年的技术生涯中，掌握了高深的技艺，积累了丰富的经验，提高了学术水平，成为当今国内为数不多的古建筑彩画大师之一。《中国清代官式建筑彩画技术》一书，即是他40余年技术和经验的提炼和总结。

　　蒋广全先生文化程度不高，更没有骄人的学历，但他有强烈的责任心和事业心，有对古建筑事业无私奉献的精神。从20世纪70年代我与他相识之日起，就经常在一起畅谈如何为祖国的古建事业做点事情，如何使师徒间口传心授的传统工艺技术流传后世。自那以后的几十年中，他曾先后多次在本单位和社会上举办的古建技术培训班上讲授古建彩画技术，培养了许多年轻人。至今仍受聘于北京市古代建筑工程技术培训中心，继续着培养古建彩画专业技术人才的工作。同时，他还参与了建设部组织的古建筑专业的《职业技能岗位标准》及《鉴定规范》和《鉴定试题库》的编写；参与了《建筑施工手册》（古建筑部分）的编写；参与了北京市《高级建筑装饰工程质量检验评定标准》（古建筑装饰部分）的编写，为继承弘扬中华传统建筑文化作出了重要贡献。

　　蒋广全先生有一种不辞辛劳、锲而不舍的奋斗精神。他做事努力刻苦，严肃认真，一丝不苟。自从1993年开始调入古建筑设计研究所后，不论是完成科研课题，还是承担国家有关部门交办的编写古建筑规程、规范的任务，都不辞劳苦地工作，出色地完成任务。2001～2004年在我们共同主持的北京历代帝王庙保护修缮工程中，他为了认真贯彻"不改变文物原状"的原则，保持文物建筑的原真性，在做油饰彩画保护和复原设计中，冒着寒风，亲自爬到脚手架上指导年轻人做旧彩画纹样的捶拓工作，亲自接描补绘拓片上断线缺失和不清晰的线纹，认真研究旧彩画原有的工艺用色。经他亲手主持复原的历代帝王庙彩画，受到行内专家的一致赞扬。

由于具有这种精神，蒋广全先生才能做到在繁忙的设计研究工作之余，不辞辛劳，十年如一日见缝插针坚持撰写《中国清代官式建筑彩画技术》，特别是配有彩色及墨线插图近千幅，使此书图文并茂，洋洋大观，形象具体。可谓惠泽彩画界，功德传千秋。

《中国清代官式建筑彩画技术》的最大特点是集技术性、学术性、实用性于一身，它是对我国自清初以来古建筑彩画技术的系统总结，同时，在理论上又有新的提高，使一般人士一经阅读便能对中国古建筑彩画全面了解，专业人员一经阅读便可掌握其中的技术奥妙。

蒋广全先生从事古建筑彩画工作40余年，得到过古建彩画界大匠郑书本、王仲杰等名师的真传，他所撰写的文字，绘制的插图，都是正宗的纯正的传统工艺技术，绝非任意杜撰的伪劣杂绘。同时，他又非常重视在继承传统的前提下的弘扬和发展。因此，读他的书，不仅能够学到原汁原味的古建筑彩画技术，还能在弘扬传统彩画艺术方面迈出新的步伐。

蒋广全先生是我的老同事，老朋友，与我相识并共事30来年，《中国清代官式建筑彩画技术》一书也是在我关注之下写成的。今日得以付梓，十分高兴。蒋先生嘱我作序，我才疏学浅，于彩画专业又为门外之汉，实在不敢妄言。但为同道好友多年，盛情难却，于是写了以上冗言。

祝贺本书早日问世！

马炳坚
2005年2月16日于营宸斋

前　言

上世纪初期，梁思成、刘敦桢等先辈们开创了用现代科学方法研究中国古建筑的先河，他们曾为继承我国优秀的古代建筑文化遗产并使之发扬光大建立了不朽的功绩。自那时起至今的70余年以来，由于古建筑文物保护和民族建筑事业发展的需要，有关机构和专家对古建筑的研究范围不断扩大、研究内容不断深化，取得了举世瞩目的成就。

然而从全面深入地发掘、继承我国古代建筑文化遗产的高度要求，至今仍存在着许多空白点，如古建筑各作的传统操作技术及规程的研究；古建筑传统材料及某些材料断档后对策的研究；古建筑保护维修施工及其监理的研究以及技术人才培养等等，都是非常突出亟待解决的问题。

令人高兴的是，20世纪末著名古建木结构专家马炳坚先生出版了《中国古建筑木作营造技术》一书，时隔两年瓦石作专家刘大可先生又出版了《中国古建筑瓦石营法》。这两部专著的问世意义重大。它们是中国营造学社诸先辈们用现代科学方法研究中国古代建筑的继续和深入，直接填补了我国古代建筑在木作、瓦作、石作构造及工艺技术研究方面的空白，取得了历史性的突破。这两部书无论对于今后我国古建筑的木、瓦、石作技术的继承发展、对于文物古建筑的保护修缮、对于古建筑技术人才的培养等方面，已经并将继续发挥不可估量的作用。

1993年本人从古建油饰彩画施工单位调到北京市古代建筑设计研究所工作，开始考虑编写一部关于古代建筑彩画技术做法方面的专业技术书籍，以解决古建筑彩画工艺技术的继承、发展、设计、施工、人才培养等方面的急需。在马炳坚、刘大可两位先生勤奋治学无私奉献精神的鼓舞下，从那时起边从事古建油饰彩画设计，边在过去我多次授课讲稿及长期以来为《古建园林技术》杂志撰写的文稿、画稿的基础上，在进一步深入调查现存大量古建筑彩画实物，不断提高对中国古建筑彩画艺术的理性认识的基础上，开始试着编写书稿。稿件基本完成后，经多方征求意见、修改补充，并配合文学并绘制了大量插图，至今总算基本成书。

本书定名为《中国清代官式建筑彩画技术》，基于如下两个基本理由：1. 因为书名是书内容的总题目，两者间应当相统一。2. 中国古代建筑彩画的发展源远流长，内容博大精深。清代的官式建筑彩画可谓是古代建筑彩画及地方彩画之集大成者，具有普遍代表性。如果首先理解了清代官式建筑彩画的技术和做法，那么对于继续全面深入地研究我国的其它地区彩画及至更久远时代的彩画，可谓是快捷方便的法门。

　　本书共分九章，首先按清代官式建筑彩画不同的纹饰画法进行分类，以使读者能够从内容上认识和区别各种彩画之间的不同。进而按章分为旋子彩画、和玺彩画、苏式彩画、其它类别彩画等五类彩画，从每类彩画适用的范围、纹饰做法的阶段分期特点、等级差别的体现、彩画主题纹饰及细部纹饰的法式规矩等通过文字叙述，形象图例，逐一作了详尽的分析阐述，以使读者全面系统地了解掌握清代官式建筑彩画的基本知识。第七章介绍了各类彩画绘制的主要工艺技术，目的是使在一线操作的技术人员不但要知道这些工艺技术，而且还能够掌握和运用这些技术进行操作。第八章介绍了清代官式建筑彩画运用的颜材料成分沿革以及传统的调配技术，以使读者了解古建筑彩画的用色传统，同时在彩画施工时能掌握这些调色技能。第九章介绍了当今古建筑彩画保护修缮工程设计施工必须遵循的基本原则，施工前应做的工作，施工队伍人员应具备的素质以及传统施工工具、季节性施工等基本内容，以使读者从认识上、制度上、施工做法上，切实执行国家文物保护法规定的原则，按传统把握住关键性的施工管理环节。为普及古建筑彩画知识的需要，书的最后集中附录了古建筑彩画行业长期以来通用的名词术语并加以通俗的解释。

　　自1962年本人参加古建筑彩画的工作以来，拜的第一位老师是北京地区古建筑彩画界著名老匠师郑书本先生。郑老师手把手地教我彩画技术。自脱产从事油饰彩画的技术管理工作后，又拜了古建筑彩画界著名的专家王仲杰先生为师。这时不但向王老师继续学习了古建筑彩画技术，而且转到了对专业技术的管理以及对彩画沿革的研究，使我的学习走向更高的层次。王老师循循善诱垂范后生，从古建筑彩画发展变化等方面进行细致耐心的传授，使我对古建筑彩画发展沿革有了更深入的认识，对古建彩画的保护继承意识有了更大提高。王老师经常强调的一个观点是："学习研究古建筑彩画时应当忘掉自己，抓住古建筑彩画历史发展的阶段特点深入研究彩画，切忌杜撰历史，要以现代文物学考古学的思路研究中国古建筑彩画。"从本人多年从事古建筑彩画技术工作的体会说明，按照王老师所指的这条道路走过来，取得的工作成果会越来越坚实，路越走越宽广，工作信心越来越大。

　　我今天能够出版这本书，没有单位领导的支持帮助，没有恩师及各位师长的技术传授是根本不可能的；没有祖先遗留下来的丰富史料以及大量现存的古建筑彩画实物供学习研究也是根本不可能的。本书的编写工作，一直得到本人所在单位领导马炳坚所长的一贯支持和帮助，在成书过程中，马所长还对本书文字部分进行了认真的加工和润色，付出了艰辛的劳动使本书增色不少，特在此表示由衷感谢！

  本书虽号称中国清代官式建筑彩画技术，但实际上正如古代的一位大哲人所言的"说法者无法可说"，书中所表述的各种观点方法只是个人在前人的工作成果及研究的基础上，对古建筑彩画认知的一些感悟而已。谨以自己大半生学到的对中国古建筑彩画的知识体会编撰成集和盘托出，一是向领导及先辈师长们做一个汇报，二是奉献给我一直热爱着的祖国的古建筑彩画事业和各位热爱中国古建筑彩画的同行和朋友们。由于本人才疏学浅，水平有限，书中一定会有各种缺点和不足，在此由衷地渴望得到专家的赐教斧正。

蒋广全
2004 年 11 月于北京

目 录

第一章　清代官式建筑彩画种类及沿革 ……………………… 1
　　第一节　中国古建筑彩画发展概述 ……………………… 1
　　第二节　彩画在古建筑中的基本作用 …………………… 13
　　第三节　清代官式建筑彩画的沿革及分类 ……………… 14

第二章　旋子彩画 …………………………………………… 19
　　第一节　旋子彩画概述 …………………………………… 19
　　第二节　檩枋梁大木方心式旋子彩画 …………………… 21
　　第三节　檩枋梁大木搭袱子式旋子彩画 ………………… 48
　　第四节　旋子彩画的切活 ………………………………… 50
　　第五节　平板枋彩画 ……………………………………… 55
　　第六节　垫板彩画 ………………………………………… 58
　　第七节　檩头、柁头彩画 ………………………………… 60
　　第八节　柱头瓜柱彩画 …………………………………… 61
　　第九节　清代旋子彩画做法及其一般施工工艺流程 …… 66

第三章　和玺彩画 …………………………………………… 70
　　第一节　和玺彩画的产生发展沿革概述 ………………… 70
　　第二节　檩枋梁大木和玺彩画 …………………………… 73
　　第三节　与檩枋梁相配的垫板、平板枋、柱头彩画 …… 86

第四章　苏式彩画 …………………………………………… 89
　　第一节　苏式彩画概述 …………………………………… 89
　　第二节　方心式苏画纹饰 ………………………………… 93
　　第三节　海墁式苏画纹饰 ………………………………… 110
　　第四节　包袱式苏画纹饰 ………………………………… 123
　　第五节　苏画的细部纹饰 ………………………………… 144
　　第六节　苏画的基底设色 ………………………………… 165
　　第七节　苏式彩画的等级划分及细部写实性绘画 ……… 170

第五章　其它类别的彩画 …………………………………… 172
　　第一节　宝珠吉祥草彩画 ………………………………… 172
　　第二节　海墁彩画 ………………………………………… 175

第六章　檩枋梁大木彩画与其它部位彩画的
　　　　　相互匹配运用关系 ……………………………… 178
　　第一节　椽头椽望彩画 …………………………………… 178
　　第二节　斗栱彩画 ………………………………………… 180

第三节　角梁、梁枋头及宝瓶彩画 …………………………… 185
第四节　天花彩画 ……………………………………………… 189
第五节　雀替及花板彩画 ……………………………………… 199
第六节　倒挂楣子彩画 ………………………………………… 201
第七节　浑金柱、片金柱彩画及墙边彩画 …………………… 202
第七章　清代官式建筑彩画主要绘制工艺及操作要求 ………… 204
第八章　清代官式建筑彩画的颜材料成分、
　　　　调配技术及颜色代号的运用 ……………………………… 220
第一节　清代官式建筑彩画的颜材料成分及沿革 …………… 220
第二节　颜材料调配技术 ……………………………………… 226
第三节　古建彩画设计与施工中采用的颜色代号 …………… 231
第九章　古建筑彩画保护修缮与彩画施工 ……………………… 233
第一节　古建筑彩画保护修缮 ………………………………… 233
第二节　彩画施工 ……………………………………………… 235
彩图 ……………………………………………………………………… 239
清代官式建筑彩画彩色小样图集 ……………………………………… 278
附录一　名词术语解释 ………………………………………………… 299
附录二　引用注释 ……………………………………………………… 309
主要参考文献 …………………………………………………………… 310

第一章

清代官式建筑彩画种类及沿革

第一节　中国古建筑彩画发展概述

建筑彩画作为中国古代建筑外表的装饰艺术，有着非常久远的历史。

我国最新考古发现说明，在泥灰建筑的墙面上描绘形象，始于新石器时代，不过那时的描绘均与彩陶有关联。它们的意义在于新载体的发现和制作——先在墙面上抹上一层草土混合泥，然后再涂上一层砂浆，最后抹上白灰，这种方法一直被后代人所采用[1]。

江西清江县营盘里出土的新石器晚期的一件陶屋，为我们提供了一个完整建筑装饰佐证（图1-1-1）。那整齐排列的一个个同心圆，那正反方向排列的三角纹，斜纹……作为明器的小陶屋，制作者却能如此强调和突出其装饰纹样，足以说明当时现实生活中建筑装饰的普遍性及其重视程度。

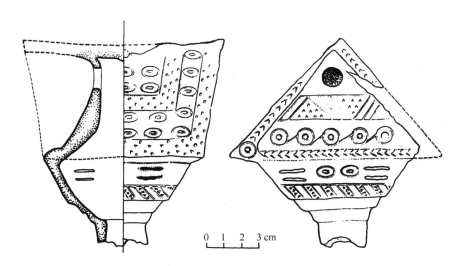

图1-1-1　江西清江县营盘里出土陶器上的建筑形象
（本图引自《古建筑园林技术》杨建果、杨晓阳撰写《中国古建筑彩画源流初探（二）插图》）

在辽宁西部凌原、建平两县交界处牛河梁一处大致和仰韶文化同时的江山文化（经碳14测定，为4975±85年，树轮较正为5580±110年）女神庙遗址中，发现有彩绘墙壁面、装饰平带等建筑残片六块。

从彩陶到建筑装饰的纹样，用色都如此一致可以说明，对色彩纹饰这种原始的本能冲动，也毫无例外地"浓缩"到建筑上来了，这是一个很有价值的发现。它把建筑彩画有证可查的历史上限起码推前了三千多年[2]。见图1-1-2。

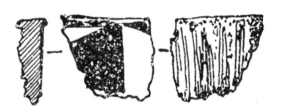

彩绘墙壁面

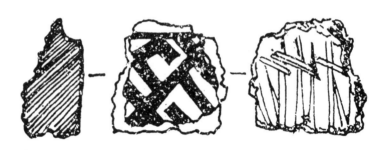

彩绘墙壁平带

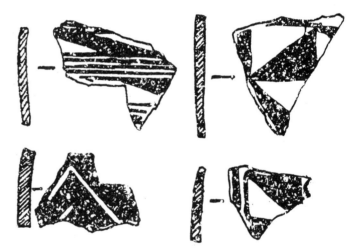

同时出土的彩陶残片

图1-1-2 辽西出土的彩陶残片
（本图引自《古建园林技术》杨建国、杨晓阳撰写《中国古建筑彩画源流初探》）

《论语》所载"山节藻棁"和《春秋穀梁传注疏》所载"礼楹，天子丹，诸侯黝垩，大夫苍，士黈"等记述，所谓楹即是柱，节是坐斗，棁是瓜柱。由此证明春秋时代已在抬梁式木构架建筑上施彩画，而且在建筑色彩方面也有严格的等级制度了[3]。

在装饰方面，已发现的战国时代燕下都的瓦当有20余种不同的花纹。其中有用文字作装饰图案的。

汉朝建筑所用的花纹题材大量增加，大致可分为人物纹样、几何纹样和植物、动物纹样四类。人物纹样包括历史事迹、神话和社会生活等。几何纹样有绳纹、齿纹、三角、菱形、波形等。植物纹样以卷草、莲花较普遍。动物纹样有龙、凤、蟠螭等。这些纹样以彩绘与雕、铸等方式应用于地砖、梁、柱、门窗、墙壁、天花和屋顶等处（见图1-1-3、图1-1-4、图1-1-5）[4]。

河南洛阳出土彩陶豆纹饰

河南辉县出土金银错车马饰

河南辉县出土镂花银片

河南辉县出土铜质车马饰

河南辉县出土木棺纹饰

河南信阳木椁墓出土透花玉佩

河南信阳木椁墓出土大鼓彩绘鼓环纹饰

河南信阳木椁墓出土铜质镂孔奁形器
（展开1/3）

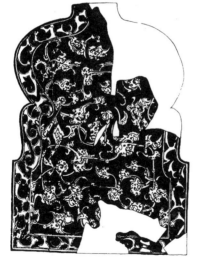
湖南长沙木椁墓出土彩绘漆盾牌

河南信阳木椁墓出土彩绘方盒纹饰

河南信阳木椁墓出土彩绘木豆纹饰

河南信阳木椁墓出土彩绘棺板

图1-1-3 战国装饰纹样
（本图引自《中国古代建筑史》）

雷纹　河南洛阳出土汉砖

绳纹　山东嘉祥武氏祠石刻

直线纹　河南洛阳烧沟汉砖

垂幛纹　山东沂南石墓石刻

齿形纹　山东沂南石墓石刻

S纹　陕西绥德汉墓门框石刻

三角纹　陕西绥德汉墓门框石刻

菱形编环纹　陕西绥德汉墓门楣石刻

菱形纹　江苏徐州茅村汉墓墓室北壁石刻

连弧纹　江苏徐州茅村汉墓墓室北壁石刻

波形纹　江苏徐州苗山汉墓墓室前壁石刻

几何纹样

图 1-1-4　汉代建筑装饰纹样(一)
（本图引自《中国古代建筑史》）

陕西绥德汉墓左室门框石刻

莲花 山东沂南石墓石刻

江苏徐州芳村汉墓第三室北壁石刻

卷草 山东沂南石墓石刻

陕西绥德汉墓门楣
人事纹样

卷草 山东嘉祥武氏祠石刻

卷草 陕西绥德汉墓门框石刻

卷草 陕西绥德汉墓门楣石刻

龙 四川芦山王晖墓石棺石刻

蟠螭纹 四川成都出土画象砖
动物纹样

卷草 陕西绥德汉墓门框石刻
植物纹样

南北朝时代，凿崖造寺之风遍及全国，……西起新疆，东至山东，南至浙江，北至辽宁，都有这时期留存至今的石窟。这些石窟寺和精美的雕刻、壁画等是中国古代文化的一份宝贵遗产。

北朝石窟为后世留下了极其丰富的建筑装饰花纹。除秦汉以来传统的纹样外，随同佛教艺术而来的印度、波斯和希腊的装饰，有些不久就被放弃，但是火焰纹、莲花、卷草纹、缨络、飞天、

图 1-1-5 汉代建筑装饰纹样（二）
（本图引自《中国古代建筑史》）

狮子、金翅鸟等，不仅用于建筑方面，后代还应用于工艺美术方面，特别是莲花、卷草纹和火焰纹的应用范围最为广泛（见图1-1-6、图1-1-7）[5]。

鸟兽　云冈6窟天盖

缨络纹　云冈9窟

飞天　云冈13窟

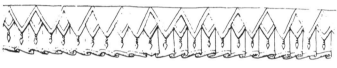
缨络纹　云冈1窟

莲瓣纹　云冈9窟

龛楣　敦煌285窟

绳络纹　云冈9窟

莲瓣纹　云冈9窟

卷草纹　南京西善桥南朝墓砖

佛像背光的火焰纹　龙门古阳洞

卷草纹　南京梁萧景墓碑

卷草纹　云冈6窟

图1-1-6　南北朝建筑装饰纹样（一）
（本图引自《中国古代建筑史》）

图 1-1-7 南北朝建筑装饰纹样(二)
(本图引自《中国古代建筑史》)

隋唐时期是中国封建社会前期发展的高峰，也是中国古代建筑发展成熟的时期。

唐朝的住宅，从王公官吏以至庶人的住宅，门、厅的大小，间数、架数以及装饰、色彩等都有严格的规定，充分体现了中国封建

图 1-1-8 敦煌莫高窟藻
(本图引自《中国古代建筑史》)

社会严格的等级制度。这时彩画构图已初步使用"晕",对于以对晕、退晕为基本原则的宋代彩画具有一定的启蒙作用。

纹饰的使用,除莲瓣以外,窄长花边上常用卷草构成带状花纹,或在卷草内杂以人物。这些花纹不但构图饱满,线条也很流畅而挺秀。此外,还常用半团窠及整个团窠相间排列,以及回纹、莲珠纹、流苏纹、火焰纹及飞仙等富丽丰满的装饰图案(见图1-1-8、图1-1-9、图1-1-10、图1-1-11)[6]。

卷草凤纹　西安唐杨执一墓门额楣

佛像迦陵频加卷草纹
西安唐大智禅师碑侧

狮鹿卷草纹　西安唐杨执一夫人墓志盖

卷草纹　西安隋王君墓志盖

卷草纹　西安隋独孤罗墓志盖

回纹　敦煌360窟藻井

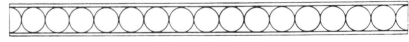

连珠纹　敦煌360窟藻井

图1-1-9　隋、唐、五代装饰纹样(一)
(本图引自《中国古代建筑史》)

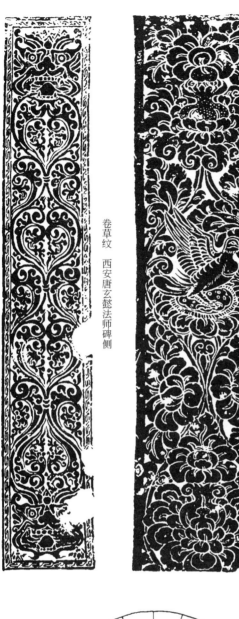
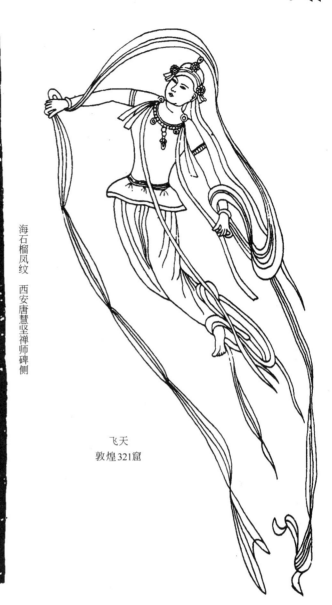
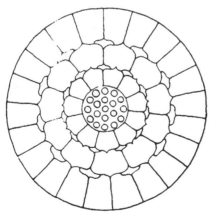

图 1-1-10　隋、唐、五代装饰纹样（二）
（本图引自《中国古代建筑史》）

流苏纹　敦煌331窟藻井

铃铛流苏纹　敦煌360窟藻井

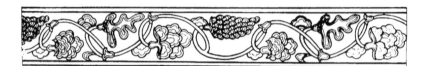

葡萄纹　敦煌322窟

带状花纹　敦煌197窟

带状花纹　敦煌66窟

团窠纹　敦煌319窟藻井

卷草纹　江苏南京李升陵前室西壁立枋彩画

图1-1-11　隋、唐、五代装饰纹样（三）
（本图引自《中国古代建筑史》）

北宋政府为了管理宫室、坛庙、官署、府第等等建筑工作，颁行了《营造法式》一书。

北宋彩画随着建筑的等级的差别，有五彩遍装、青绿彩画和土朱刷饰三类。其中梁额彩画由"如意头"和方心构成，并盛行退晕和对晕的手法，使彩画颜色的对比，经过"晕"的逐渐转变，不至过于强烈，在构图上也减少了写生题材，提高设计和施工的速度，适合于大量建造的要求（见图1-1-12）[7]。

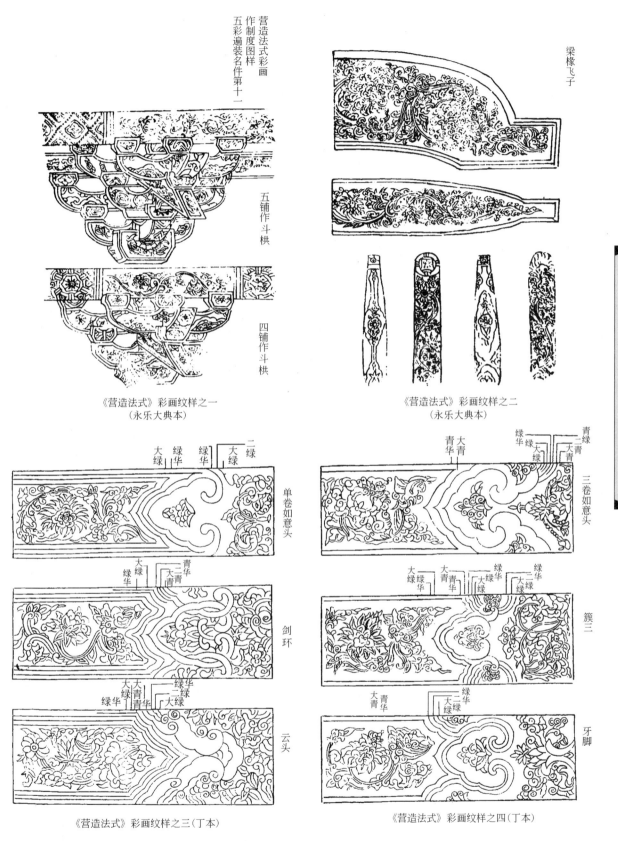

图 1-1-12 《营造法式》彩画纹样
（本图引自《中国古代建筑史》）

第一节 中国古建筑彩画发展概述

元代檩枋大木彩画的基本格局全面地继承了宋代阑额彩画中方心类的三段式造型，即找头——方心——找头图案。其间的发展集中在纹饰细部变化上；宋代虽有近似"箍头"的带状纹饰，但使用得比较广泛，不局限在构件两端设置，凡有莲花纹或有锦纹的部位皆用其束之、隔之。元代后期把其固定在构件的两端，形成了箍头。"盒子"在宋代还尚未出现，元代后期出现了在构件的两端用两条箍头隔成近方形的画框，形成了盒子，其内布置锦纹或柿蒂纹。找头部分的核心纹饰，宋代是用如意头组成的。元代在如意头的基础上则用旋瓣组合。总体造型也由如意头交互形，向"一整两破"过渡。方心部分的变化相对较少。元代基本上沿用了宋代做法，仍绘龙凤纹、锦纹等纹饰。除此之外还出现了不施纹饰的单色叠晕做法。

元代斗栱彩画基本上也是沿用宋制。高等级的遍施花纹，低等级的做单色叠晕。

以上这些变化显示出元代官式彩画在朝着旋子方向发展。

元代官式彩画的类别和等级状况，……有旋子和海墁两类，旋子彩画是其主要类型。装饰等级有墨线点金五彩遍装、墨线青绿叠晕装和灰底色黑白纹饰等三种（见图1-1-13、图1-1-14）[8]。

图1-1-13 北京雍和宫迤北城墙内出土元代木构彩画示意图
（本图引自《紫禁城建筑研究与保护》由王仲杰先生撰写的《试论元明清三代官式彩画的渊源关系》插图）

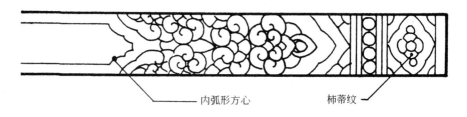

图1-1-14 山西芮城永乐宫三清殿内檐斗栱元代彩画示意图
（本图引自《紫禁城建筑研究与保护》由王仲杰先生撰写的《试论元明清三代官式彩画的渊源关系》插图）

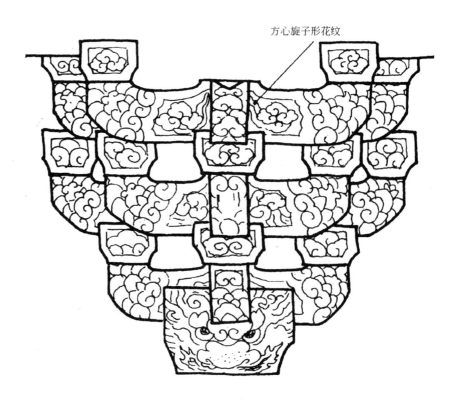

明代官式彩画檩枋部分的基本格局，是沿袭元代旧制，但在细部的造型及设色方面都有了很大发展。纹饰方面变化集中在盒子、旋花和方心三个部位。明代盒子的核心纹饰除了沿用柿蒂纹外还出现了用旋瓣和云纹组合的团状花饰，不再布置锦纹了。明代找头部分的纹饰造型主要有两种。一是外轮廓呈如意头形，其内附上些旋瓣或云纹；二是用旋瓣组成旋花造型。这两种纹饰既可以单独组合，也可经交互组合。

檩枋彩画的主要颜色为青绿两色，莲座部分多用红色装饰。个别低等级的彩画也沿用元代以灰色作地的绘法。高等纹彩画的主体线路（如方心线、箍头线）有贴金的实例。一般为墨线点金，雅五墨做法。除了灰色彩画外，不论其等级高低一律采用叠晕做法，是明代彩画的通例。

明代官式的斗栱彩画，演变为墨边青绿叠晕做法，斗栱之上不再布纹饰了。

明代官式彩画的类别状况及其等级次序，……从目前所发现的遗迹中区分为：金线点金、墨线点金、雅五墨和灰色做法四种[9]，见彩图1-1-15。

清代官式建筑彩画（本书以下有时亦简称"清式彩画"），在全面地继承了过去彩画传统的基础上，又进入了一个继续大发展的时期。其发展变化所取得的主要成果体现在，无论在彩画的取材面及在表现方式等方面，较明代官式彩画都已大为拓宽，创造出了多种具有本时代特点的、可适用于各种不同使用功能建筑的、由不同纹饰构成不同类别的、不同立意纹饰内容搭配组合的、不同做法档次的彩画。

在彩画的绘制方法方面也有了长足发展。此时期彩画发展变化的一个特点是，在继续地发扬发展本民族彩画表现技法的同时，还有选择地吸收融合进了西画的某些表现技法，创造出了多种可适用于各种不同等级彩画绘制需要的，非常规范的新工艺新技法。

由于清朝颁布了工部《工程做法则例》（以下均简称《工程做法则例》），这就使得清官式彩画的法式规矩更加严密规范、更加程式化、等级层次更加严明清晰。

总之可以说，清代官式建筑彩画发展所取得的成就，在中国古代建筑彩画的发展史上，又达到了一个新的高峰。

第二节　彩画在古建筑中的基本作用

彩画对于古建筑究竟起哪些作用呢？古籍《孔子家语·观周》记载，生活在春秋末的孔丘，曾去瞻仰周朝的"明堂"（招待功巨、使节、选拔职官及举行祭祀大典的礼堂），看到四周的墙壁上，"有尧舜之容，桀纣之像，而各有善恶之状、兴废之诫焉"，"独周公有勋劳于天下，乃绘于明堂"。[10]可见彩画在历史上，以绘画的形式运用于祭祀性建筑，是用来宣扬礼教，以起到抑恶扬善的教化作用。

秦始皇咸阳宫"木衣绨绣，土被朱紫"及汉代宫殿"以椒涂壁，被以文绣"[11]说明，彩画作为一种实用装饰艺术，在建筑中不仅要起到秀美的装饰作用，更重要的是对木构墙壁起到"衣服、被子"的遮盖保护作用。

汉长安宫殿"绣栭云楣，镂槛文㮰，襄以藻绣，文以朱绿"[12]，孙吴建业宫室"青琐丹楹，图以云气"[13]。一方说明了西汉以来的帝王宫室建筑对装饰审美的需要已达到了空前的水平。另方面也说明，彩画在历史上继承着传统，通过运用各种纹饰色彩等手段，对建筑进行着独特的装饰美化作用。

西汉初，萧何监造未央宫，高祖刘邦见其过分辉宏奢侈，甚怒。萧何则对曰："天子以四海为家，非令壮丽，亡以重威"。"夫君人者，不饰不美，不足以一民"[14]。由此可见古代壮丽精美的官式建筑装饰，不仅是建筑本身美的需要，同时也在于通过运用一定美丽的装饰，用以体现权力地位，以起到为政治服务的作用。

古人于这方面的有关论述是相当多的，于此不再一一引述。就是说彩画在我国古代建筑史上对于建筑所起到的作用是多方面的，概括地说，彩画是通过对各种不同功能性质的建筑的装饰，来满足使用要求，体现建筑与建筑间的等级关系，以适合于中国古代社会的宗法、礼教制度及文化传统。若从彩画对建筑最直接的作用而言，则有两个方面的基本作用，一是对木构起到保护作用；二是对建筑起到装饰美化作用。

我国现代建筑学家林徽因先生关于彩画的产生发展与作用曾作过精辟的论述："在高大的建筑物上施以鲜明的色彩，取得豪华富丽的效果，是中国古代建筑的重要特征之一，也是建筑艺术加工方面特别卓越的成就之一。彩画图案在开始时是比较单纯的。最初是为了实用，为了适应木结构上防腐防蠹的实际需要，普遍地用矿物原料的丹或朱，以及黑漆桐油等涂料敷饰在木结构上；后来逐渐和美术的要求统一起来，变得复杂丰富，成为中国建筑装饰艺术中特有的一种方法"[15]。

第三节　清代官式建筑彩画的沿革及分类

一、清代官式建筑彩画的沿革

古建筑彩画作为中国传统建筑文化的组成部分，是随着社会政治、经济的发展以及人们审美要求的变化而不断发展变化的。清代官式建筑彩画在经历了260多年沿革后所遗存的大量实物不但说明了这一点，而且还为我们留下了各个不同历史时期的十分珍贵的实物资料。

清代官式建筑彩画在其发展过程中，无论纹饰的产生及运用定型，某些具体做法的运用及变化完善、某些颜材料的运用等，都具有一定的阶段性特征。了解与掌握这些特点或特征，是十分必要的，它对于深入研究清代官式建筑彩画和做好古建彩画保护修缮等各方面的工作，都大有裨益。

为能较准确地把握清代官式建筑彩画各个历史阶段发展变化的特点和规律，笔者在过去的研究工作中把清朝从1644年至1911年267年的历史分为前中后三期，即把从顺治起至雍正止（1644年～1735年）的91年间的彩画，列为了清代早期彩画；把从乾隆起至嘉庆止（1736年～1820年）的84年间的彩画，列为清代中期彩画；把从道光起至宣统止（1821年～1911年）的90年间的彩画，列为了清代晚期彩画。划分成三个大的历史阶段，有利于对清代彩画作既相连贯又有区别的观察研究。

二、清代官式建筑彩画的分类

依据清代官式建筑彩画画法的主要特征，大体分为旋子彩画、和玺彩画、苏式彩画、宝珠吉祥草彩画和海墁彩画五个种类。在清代官式建筑中，前三类彩画比较多见，后两类彩画比较少见。

旋子类彩画，是以构成其主体图案团花外层花瓣采用旋涡状"◎"花纹为突出特征。这类彩画有多种由高至低严格的做法等级，在各种建筑中运用非常广泛，是清代官式建筑彩画的主要类别之一。

清代旋子彩画，是从明代相类似的官式旋子彩画直接演变而来的，其主体花纹的法式构成在清代早期已基本定型。至清中期虽有某些变化但并不大。清代中期完全定型以后至今基本上没有多大变化。

清代建筑彩画，当初是以旋子彩画为主的，自从和玺类彩画产生以后，它被排在最主要的地位，旋子彩画下降为次要地位。

和玺类彩画，以构成其彩画的主体轮廓框架大线呈"⌇"形为显著特征。其彩画纹饰的基本构成形式在清早期已基本定型。其框架斜大线画法，早期以相互对应的曲弧形构成的大莲花瓣形为特征，发展到清中晚期，逐渐变成了用相互对应的斜直线表观。

由于和玺彩画所营造的是皇家独有的浑厚凝重、庄严豪华和壮丽恢宏的装饰艺术效果，故该类彩画的用金量及贴金技法方，无论是与同时代其它类彩画相比或是与历史上各朝代的彩画相比，都达到了顶点和最高水平。

　　清早期的和玺彩画，在金大线旁仅拉饰较窄的浅晕色。约到清中期中叶以后，不仅要先拉饰较宽的晕色，靠金线部分还要拉饰醒目的大粉（白色），使得彩画的整体色彩效果对比变得柔和，色彩层次感增强，绘制工艺更加精致高级。

　　和玺类彩画所运用的主题纹饰，主要是龙、凤等内容，其象征和体现的是至尊无二、皇权至上、神权至上的显赫地位，这类彩画在清代实际上是一种御用彩画，主要被运用于皇宫等重要建筑以及敕建的重要殿堂，至于其它性质的建筑是绝对不能随意乱用的。和玺彩画是清代官式建筑彩画等级最高的一类彩画。

　　苏式类彩画的"苏式"，其原本意义是指我国南方苏、杭地区历史上流传下来的一种地方彩画做法。由于官式建筑扩展装饰形式的需要，吸收了这种彩画（还包括我国其它地区彩画）的某些特点，并使之与北方某些官式彩画的构图及内容相互融合，经较长时间的发展完善，而形成的一类具有北方官式彩画特点和一定生活气息，主要用来装饰皇家园林建筑的新型彩画。因这类新彩画的产生与苏杭地区彩画有着根由关系，故被称为苏式彩画。

　　苏画在木构件上的构图形式，在清代早期已基本定型，在以后的发展中没有根本性的改变。

　　清早期苏画的袱子（即后来所称的包袱）和某些方心造型的外框轮廓，以普遍画较宽且较精致的花边（当时称之为"边子"）为主要特点。约从清中期下半叶以后，为强调彩画主题及审美的需要，包括袱边子、方心以外的岔口等逐渐被"退烟云"所取代，这就又形成了苏画在这一阶段的新特点。

　　清中、早期苏画，主要以象征皇权的龙凤纹和含有吉祥寓意的吉祥图案作为彩画的主题，对于写实性绘画内容的运用是很有限的。清晚期的苏画，在继续运用上述传统主题纹饰的同时，在运用写实性绘画内容方面，明显地呈现出了加强的趋势。至于苏画普遍地用写实性绘画作为主题内容，当在清代以后才开始的。

　　清中、早期苏画的细部纹饰，仍保持着苏杭地区彩画普遍运用锦纹及团花纹的特点，从彩画整体效果上说，它所追求和体现的主要是文雅含蓄的装饰形式和锦绣效果。清晚期的苏画，对于锦纹、团花纹的运用已大大减弱，更多是被平涂色做法以及各种写实性绘画所取代，故在彩画效果方面，呈现出了追求通俗直观和趣味性的发展趋势。

　　宝珠吉祥草类彩画，以运用较大型的宝珠和粗壮硕大的卷草作为彩画主题纹饰，并以其整体色彩效果红火热烈为突出特征。

该种彩画原本是流传于我国东北满蒙少数民族地区的一种彩画，随着清代定都北京，作为清代初期的一类官式彩画，曾主要用于装饰皇宫城门等建筑。其绘制等级分为两档，高等级者称为西番草三宝珠金琢墨；低等级者称为烟琢墨西番草三宝珠五墨。

从近期的发现说明，宝珠吉祥草彩画仅用于清代早期建筑，从清中期以来没有被沿用，而是被和玺、旋子等类彩画所采撷吸收融合了。

海墁类彩画，以在建筑外露的上下架构件及部位遍施彩画为主要特点，其彩画的构图画法无具体法式规则限制，做法无具体规定要求。

其它类别的彩画，绝大部分只做在建筑的上架大木构件。而海墁类彩画做法，是包括着上架大木、椽望、下架大木柱框、装修，有的甚至还要墙面，都遍做彩画；其它类别彩画，无论其纹饰的构图形式、内容的运用、做法等级的区别等，都是遵循着一定的法式规矩，而海墁类彩画则可以在清代彩画制度允许的前提下，按具体建筑的装饰需要，自由构图，可广泛地运用各种纹饰，无拘束地运用各种绘制方法完成彩画。

海墁类彩画在清代官式建筑中的运用是比较有限的，清代有关的彩画实物遗存说明，该类彩画在清代中期已初具形式，而作为一类彩画加以运用，约在清晚期。这类彩画的运用，是根据当时人们特殊的装饰需求，在某些特定环境的少量建筑上，或在某些建筑的某些特定范围内加以运用的。它所追求和体现的是自然、雅致、新颖的装饰效果。

总之，清代各类官式彩画的构图布局形式在清代早期大都已基本定型，各种绘制工艺已臻于全面。清早期末叶由官方颁布的《工程做法则例》，既包含对以前彩画做法的全面总结，同时又是当时国家对于以后官式彩画工程做法制定的规范，因而对于以后清代官式建筑彩画的发展要起着十分重要的作用。

清代官式建筑彩画得到空前大发展乃至达到鼎盛并取得辉煌成就是在从清代早期下半叶至清中期结束这一大段时期。因为当时国家正处于政治相对稳定、经济相对繁荣、市面上可供彩画工程选择的颜材料颇为丰富的时期。这段时期的官式彩画，在清代早期已取得的各种成果的基础上，又得到了进一步的发展完善，使得清代官式建筑彩画的水平都达到了前所未有的高峰。

清代晚期，西方列强入侵中国，发生了两次鸦片战争，中国的社会发生了变化，致使国力衰微，官方建筑活动急剧减少，清代官式建筑彩画的发展也受到了严重的阻碍与摧残。

传统的清代官式建筑彩画在清代晚期以前所运用的主要颜料大都是天然矿质颜料，这种颜材料所产生的色彩效果是高雅稳重柔和。但由于清晚期被迫地进口现代化工生产的各种高彩度的洋颜料,并在彩画工程中被普遍应用,因此从这个时期起彩画的色彩质量效果便发生了变易扭曲,使之朝着过分强烈刺激的方面转化了。

第二章 旋子彩画

第一节 旋子彩画概述

一、旋子彩画名称的由来

旋子彩画是清代建筑的一类主要彩画,这类彩画应用广泛,做法品种很多,等级制度分明。文献记载最早见于清工部《工程做法则例》,如其中提到"金线大点金沥粉金云龙方心伍墨彩画"、"小点金龙锦方心伍墨"、"雅伍墨花锦方心"等名称,就是按具体彩画贴金面积的大小、方心纹饰的内容、色彩的运用等情况,而命名彩画名称的。在彩画行业中,旋子彩画也有"蜈蚣圈"、"学子"、"旋子"、"圈活"等多种俗称。

1934年梁思成先生在《清式营造则例》一书中,根据这种彩画纹饰的特征,首称这类彩画为"旋子彩画",从而统一了这类彩画的名称,这就是旋子彩画名称的由来。

二、旋子彩画的应用范围

旋子彩画主要装饰以下几类不同使用性质的建筑:

(1) 皇宫中的次要建筑;
(2) 皇家园囿中的次要建筑;
(3) 皇宫内外祭祀祖先的宗庙;
(4) 帝后陵寝建筑;
(5) 重要祭坛庙的次要建筑;
(6) 敕建寺院的次要建筑(指藏传佛教建筑);
(7) 一般寺、观的主要和次要建筑;
(8) 王府的主要建筑;
(9) 官府、官邸主次要建筑;
(10) 京城门楼及通衢牌楼。

三、旋子彩画沿革概况

以旋涡状花纹为主要纹饰内容的清式旋子彩画,其历史渊源由来已久，从唐代五代时期彩画常用的"整团窠纹与半团窠纹"，到宋代彩画的"圈头柿蒂纹"、"合蝉燕尾纹"，到元代、明代、直至清代的旋子彩画，虽然因时代不同，在纹饰画法上有着这样那样的区别，但其发展始终存在一脉相承的关系。如清代旋子彩画就是直接地沿袭并发展了明代旋子彩画。

关于清代官式旋子彩画与其以前各朝代彩画的渊源关系问题，故宫博物院的著名彩画专家王仲杰先生已作过深入系统的分析研究（参见《紫禁城建筑研究与保护》一书《试论元明清三代官式彩画的渊源关系》）（见图2-1-1）。

唐代半团窠纹及整团窠纹

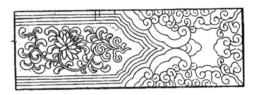

宋代额柱云头纹

元代出土木构彩画示意图

明代彩画示意图

清代旋子彩画示意图

图2-1-1 各代类似清代旋子彩画纹饰间的对照图

旋子彩画作为清代一类官式彩画，在清代的各类彩画中定型最早，它对于清代其它各类彩画的产生、形成、发展曾起到过不可忽视的示范和借鉴作用。清式旋子彩画的纹饰画法，在清代早期基本定形，自清初期至清晚期，虽总的发展变化不是很大，但一些细部的画法还是有较明显的变化的。例如，清早期旋花画法"多路数"、多花瓣、繁细"、"大木找头旋花的外轮廓线框、皮条线、岔口等一系列斜度角度画法的不确定性"与清代中晚期旋花的"少路数、少花瓣、简化"、"大木找头旋花的外轮廓线框、皮条线、岔口等一系列斜度画法的已趋于统一"等方面，仍形成了一些较为明显的阶段性差别。

清式旋子彩画在梁枋大木上的构图，分为两种形式：

第一种为"方心式旋子彩画"，该彩画构图，在构件中段的约1/3长度设狭长的方心造型，方心的两侧对称地设找头、盒子、箍头等纹饰。主体旋花纹饰在找头中表现。细部主题纹饰在方心、盒子内表现。这种构图形式在实际应用最为普遍。

第二种为"搭袱子式旋子彩画"，又称搭包袱式旋子彩画，其构图特点是用硕大的袱子坐于构件的中段，袱子的两侧对称设找头、盒子、箍头等纹饰。细部主题纹饰在袱子心、盒子心内等部位表现，这种构图形式于实际中较为少见。

清式旋子彩画对于色彩画的运用，具有较明显的阶段性特征，早中期的旋子彩画，其主色大青大绿，较普遍地主要国产天然矿物质石青、石绿颜料，其色彩效果以稳重、柔和为特征。清晚期的旋子彩画，由于大多改用了从国外进口的高彩度的、近代化工产品"洋青""洋绿"等颜料，这时期旋子彩画的色彩效果以鲜艳、对比强烈为特征。

清式旋子彩画，是一类做法等级分明的制度彩画，其做法品种较多，从纹饰画法、设色、工艺三个主要方面分析，可归纳为以下八个主要品种，也可以称为八种等级做法，分别为：浑金旋子彩画、金琢墨石碾玉旋子彩画、烟琢墨石碾玉旋子彩画、金线大点金旋子彩画、墨线大点金旋子彩画、小点金旋子彩画、雅五墨旋子彩画、雄黄玉旋子彩画。

第二节　檩枋梁大木方心式旋子彩画

一、纹饰画法

（一）方心式旋子彩画纹饰部位名称及构图布局

方心：造型呈狭长形，位于檩、枋或梁彩画的中段中心部位。方心形的外轮廓线称为"方心线"，轮廓线以内的地子称"方心心"，彩画的各种细部主题纹在这里面表现。方心两端的内扣式曲线形称为"方心头"；方心以外的四周圈部位称为"楞线"（见图2-2-1）。

清式方心式旋子彩画，在构件的一个平面即可自成纹饰系统，就是说它可以独立地装饰构件的一个面。这种彩画也可以同时装饰构件的三个看面。其构图按如下两个主要规则进行：

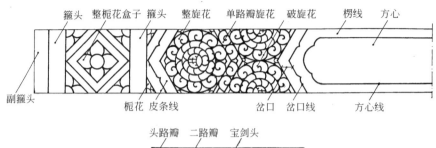

图 2-2-1　方心式旋子彩画纹饰部位名称图

1. 预留出副箍头宽度前提下的等长三段式构图

构件一个单面的方心式旋子彩画构图。首先要从构件的两端预留出适宜的宽度做为副箍头，然后将其余的长度均分为三等份，中段的 1/3 长做为方心；方心两侧各 1/3 长的分配，要分别不同情况，若为小开间的短构件，从方心头外侧起，依次为找头（找头是自方心头外侧至箍头的外线之间的总称）、箍头，箍头以外为副箍头。副箍头不在上述的三等份长度以内（以下均同）。若为大开间的长构件，从方心头外侧起，依次为找头、箍头、盒子、箍头、副箍头。

无论大、小开间构件的找头，从方心头外侧至箍头间还依次细分为：楞线、岔口（包括岔口线）、找头花纹（即找头旋花）、皮条线、栀花。

2. 主体纹饰按纵、横轴线构成对称式排列

方心式旋子彩画主体纹饰是依纵、横两条轴线成对称式展开的。纵轴线，即构件长向的中分线，主体纹饰都要依该轴线成左右的对称式排列；横轴线，即构件宽度的中分线，主体纹饰都要依该轴线成上方与下方对称式排列（见图 2-2-2）。

（二）各部位主体纹饰框架大线画法

1. 主体纹饰的分中方法与作用

所谓"分中"，就是将构件的长度或宽度作对半等分，等分线称为中线。

构件长度的分中，主要用于彩画施工的两道工序，一是用于彩画起谱子。因檩枋梁彩画主体纹饰一般是按中分线成对称展开的，故彩画起谱子一般只起构件长度的一半。一个构件的彩画纹，有了这一半，施工时可以反过来运用，也就等于有了另一半。二是用于彩画施工时的分中，即在檩枋梁构件的中部画出中线，以作为拍谱子的依据。

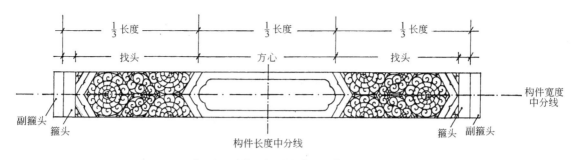

小开间构件方心式旋子彩画纹饰构成形式示意图

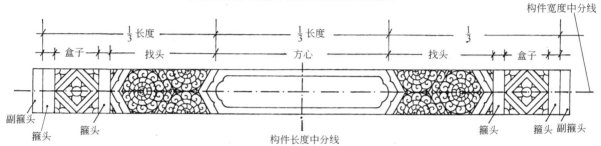

大开间构件方心式旋子彩画加画盒子纹饰构成形式示意图

图 2-2-2 大、小开间构件方心式旋子彩画纹饰构成形式对照图

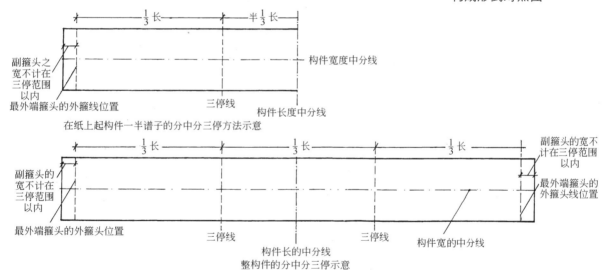

在纸上起构件一半谱子的分中分三停方法示意

整构件的分中分三停示意

图 2-2-3 各种方心式彩画起谱子的分中、分三停方法示意图

构件宽的分中，只用于彩画起谱子，将谱子纸的上下两边对齐折叠，折出直线，即为构件之宽度的中分线，术语称为"折中"。折中是主体纹饰分上下的对称轴线（见图2-2-3）。

2. 主体纹饰分三停的方法与作用

"停"，为等份的意思，分几停即表示分为几等份。"分三停"是将檩、枋、梁构件在绘制方心式旋子彩画之前首先分为三等份。具体分法是：将构件全长减去两端副箍预留宽度后均分为三等份。

彩画三停的划分，不仅是清式各种方心式彩画构图所必须遵循的规则，也是检验各种方心式彩画构图是否正确的标准（见图2-2-3）。

第二节 檩枋梁大木方心式旋子彩画

3. 楞线宽度画法与方心轮廓造型

(1) 楞线宽度画法

楞线绘于彩画方心形以外的部位。楞线的左右与两端的岔口相连接，上下位于构件的边缘。由于楞线与方心共同占据了构件之宽，故楞线宽度决定着方心的宽度，楞线越宽则方心越窄，楞线越窄则方心越宽。

无论早、中、晚期的旋子彩画，楞线的宽度一般约相当于整团旋花的头路瓣宽度。有晕色做法的楞线一般宽于无晕色做法的楞线宽。清早、中、晚期彩画的楞线宽度略有差别，早期彩画的楞线一般较窄，约占构件宽的1/8左右，中期彩画楞线约占构件宽的1/7左右，晚期彩画楞线约占构件宽1/6左右。旋子彩画的楞线宽度自早期至晚期呈现着越画越宽的趋势。

(2) 方心轮廓造型

如前所述，清代旋子彩画系由明代旋子彩画演变而来的，其方心轮廓造型与明式相比较，有如下不同的画法特点：

其一，明代彩画方心的长度，在构件两端除去副箍头之外的总长度中，有的大于1/3，有的等于1/3，有的小于1/3，这说明明代彩画在掌握方心的长度方面，还没有完全程式化，还有一定的随意性。而清代旋子彩画方心的长度，一般都严格遵守占副箍之间总长度1/3的规定，说明清代方心旋子彩画方心长度画法已经规范化。

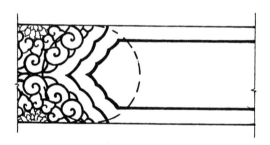

明代彩画方心头，一般在较宽构件上采取一坡三折外挑内弧式画法

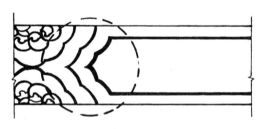

明代彩画方心头，一般在较窄构件上采取一坡二折外挑内弧式画法

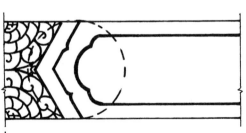

清代旋子彩画方心头，一律采取一坡二折内扣外弧式画法

图 2-2-4 明、清旋子彩画方心头画法区别对照图

其二，明代彩画的方心头(包括岔口线)，就其一个斜边而言，运用的是一坡二折或一坡三折外挑内弧式的画法，方心头成锐三角形画法。而清代旋子彩画方心头(包括岔口线)就其一个斜边而言，已演变成了一坡二折内扣外弧式画法，方心头变成了钝三角形(见图2-2-4)。

4. 方心式旋子彩画找头各部位大线斜度与宽度确定的依据标准

(1) 找头各部位斜大线的画法

方心式旋子彩画主体纹饰，有若干与平行构件成一定斜度的部位和大线，这些部位和大线大多集中于找头部位，如有栀花外轮廓线、皮条线、找头旋花外轮廓直线、岔口及岔口线。这些斜形部位和斜大线的画法，都是依据该构件找头旋花的外缘直斜线而确定的。换言之，构件找头旋花外缘直斜线的斜度画法，决定着皮条线、岔口等一系列部位、大线的斜度画法。

设一个构件找头旋花外轮廓线的具体斜度画法已经确定，那么该构件找头的各个斜形部位、斜大线的画法，都要与之达到统一。整座建筑构件的各个找头的斜形部位、斜大线画法，也要基本做到统一。

说明找头旋花外轮廓线的各种斜度画法，举一整两破旋花中的整团旋花最具有代表性。整团旋花的画法，都是在六边形的线框内构成的，该六边形的上下两边正与构件宽相应，六边形的长短及其斜线斜度的变化，决定了每种六边形的形状。清式方心旋子彩画整团旋花外轮廓线的六边形形状，不外于三种形式，即正六边形、立高式六边形及扁长式六边形。正六边形，六条边长相等，内角 $\beta=120°$。形成立高式六边形有两种情况：一种是上下边与斜边长相等，但斜边与底边(或上边)的夹角发生了变化，内角 $\beta<120°$，这时形成的六边形呈现立高状态。另一种是，斜边与上下边的夹角不变($\beta=120°$)，但上下边的边长缩短，这时形成的六边形也呈立高状态。

形成扁长式六边形也有两种情况：一种是上下边长不变，斜边与底边夹角变化，内角 $\beta>120°$，形成为扁长六边形。另一种情况是，斜边夹角不变，上下边加长，此时形成的六边形也呈扁长状态。

早期彩画对正六边形、立高式六边形、扁长式六边形都有不同程度的运用，因而趋于不固定的状态；中、晚期彩画，对以上三种情况虽也有不同程度的运用，但从总体上说，已趋向多运用正六边形。这个时期的画法已经趋于统一了(见图2-2-5)。

(2) 找头各色档宽度的确定

方心式旋子彩画在找头旋花的左右，有多条色档，如楞线与找头旋花间形成一条色档、找头旋花与箍头栀花间形成有两条色档。这些色档的宽度都是相同的，每条色档的宽度一般是按本构件找头旋花的头路瓣的宽度来决定的。

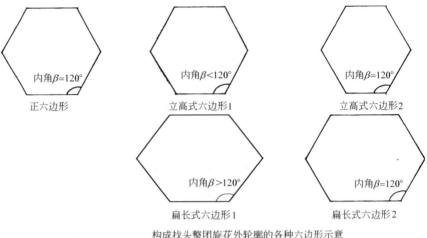

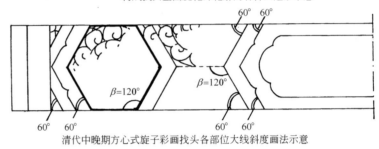

构成找头整团旋花外轮廓的各种六边形示意

清代中晚期方心式旋子彩画找头各部位大线斜度画法示意

图 2-2-5　方心式旋子彩画找头斜形部位大线斜度画法示意图

如果一个建筑的一个开间中有多个不同宽度的构件，一般是按预先确定的某构件彩画色档之宽来决定其它构件彩画色档之宽。如：某建筑开间由挑檐桁、大额枋、由额垫板、小额枋等构件构成，则该间的彩画色挡一般按大额枋的色挡来定；如果仅仅由桁（或檩）和枋构成，则一般按枋的色挡来定；如果由檩、垫、枋三件构成，则一般按枋的色挡来定；由抱头梁穿插枋成的建筑部位，则按抱头梁的色挡来定；内檐梁架构成的建筑部位，则按最下面的五架梁或七架梁预先确定的色挡之宽，来决定其它各个构件彩画的色挡之宽。

5. 盒子的画法及其设置形式

（1）盒子的分类

"盒子"是旋子彩画的纹饰造型之一。凡建筑开间较大者，如明间、次间的檩、枋及内檐较大进深间的架梁等，在构件的两端，由两条箍头相夹的方形或长方形的地子内都画盒子。

盒子大体分两类，一类，轮廓大线由直线构成，细部纹饰绘各种较为粗犷的图案，这类盒子称为"死盒子"，又称为"硬盒子"；另一类，轮廓大线由曲线弧线构成方形棱形的造型，其外设有四个抱角，称为"岔角"。凡盒子岔角为三青色者，做切活卷草；凡盒子岔角为三绿色者，做切活水纹。主题纹用较细腻的纹饰在盒子心内表现，这种画法构成的盒子称为"活盒子"，又称为"软盒子"。

（2）盒子在不同构件中的占地宽度面积及画法

如果一个开间中有多个不同宽度的构件，如挑檐桁、大额枋、由额垫板、小额枋，则以大额枋为准；如由檐桁、额枋构成的一开间则以额枋为准；如由檩、垫、枋构成的开间，则以下枋为准，确定该开间各个构件盒子的宽度。这些基准构件的盒子的占地面积形状，一般设以正方形或接近于正方形。同开间的其它构件盒子的占地之宽都要与基准构件的盒子宽度取齐一致。

内檐架梁为五架梁或七架梁的盒子，一般定为正方形或接近于正方形。若其下设有随梁枋，其随梁枋的盒子都要与各自上面架梁的盒子宽度取齐一致，并垂直对正（见图2-2-6）。

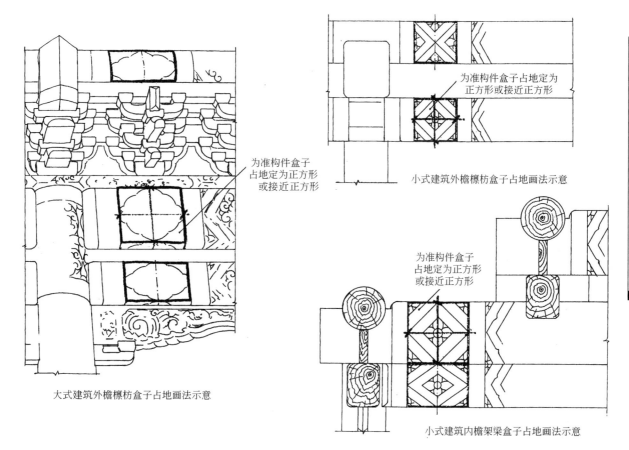

图2-2-6 同开间盒子于不同构件的占地面积画法示意图

（3）不同形式死盒子的内容及设置

旋子彩画死盒子的纹饰形式及内容与整体彩画的方心、池子等有关部位纹饰内容运用是相辅相成的，与建筑的使用功能是谐调一致的。皇宫的次要宫门、城门、坛庙的次要建筑、宗庙、陵寝等建筑，需要营造庄重而严肃的装饰效果，因此其旋子彩画多采用抽象规整的死盒子形式。常见品种有：整栀花盒子、整四合云盒子、整十字别旋花盒子、破栀花盒子（多见于清末民国初期）、破十字别旋花盒子（多见于清末民国初期）等（见图2-2-7）。

在一座单体建筑中，有的只运用一种死盒子形式，有的运用两种死盒子，特殊做法甚至运用三种死盒子形式。其具体运用形式大体如下。

第二节 檩枋梁大木方心式旋子彩画

整栀花盒子

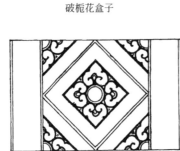
破栀花盒子

整十字别旋花盒子

破十字别旋花盒子　　　整四合云盒子　　　破四合云盒子

(1) 各种整破死盒子画法示意

龙盒子　　　凤盒子　　　灵芝盒子

异兽盒子　　　莲草盒子　　　夔龙盒子

博古盒子　　　金刚宝杵盒子　　　黑叶子花卉盒子

(2) 各种活盒子画法示意

图 2-2-7　各种死、活盒子画法示意图

1) 只用单一整栀花盒子；

2) 只用单一整十字别旋花盒子；

3) 整十字别旋花盒子与整四合云盒子匹配运用，其中整十字别旋花盒子用于较宽大构件，整四合云盒子用于较窄构件；

4) 整十字别旋花盒子与整栀花盒子匹配运用，其中整十字别旋花盒子用于建筑的宽大构件，因檩构件较窄用整栀花盒子；

5) 整十字别旋花盒子、破十字别旋花盒子与整栀花盒子三者匹配运用，其中整栀花盒子用于挑檐桁、整十字别旋花盒子用于大额枋、破十字别旋花盒子用于小额枋；

6) 整栀花盒子与破栀花盒子相间匹配运用。

（4）不同活盒子的形式内容及设置

某些建筑其功能不仅要求庄严，还要有一定的寓意象征和生活气息，这些建筑彩画的盒子在形式上则采用造型较活泼、细部主题纹饰内容带有某些生机的活盒子。

活盒子主题纹饰的运用，也是与该建筑彩画的方心池子的纹饰内容相谐调一致的。活盒子主题纹饰的内容主要有：龙盒子、凤盒子、灵芝盒子、莲草盒子、异兽盒子、夔龙盒子、博古盒子、金刚宝杵盒子、写生花卉盒子等（见图2-2-7）。

一座单体建筑，其活盒子的设置大体有如下形式：

1) 全用单一写生花卉盒子。

2) 夔龙盒子与异兽盒子相间匹配运用。

3) 龙盒子与凤盒子相间匹配运用。

4) 龙盒子与灵芝盒子相间匹配运用。

5) 龙盒子与莲草盒子相间匹配运用。

6) 龙盒子与金刚宝杵盒子相间匹配运用。

7) 夔龙盒子与莲草盒子相间匹配运用。

8) 写生花卉盒子与博古盒子相间匹配运用。

6. 箍头画法与运用形式

箍头，位于檩、枋、梁彩画两端副箍头以里的位置，造型呈现带状，是檩、枋、梁彩画最外端的部分。

檩、枋、梁旋子彩画的箍头有两种形式：一种为活箍头，用于讲究高等级的旋子彩画，例如金琢墨石碾玉旋子彩画，按构件的箍头做成软、硬画法的观头箍头，其箍头地内画环形状纹饰，环与环间相互别压环套。凡用圆弧线画环形的箍头，称为软观头箍头，这种箍头应设于活箍头做法的刷大绿色的位置；凡用直线或由直线形兼用一些圆弧线画环形的箍头，称为硬观头箍头，这种箍头应设于活箍头做法的刷大青色的位置，做法术语称为硬青软绿；另一种为死箍头，旋子彩画运用死箍头较多，箍头地内不设任何曲线纹饰，只做色带、色线（指大粉、晕色、黑老线）。

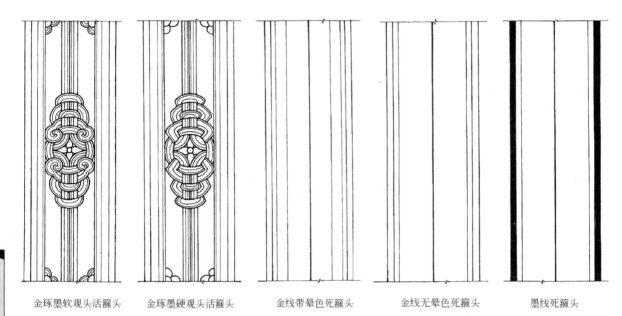

| 金琢墨软观头活箍头 | 金琢墨硬观头活箍头 | 金线带晕色死箍头 | 金线无晕色死箍头 | 墨线死箍头 |

图 2-2-8　旋子彩画活箍头、死箍头画法示意图

上述无论活、死箍头，高等级彩画，其轮廓大线，都用双线沥粉并贴金；中低等级彩画，都用较粗壮的墨线体现(见图2-2-8)。

(三) 找头旋花等纹饰的画法及演变

1. 清早期方心式旋子彩画找头旋花纹饰画法特征

清式方心式旋子彩画找头，凡较长些的构件都运用整与破相结合的旋花构图形式，如术语所称的"金道观"、"勾丝咬"、"喜相逢"及"一整两破"，都属于这类构图形式。找头长度大于一整两破以上的则可运用几整几破的构图方式。

各种找头纹饰，其最外缘轮廓边框都用直斜线加以界定。

清早期方心式旋子彩画旋花画法有如下四个较明显的阶段性特点：(按整团旋花为例叙述)

(1) 整团旋花的六边形外轮廓，呈不大统一的多样画法，有用正六边形的，也有用立高式或扁长式六边形的。此外，由于找头其它部位，大线是受整团旋花六边形斜度的制约，故所有大线的斜度画法，均呈不大统一的多样性画法。

(2) 旋花的路数及旋花瓣的数量用法很多，较窄构件一般运用两路画法。稍宽的构件，从三路画法起，甚至可达到五路。整团旋花头路瓣的数量，少者可画10瓣，多者可画至22瓣。

(3) 整破旋花(包括勾丝咬、喜相逢)，除头路瓣做圆形勾勒外，其余二路至五路瓣的中心，都画有黑老。

(4) 旋眼的画法，已由明代颇近于写实性的花心画法，转向了抽象简单化的画法(见图2-2-9)。

2. 清中、晚期方心式旋子彩画找头旋花纹饰特征

清中、晚期旋子彩画找头旋花画法与早期相比较，也有四个较明显的特征：

明末清初时期旋花画法

清代初期旋花画法

清代早期旋花画法

清代中晚期较多见的旋花画法

图2-2-9 明末至清代大木找头主体旋花画法特点对照图

（1）团旋花的六边形外轮廓从总体上说，逐渐趋于统一规范。这一时期虽然在不同建筑的彩画中，也有用有立高式、扁平式六边形的画法，但从总的趋势分析，以运用正六边形者居多。其它部位大线的斜度画法也都趋于统一规范化了。

（2）这一时期的旋花路数及旋花瓣的数量明显减少，如凡较窄构件（如檩、桁、小额枋等），普遍运用两路画法；较宽构件（如大额枋、下枋、梁等构件）普遍运用三路画法。

整团旋花头路瓣的数量，一般可自8瓣至16瓣之间，二路瓣三路瓣的数量，亦根据头路瓣数量，按规矩减少。

（3）整破旋花（包括勾丝咬、喜相逢）的二、三路瓣都做成简化的画法，只头路瓣仍按清早期旋花头路瓣样的画法（圆形旋涡状），二路瓣三路瓣免去了花瓣中心的黑老，改成了只做与头路瓣方向相随顺简易分瓣的勾勒法。

(4) 旋眼的画法，在清早期旋眼画法基础上进一步转向简单抽象。

由以上可见，从清初期旋子彩画的形成，经中晚期发展完善，到清晚期已发展到了较统一规范化的程度。

旋花（包括破半旋花、勾丝咬旋花、喜相逢旋花）的头路、二路、三路的宽度是按路递减的，即头路之宽略大于二路，二路之宽略大于三路，旋眼的直径一般大于或相当于头路的宽度。旋花瓣数的分配，头路瓣数与二路瓣数相等，二路瓣的两个尾瓣画成整瓣，三路瓣数在二路瓣数上减去一瓣，其尾瓣画成整瓣坐中。

清式旋子彩画（包括方心式及搭袱子式旋子彩画旋花），由清早期的繁细画法到清中晚期的简化画法，是渐进式发展的，其主体旋花画法，因历史时期不同显现出了不同的画法特征。

(四) 方心式旋子彩画不同长度旋花找头的名称及画法

檩、枋、梁方心式旋子彩画的旋花纹饰，是在构件的找头部位表现的。由于各建筑构件找头的长短不一，在各种不同长度的找头内画什么花纹，怎样画法，清代法式有特定的程式，下面按整团旋花做三路瓣的画法为例，按由短至长的找头纹饰画法叙述如下：

特小开间超短构件的找头有四种画法：

(1) 不设方心的栀花盒子找头；

(2) 不设方心的整团旋花找头（一般较少运用）；

(3) 线找头；

(4) 1/4 旋花找头。

其它长于这种超短构件的找头，一般以整团旋花头路瓣之宽度做为"一份"，凡自皮条线内侧的边缘线至岔口外侧的边缘线之间的找头长度约为1份者，画"单路瓣旋花"；约为1.5份画"金道观"；约2份画"双路瓣旋花"；约3份画"双金道观"（见于刘醒民先生《中国建筑彩画图案》）；约3份以上至5.5份之间画"勾丝咬"；约5.5份以上至8份之间画"喜相逢"；约8份至9份之间画"一整两破"。找头的长度长于9份以上者，则以一整两破作为基础，在一整与两破的旋花之间，按实际递增出的长度，从加画单路瓣旋花起，相应加画金道观、双路瓣旋花、双金道观、勾丝咬喜相逢等纹饰。至于更长的找头，如已达到了两整四破以上时，其加画纹饰的方式为：一般在两个一整两破之间，按上述的加画方法依次进行加画，以使纹饰适应各种长度的找头（见图2-2-10）。

(五) 方心主题纹饰的运用及其搭配设置方式

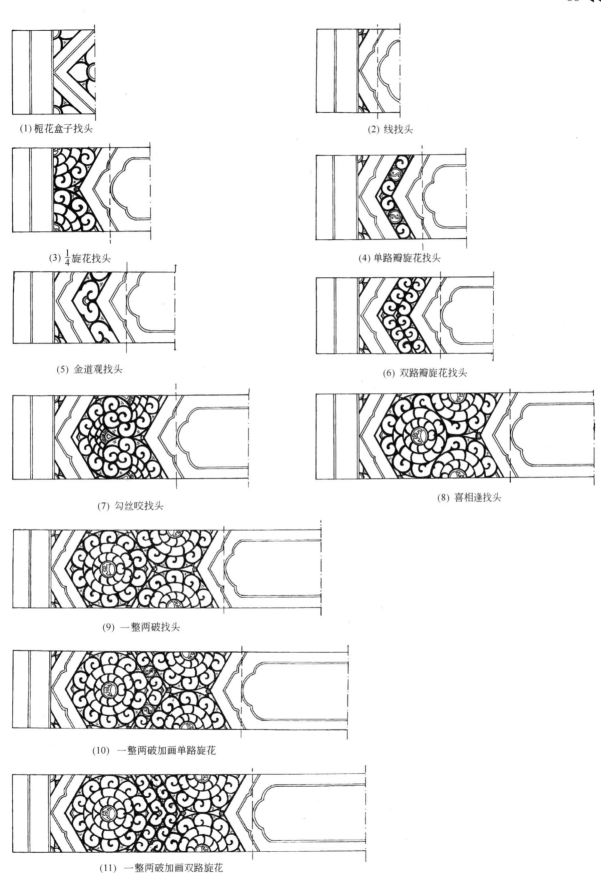

图 2-2-10 方心式旋子彩画不同长度找头纹饰画法示意图

第二节 檩枋梁大木方心式旋子彩画

方心式旋子彩画的主题纹饰，主要在方心内得到集中的表现。清代旋子彩画对反映主题的纹饰运用是很考究的，通常都与建筑的使用功能相统一，且有一定的寓意内涵。

清早期方心式旋子彩画方心纹饰内容的题材面还较窄，常见的有云龙方心、锦纹方心、空方心、一字方心及花方心等。中晚期的内容题材，在继承早期方心内容的基础上，逐渐拓宽，又出现了凤纹方心、梵纹方心、夔龙方心、楞草方心及博古方心等内容，以下分别作些叙述。

1. 云龙方心

"龙"，是我国古代传说中的一种神异灵物。我国关于龙的文化，至今至少已有5000余年的历史，时代及功用的不同，对龙纹的表现画法亦各有不同。

清代的和玺、旋子和苏式三类基本彩画对龙纹都有不同程度的运用，彩画的龙纹，行业中俗称"大龙"。清代建筑彩画对龙纹的运用，都是受建筑制度严格制约的。

清代官式彩画运用龙纹题材，主题是用来象征皇权的。而在各种重要的敕建寺院、道观等建筑彩画中运用龙纹题材，既用来体现皇权，同时因为龙是传统的神异灵物，还有象征护法神灵的寓意。

彩画的龙纹，大多是以图案式的画法来表现的，对龙纹画法的基本要求是，强调造型生动、准确，有力度、有神韵，纹饰疏密合理、占地匀称对称。

彩画装饰部位不同，龙纹也有许多不同的姿态，如行龙、坐龙、升降龙、把式龙等等。彩画所处的时期及作者的不同，各种龙的姿态画法在相对统一的前提下，也有某些差异，从龙纹造型、力度神韵等方面看，清早中期的作品造诣较深，清晚期则已有所逊色。

所谓云龙方心，即绘龙纹及云纹、宝珠火焰纹为内容的方心。各种纹饰距方心线都留有一定空间（约10~15mm左右术语称为"风路"），立面的方心，宝珠火焰位于方心的中段偏上部位；宝珠坐中，火焰、龙纹都以方心长向的中分线为轴成左右对称，龙纹大多画行龙；底面的方心，宝珠坐于方心正中，龙纹、火焰仍以方心之长向的中分线为轴，画成相反对称的形式。

各种不同长度方心中的龙，都是以适应式画法构图的，所谓适应式，就是通过将龙身或画的伸展或蜷缩，来适应各种不同长短的方心。特殊较短构件，还可按方心的尺寸实际画成单条行龙或升、降等姿态的龙。

方心中陪衬龙纹的各式云纹，术语称"散云"，都是作为附设纹饰表现的，主要用做衬托主题，填补空白，可因地制宜灵活巧妙地绘设（见图2-2-11）。

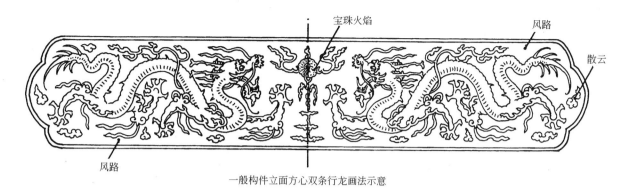

一般构件立面方心双条行龙画法示意

一般构件底面方心双条行龙画法示意

短构件立面方心单条行龙画法示意

更短构件立面方心升龙画法示意

2. 锦纹方心

以工整细腻的几何图案为内容的方心，统称为锦纹方心。我国宋代彩画已非常盛行画锦纹，这个传统经元、明一直延续到清代。清代早期旋子彩画方心锦纹的品种是非常丰富的，如有多种画法的软、硬别子锦、编织锦、宋锦等等，锦纹设色斑斓，纹饰构成耐人寻味，清晚期以来旋子彩画中锦纹的运用已趋于单调，一般只用宋锦（见彩图2-2-12、彩图2-2-13）。

图2-2-11 云龙方心画法示意图

清代彩画中的宋锦,并非指宋代彩画原来的锦纹画法,它是彩画前辈们在长期继承弘扬古代彩画锦纹画法传统基础上,逐渐形成的一种新的锦纹画法。清代的宋锦画法,因时期的不同,亦可分出许多细微的不同画法差别。以下仅就清中晚期以来的常见方心宋锦画法做些扼要说明:

(1) 较宽的构件,如大额枋、小额枋、檐枋、架梁等方心的宋锦,都画成与方心线成一定角度的"一整两破式"(其中的"一整"指三青色地大方块,"两破"指三绿色地半方块)连续排列的形式,以适应各种长度的方心。其中正方块必须置于方心的中心位置。

(2) 较窄的构件,如桁、檩等方心的宋锦,都画成与方心线成一定角度的"破半式"(即按上述的一整两破式宋锦截取其一半宽的画法)连续排列的形式,以适应各种长度方心。其中宋锦的一个半方块(指三青色半方块)开口必须位于方心的上方,坐正于方心的中位(见图 2-2-14)。

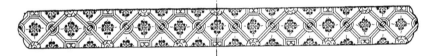

较窄构件方心画破半式连续宋锦

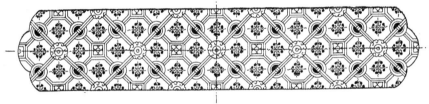

较宽构件方心画一整两破式连续宋锦

图 2-2-14 清中晚期旋子彩画常见宋锦方心画法示意图

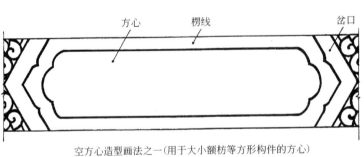

空方心造型画法之一(用于大小额枋等方形构件的方心)

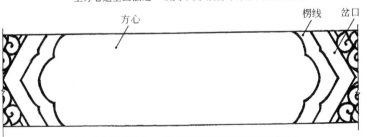

空方心造型画法之二(仅限用于圆形的桁檩构件方心)

图 2-2-15 空方心造型画法示意图

3. 空方心

不设任何纹饰的方心称为空方心。空方心造型有两种,一种是方心以外全部设有楞线的方心;另一种是方心以外的上下不设楞线,只在方心头外侧设楞线的方心,这种方心仅用在圆桁檩构件。

"空方心"是官式文献记载的名称,指的是在方心内不画任何纹饰,但要按彩画的设色规矩进行设色。行业中还称这种方心为"普照乾坤方心"。这种方心里面虽说空无纹饰,但仍然是方心的法式做法之一。

实际当中,绝大多数旋子彩画的方心做法,空方心只用于桁檩,其它构件做一字方心。只有少数将空方心同时做在桁檩和抱头梁上(见图2-2-15)。

4. 一字方心

以"一"字形图案作为纹饰内容的方心称为一字方心。其做法分为两种:一种为沥粉贴金一字方心,一字的造型为方心外形的缩画,宽度约占方心宽度的1/3~1/4,一字置于方心的正中。四周留有几乎相同宽度的缝路,这种方心多用于帝后陵寝的主要建筑,有的全用沥粉贴金一字方心,有的将沥粉贴金一字方心与空方心共同用于同一建筑。

另一种为墨色一字方心画法,一字完全用黑色表现,一字的两端各画一个圆球形,球形直径与一字宽度相同,球形与一字拉开一定距离,中间用细线与一字相连通。一字的宽度约占到方心宽度的1/4~1/5左右,一字形置于方心的正中。四周留有相同宽度的风路,这种画法多见于皇宫较次要的宫门、皇宫内外祭祀祖先的宗庙、重要祭祀建筑的次要建筑、帝后陵寝的次要建筑等。有的全用墨色一字方心,有的将墨色一字方心与空方心共同用于同一建筑。

清代彩画的一字方心不仅是纹饰题材内容之一,还寓意国家江山统一。清代一字方心的前身,是明代旋子彩画方心的叠晕式做法,明代的叠晕方心做法,方心内由多道叠晕完成,其中外圈晕色最浅,按色道向方心中逐道加深,方心正中部最深色为青色或绿色——

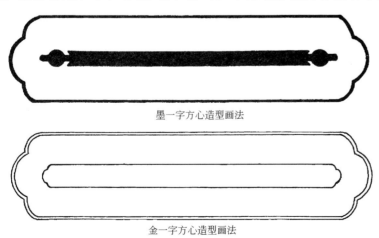

墨一字方心造型画法

金一字方心造型画法

图2-2-16　一字方心造型画法示意图

就是所谓的"老色",这与后来清代方心的一字是大同小异的,所起的装饰作用也基本相同,只是清代对其画法略加改进,由原来的青绿色改为了金色或墨色,并赋予了新的时代含义罢了(见图2-2-16)。

5. 花方心

花方心包括如下两种纹饰画法:一种是以写实花卉(清早期称为鲜花卉)为内容的花方心。这种写实花卉一般多做于二绿色的方心地上,花卉构图强调力度、生动,其主花丛约画花二至三朵不等,做在方心的中部范围,从主花丛出枝,向方心的两侧成抑扬顿挫地甩出枝框,巧妙地布局占地并画叶片宾花。枝叶做成黑色,在叶片未干时,用画刷把或其它工具勒露出绿色地作为叶筋,花头以作染绘法完成,术语称这种做法的花卉为"折枝黑叶花"。

另一种指以图案画法为特征的花方心,花纹图案一般多做在香色或二绿色的方心地上,做各种平涂开墨、玉做和各种攒退做法的莲花卷草方心。

花方心做法见于皇宫的次要建筑、王府的主次要建筑、祀祭坛庙的次要建筑、寺院主次要建筑及民间一般庙宇建筑等旋子彩画的方心。旋子彩画运用花心题材装饰,主要是为使彩画增加一定的生活气息(见图2-2-17)。

写生花卉(折枝黑叶子花卉)方心画法示意

图案花方心(西番莲)画法之一示意

图2-2-17 花方心画法示意图

图案花方心(西番莲)画法之二示意

6. 凤纹方心

凤凰是我国传说中的瑞鸟,称为百鸟之王,为四灵之一。凤是凤与凰的简称,清代的和玺彩画、旋子彩画及苏式彩画对凤纹都有不同程度的运用。清代彩画对凤纹的运用与对龙纹的运用原则是相同的,都是有针对性的、慎重的和不可随意逾制的,是受到当时建筑等级制度严格制约的。

清代官式彩画的凤纹题材,主要用来象征皇后、后土、皇权及美好祥和等寓意。

图 2-2-18 凤纹方心画法示意图

图 2-2-19 梵纹方心画法示意图

凤方心，主题绘凤纹，有的凤方心辅助绘牡丹、散云纹；有的凤方心辅助绘宝珠火焰、散云纹等。对所有纹饰都强调造型准确、生动，有力度有神韵，并于方心纹间留有适宜风路。

凤方心的构图，采用适应式图案画法。凤画两只，以方心的中分线为轴，成左右对称，牡丹或宝珠火焰绘在方心中段偏上部位，牡丹花头或宝珠坐中，纹饰成左右对称。较短构件的方心可画成单凤，牡丹宝珠火焰置于凤头前端部位。

构件底面方心凤纹构图方式，与云龙方心枋底面的画法原则相同（见图 2-2-18）。

7. 梵纹方心

梵文指印度古代的一种语言文字。梵纹方心，是指以梵纹书写的藏传佛教的有关文字内容，仅见运用于我国北方地区藏传佛教建筑旋子彩画的方心。梵纹文字的书写方法、内容及顺序是有严格规矩的，每个文字都有具体的含义，不能搞错。

梵纹方心的梵纹，具有双重作用，一是作为佛经，直接供僧人、信众读诵；二是作为彩画装饰题材运用（见图 2-2-19）。

8. 夔龙纹方心

夔龙，我国古代人们想象中的神魅动物。早期夔龙的形象非常古拙，多见于商周时期的青铜器纹饰。清代彩画的夔龙纹形象优美动人，多用于某些旋子彩画和苏式彩画。

夔龙虽也属于龙的范畴，但彩画对夔龙纹与龙纹的运用是有区别的。夔龙，行业中还称为"草龙"，就是说夔龙不是"大龙"、"真龙"，如果将两者在等级方面加以比较，夔龙应当是远低于大龙的。

彩画夔龙纹有两种画法，用曲弧线条构成的夔龙，称为"软夔龙"，用直线条通过转折构成的夔龙，称为硬夔龙。有的彩画只用一种画法，有的则软、硬画法兼用。无论软、硬夔龙的画法构成，都颇似龙纹，都画有头、身、腿、尾、火焰宝珠等，但都是以抽象的卷草素材巧妙构成的，它比大龙纹的画法要简单抽象得多。

夔龙纹方心都是以图案形式体现的，夔龙与方心线间必须留有风路，强调纹饰造型生动，有神韵，占地匀称、对称，疏密恰当齐整。清代彩画夔龙画法，因时期的不同，细部纹饰也具有某些较明显的区别（见图2-2-20）。

软夔龙纹饰画法之一

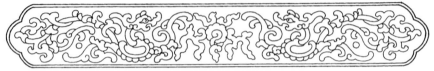
软夔龙纹饰画法之二

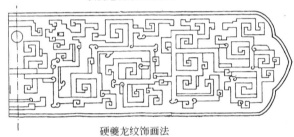
硬夔龙纹饰画法

图2-2-20 夔龙纹方心画法示意图

单体建筑旋子彩画的方心有如下基本搭配设置方式：

全龙方心——彩画的所有方心全用龙纹；

龙锦方心——彩画的方心用龙纹与锦纹按相间形式设置；

龙莲草方心——彩画的方心用龙纹与莲草纹按相间的形式设置；

龙梵纹方心——彩画的方心用龙纹与梵纹按相间的形式设置；

梵纹法轮草方心——彩画的方心用梵纹与法轮草按相间的形式设置；

一字方心——彩画的所有方心全用一字纹。

一字空方心——彩画的方心大部用一字纹，桁檩件用空方心；

花锦方心——彩画的方心用写实花卉与锦纹按相间的形式设置；

夔龙花方心——彩画的方心用夔龙纹与写实花卉纹按相间的形式设置；

夔龙莲草方心——彩画的方心用夔龙纹与莲草纹按相间的形式设置；

锦纹博古方心——彩画的方心用锦纹与博古纹按相间的形式设置。

二、对各种色彩的运用、作用及方法

（一）青绿大色的规律性设色

大色，又称主色，清代早中期称为"地仗色"，以后又称为"基底色"、"地子色"，即指涂刷较大面积的起决定彩画色调的底子颜色。

1. 同构件青绿主色的设置

檩、枋、梁等同构件中青绿主色的设置,是以本构件的箍头颜色(特指具有代表性的死箍头设色)做为本构件的其它彩画部位青绿色的设色依据。当某构件的箍头色(或青色或绿色)一经确定,其箍头以外的各个部位的设色,应自其箍头色起,按既定的青绿相间设色规则进行设色(见图2-2-21)。

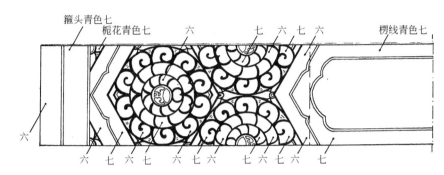

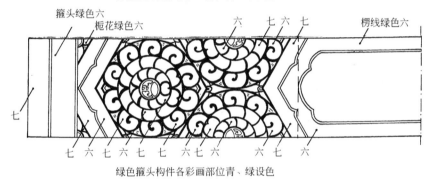

图2-2-21 同构件旋子各部位纹饰青绿主色设置示意图

对此,行业中曾编有设色口诀:"青箍头青栀花青楞线"、"绿箍头绿栀花绿楞线"、"青箍头绿(三绿)岔角(指活盒子)"、绿箍头青(三青)岔角(指活盒子)"。这些口诀简单易记,曾在长期彩画施工实践中起着非常重要的指导作用。如果在繁杂构件的着色施工中,能掌握和运用这些口诀,不仅可以快捷准确地完成刷色,还可避免出现重大的刷色错误。

2. 檩、枋青绿主色设置

建筑各间青绿主色的设置,都是以明间外檐檐檩箍头(泛指单檐、重檐多层檐建筑的前后檐外檐明间及两山面明间的檐檩箍头)做为设色的基点。其箍头或设为青色,或设为绿色(注:清早、中期的旋子彩画,外檐檩箍头既有设成青色的,也有设成绿色的;清晚期以来,一般都设成青色)。基点的箍头色一经确立,全部檩枋纹饰青绿主色的设定,都必须以此为基点,分别向建筑进深各部件方向、左右各间方向、各间的垂直方向,严格地按青绿相间的规律进行设色。

关于明间进深方向各檩箍头设色,其特定顺序为:檐檩箍头→

下金檩箍头→上金檩箍头→脊檩箍头，都要以檐檩箍头为起点，作青绿相间式排列。例如，明间的檐檩箍头为青色，则下金檩箍头为绿色，上金檩箍头又青色，脊檩箍头又绿色。

另外，同一间的前坡与后坡各檩的箍头色，还都必须以脊檩为轴线，成前坡与后坡的对称式排列。面宽方向，在明间檐檩箍头色已确定的前提下，横向各开间檐檩箍头的设色，仍以明间的檐檩箍头做为设色基点，分别向明间左右的各间，按青绿相间式排列。例如，明间的檐檩箍头为青色，则左右次间的檐檩箍头为绿色，再次间又为青色，依此类推。

在明间及其它各间檐檩箍头色已确定的前提下，檐檩以下的各个构件，如大额枋、小额枋等，也应按青绿相间的方式设色。其中小式建筑(檩、垫、枋)的垫板箍头的颜色，随其上方的檩箍头颜色；大式建筑的由额垫板箍头的颜色，随其上方的大额枋的箍头颜色。

构件本身的青绿色的设色，都是以构件长向及宽向的中分线为轴线，成左与右、上与下的对称式设色(见图 2-2-22)。

3. 内檐梁架、随梁枋的青绿主色设置

内檐梁架竖向构件数目无论多少，其箍头设色，都以最上边的三架梁箍头色(该箍头清早中期普遍设成青色，清晚期以来有的设成青色，有的设成绿色)做为竖向各构件的设色基点。自三架梁的箍头(或青色或绿色)起，以下构件的箍头，都应做成青绿相间式的

图 2-2-22 各构件箍头的青、绿色设置示意图

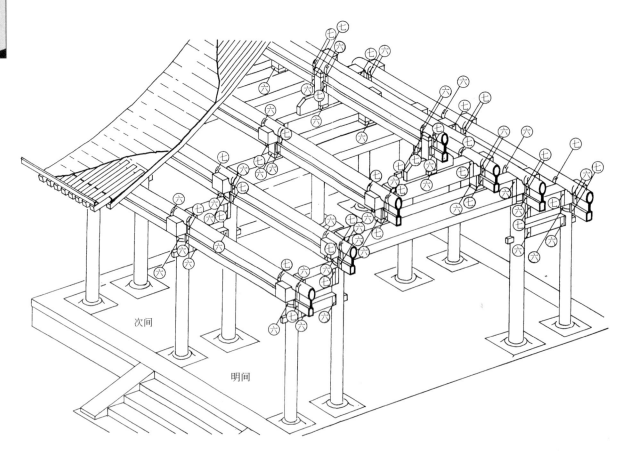

颜色。例如，内檐梁架由三架梁、五架梁、随梁构成，三架梁箍头为青色，则五架梁箍头为绿色，随梁枋箍头又为青色，依此类推（见图 2-2-23）。

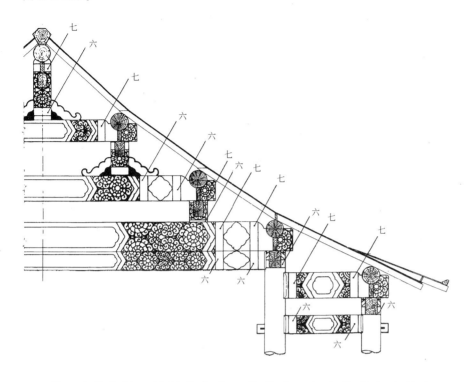

图 2-2-23　内檐梁架各构件旋子彩画箍头的青、绿设置示意图

关于内檐架梁、随梁枋每单一构件的细部主体花纹青绿色设置，与上述的单一构件细部主体纹饰青绿主色的设置方法相同。

4. 抱头梁、穿插枋的青绿主色设置

建筑廊步梁枋构件的纹饰色彩，按一个单独部位进行处理。全部抱头梁的箍头色，都设成青色；抱头梁下端的全部穿插枋箍头色，都设成绿色。

抱头梁及穿插枋自身细部青绿主色的设置，均以本构件的箍头色作为基点，按其具体纹饰画法做青绿相间式设色。

（二）对金色的运用及作用

中国古建筑彩画运用贴金技术，有着久远的历史，并早已成为传统。"沥粉贴金的技术，最早见于敦煌石窟第263窟的北魏时代壁画中"[16]。见于史料文献记载最早为宋代李诫编撰的《营造法式》一书，该书较详细地描述了宋代时期彩画的"贴金"做法技术特点。元、明、清时期的彩画实物遗存及文献记载的就更多了。其中特别是清代彩画的沥粉贴金，无论从清工部《工程做法则例》及其它文献记载，或从现存的大量彩画遗存都说明，清代在继承以前各代彩画贴金的传统基础上，无论从技术水平，还是从用金量等方面，都远远超过了历朝历代彩画，达到了前所未有的水平。清代彩画所贴的都是真金箔，金箔有多种不同的规格品种。由于各种金箔的含金率不同，其色泽色相、成色明度都各有所不同。

金色是光辉的色彩，往往用来表现高贵、庄重、富丽辉煌。古代很多重要的官式建筑，正需要通过各种贴金彩画，达到上述装饰目的。古往今来，人们往往用"金碧辉煌"、"金碧交辉"等词汇来形容对有金彩画的感受，这足以说明金箔在彩画中的特殊作用。

清代各类官式有金彩画，凡贴金处，一般都先沥粉。根据彩画纹饰的具体需要，沥粉分为大粉、二路粉及小粉。大粉较粗壮，一般用于彩画的主要轮廓大线；小粉最细，一般用于表现细腻的花纹；二路粉粗细度位于大粉与小粉之间。

彩画图案一经沥粉，便会凸起于构件表面，形成近似于浅浮雕的立体效果，通过于这种凸凹花纹表面的贴金，即可有效地突出金色花纹的光泽效果。

清代各类有金彩画，在运用不同色相金箔时，有两种基本方法：其一，彩画的贴金纹饰，只贴"一色金"。其用金品种一般是高纯度的"红金"（现代称之为"九八库金"）；其二，按特定部位，将纹饰分成两部分：一部分贴红金，另一部分贴黄金（现代称之为"赤金"），此种做法称为贴"两色金"。这种方法更有利于加强和丰富彩画的色彩构成效果。

古建彩画对金色的运用，主要有以下两个作用：

其一，把金箔做为有别于彩画其它颜色的一种"金属光泽色"加以运用。比如把金色作为彩画中某些特定的"点"的点金彩画做法；或将金箔用作线及（各部位轮廓大线、细部花纹轮廓线）小形块面的"片金"做法；还有各种特殊的"混金彩画"做法等，都是以金箔作为一种特殊的光泽色，来丰富彩画色彩的实际例子。

其二，用以体现和区别建筑彩画等级的高低。某建筑彩画贴金与否、贴金量的大与小、是金琢墨还是烟琢墨等等，都是衡量该建筑彩画等级乃至这座建筑等级高低的重要标志。

各种旋子彩画沥粉贴金的部位方法等级等，参见表2-9-1。

（三）对朱红大色的运用及作用

旋子彩画做法中，还有一种在以青绿为主要大色的同时兼同朱红大色的做法，如用朱红色为檩、枋、梁等某些特定的方心、盒子的地子色，用朱红色作为某些斗栱三福云的地子色等。清代旋子彩画的这种特殊做法，直接源于明代，但在清代旋子彩画中只占极少数，只偶见于某些王府，个别的庙宇及寺院的旋子彩画。

（四）对黑白色的运用及作用

我国古代阴阳五行学说中，早有"五色"之说，如古籍《周书洪范》篇载有"青、黄、赤、白、黑"，说明中国人很早就把黑色及白色做为重要色彩要素加以运用了。古建彩画为取得富丽堂皇装饰效果，历来是运用鲜艳的颜色作画的，但彩画是如何使众多鲜丽颜色达到和谐统一的呢？这就是在运用各种鲜艳颜色的同时，还施用了黑、白二色。黑颜色明度最暗，在与其它色彩综合运用时，不仅直接显现其固有色，还能在多种色彩的对比中，产生稳定整体色彩的作用。白色明度最高，在与其它色彩综合运用时，不仅直接显其固有色，而且还具有提高整体色彩明度的特殊作用。

黑、白二色，在现代色彩学中，被称为"极色"，做为极色，可与其它任何色彩相匹配运用，不但可以明显地体现彩画纹饰，而且可起到降低整体色温、降低色彩间的对比度等多种作用。古建彩画正是由于恰当地有规律地运用了黑、白二色，才使得色彩亮丽丰富的彩画达到了高度的和谐统一与稳定。

从金琢墨石辗玉至雄黄玉间的七种旋子彩画的用色说明，每种做法都以各自的方式不同程度地运用了黑、白二色。这之中亦包括和玺彩画、苏式彩画等其它彩画。在黑色的应用中，用黑色勾勒旋花等纹饰的轮廓线，术语称为"拘黑"；用黑色拉饰主体轮廓大线，称"拉大黑"；用黑色在某些特定部位画缩形，称"压黑老"；用黑色在金色大线或造型旁拉饰细黑线，称"拉齐金黑缘"；在某些特定色地上(如二青、二绿、三青、三绿或丹色地)用黑色做花纹的反衬，称"描机活"或称"切活"；用黑色做构件两端的副箍头，称"刷黑老箍头"。

白色的运用也有悠久的传统，明代大多数旋子彩画，主体纹饰，需用浅色的地方，一般不直接用白色描绘，多用不同色度的晕色描绘，这样可给人以柔和雅致的色彩效果感受。清代在继承明代彩画施色传统基础上，有较明显的变化发展，在凡需用浅色的地方，一般都刻意地运用白色。如清式彩画中凡靠金色或黑色轮廓大线用白色拉饰较粗壮的线条，术语称"拉大粉"；在金色或黑色旋花等纹饰以里用白色描具有遒劲神韵的细线，称"吃小晕"；按特定方式在彩画细部，用白色描画具有力度的细线，称"行白粉"或"兴白粉"；在雀替、花板、牙子等基底色上，沿花纹的外围，用水笔渲染白色，称"纠粉"。由于清代彩画较大量地运用了明度极强的白色，故使得整体彩画的明度大大提高，纹饰的显现更加清晰。

(五) 对晕色、小色的运用及作用

旋子彩画在许多部位要运用晕色及小色。

1. 方心式旋子彩画对于晕色的具体运用

在金琢墨石辗玉、烟琢墨石辗玉两种高等级方心式旋子彩画中，凡彩画的主体框架大线(含素箍头的箍头线两内侧、色副箍头靠箍头线侧、皮条线之中线两侧、岔口线的外侧、方心线的外侧)在白色线与基底大色之间、主体旋花等纹饰的白色线与基底色之间都按基底的色施做三青三绿晕色。

金线大点金方心式旋子彩画，对于晕色的运用有以下两种区别：

其一，大多数的彩画，只在素箍头线的两内侧、色副箍靠头线一侧、皮条线之中线两侧、岔口线的外侧、方心线的外侧，按其部位基底色的色相，相应设三青或三绿晕色。

其二，少量做法，彩画各个部位(特指主体框架大线及主体旋花等有关纹饰)一律不设晕色。

雄黄玉方心旋子彩画，在雄黄基底色上，按雅伍墨彩画的青绿设色制度，凡应设大青色的部位，则在白色线与所攒深色之间设三青色。凡应设大绿色的部位，则在白色线与所攒深色之间设三绿色，以体现彩画的纹饰造型。

彩画施工中，对宽直线条依尺操作的晕色称为"拉晕色"；对细部主体旋花等纹施晕色，称"吃大晕"。

2. 方心式旋子彩画对于小色的运用

各种旋子彩画，凡做活盒子，而且盒子纹饰内容涉及有攒退活、平涂开墨、活盒子岔角地，方心纹饰内容涉及有攒退活，平涂开墨的，其花纹的设色，都是按彩画特定的"岔色"方式，或设单一色、或设两种乃至多种的小色，以作为各种细部花纹的造型之色，进而再进行攒退、平涂开墨或切活等工艺。彩画施工各种小色，术语称为"抹小色"。凡方心主题纹饰做宋锦或其它锦纹的，亦先刷各种小色为锦纹的基底色。

彩画的晕色与小色都是明度很小的浅色，它们用于各种旋子彩画，其作用都是使彩画的色彩对比变得柔和及增加整体色彩的明度。另外，中高等级旋子彩画由于较大量地施用晕色，不但使彩画工艺显得更加工细，还使花纹的色彩表现明显地增加了深邃感(见图2-2-24～图2-2-32)。

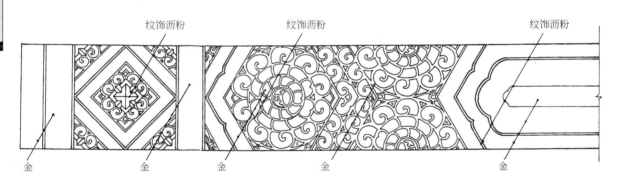

图 2-2-24　浑金一字方心旋子彩画做法图例

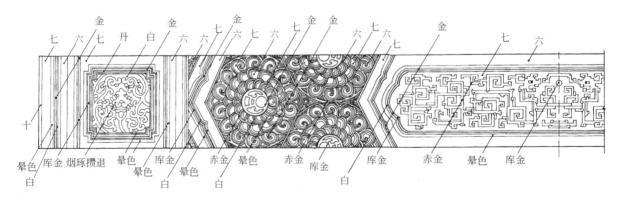

图 2-2-25　金琢墨石碾玉夔龙方心旋子彩画做法图例

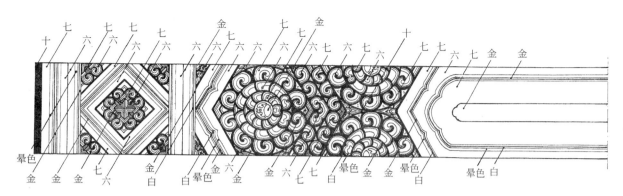

图 2-2-26　烟琢墨石碾玉一字方心旋子彩画做法图例

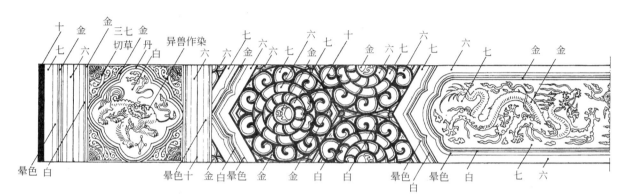

图 2-2-27　金线大点金金龙方心旋子彩画做法图例

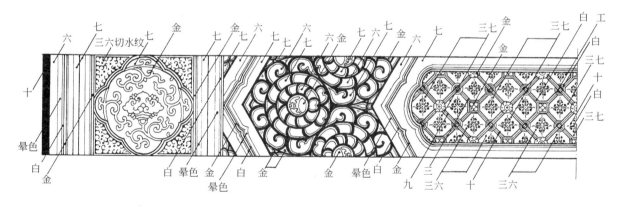

图 2-2-28　金线大点金宋锦方心旋子彩画做法图例

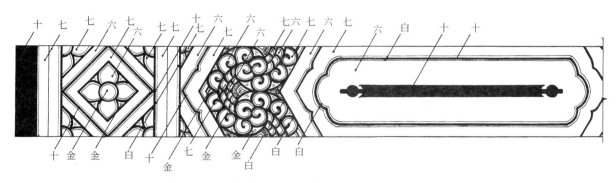

图 2-2-29　墨线大点金一字方心旋子彩画做法图例

第二节　檩枋梁大木方心式旋子彩画

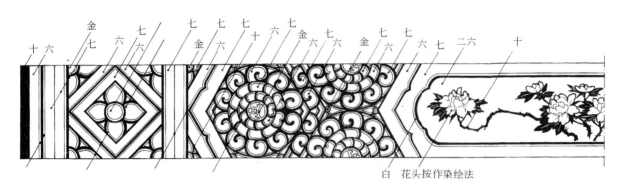

图 2-2-30 小点金黑叶花卉方心旋子彩画做法图例

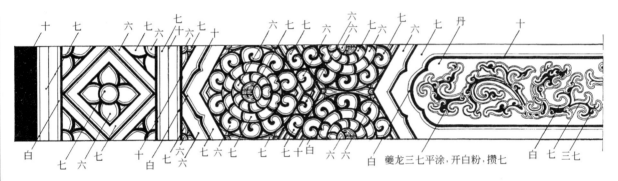

图 2-2-31 雅五墨夔龙方心旋子彩画做法图例

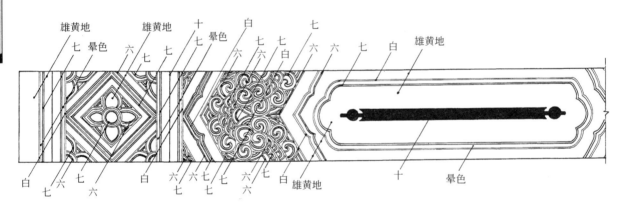

图 2-2-32 雄黄玉一字方心旋子彩画做法图例

第三节 檩枋梁大木搭袱子式旋子彩画

一、搭袱子式旋子彩画纹饰画法

清代搭袱子式旋子彩画的遗存实例，笔者见到的只有北京嵩祝寺某楼阁彩画。它作为一种成熟优美的清代旋子彩画形式，无论从发掘、研究、继承等各个方面来说，都是不容忽视的。

作者认为，搭袱子式旋子彩画，是在清早期方心式旋子彩画基础上，于清中期又创造出的一种新型的旋子彩画形式，由于目前发现的实例有限，故只能对其作些概略的分析。

(一) 搭袱子式旋子彩画整体构图布局

"袱子"，清晚期以来称为"包袱"。袱子的造型近似于半圆形或半菱形，绘于构件彩画的中段部位。袱子最多的见于苏式彩画，其次见于旋子彩画及和玺彩画的某些特殊做法。彩画种类、做法、时代不同，袱子于构件上的大小、边饰画法、袱心内容等亦各有不同。袱子的开口位于上方者，称为"正搭袱子"，反之称为"反搭袱子"。搭袱子式旋子彩画仅见用以正搭袱子画法。另外，某些较讲究的以方心式为主的旋子彩画（也包括某些和玺彩画）与之相搭配的内檐梁架（如天花梁、跨空枋构件）彩画，也有反搭袱子的做法。

搭袱子式旋子彩画构图，也是在构件的两端预留出适当宽度做为副箍头，副箍头以里设箍头。其中较长的构件，要在每端的两条箍头之间加画盒子。较短构件，两端只设单条箍头。在构件的中段设袱子，袱子一般画的非常硕大，以袱子的上开口宽度计，通常要占到构件全长（减去两端的副箍头）的1/2强。在袱子的两侧，凡小开间者，自袱子的外侧起，依次为找头旋花、皮条线、栀花、箍头、副箍头。大开间者，在上述小开间纹饰画法基础上，从箍头以外还要再加一条箍头并在两箍头线间加盒子，最外侧为副箍头。这种构图形式所突出的主体是袱子，由于袱子占据了构件的绝大面积，所以它是一长（袱子宽）两短（找头箍头等纹饰所占的长度）的三段式构图形式。

搭袱子式旋子彩画的纹饰，也有两条对称轴线，一条是构件长向的中分线，主体纹饰在其线左右成对称式构图。另一条是构件宽向的中分线，袱子之外的纹饰，在该线的上下成对称式构图。

(二) 袱子在构件上的画法

较宽的构件（如三架梁及五架梁）按构件可单独构成搭袱子式旋子彩画。于檩、垫、枋相连接构造构件，袱子跨三个构件构成搭袱式旋子彩画。其中的檩与枋，在袱子以外设找头，画旋花箍头等纹饰。在垫板的袱子以外的找头部分，设半旋花卡池子、箍头等纹饰。

木构件枋底窄而狭长，单作为一个面另画卡子、金刚宝杵、团花纹饰，以每两个卡子卡饰一组金刚宝杵团花做为一个纹饰单元，再按纹饰单元进行连续式排列。

袱子的轮廓边框，清代早中期称为"袱边子"，袱边子由三层花纹构成，外层花纹较宽，相当于箍头宽度，内画莲花卷草；中层较窄，画连珠纹；末层画以云纹。

(三) 袱子以外的找头旋花画法

袱子以外的找头旋花画法，不受上述方心式旋子彩画分三停制度的限制，而是自箍头起，都按整破整破……作连续式排列，造成袱子搭压在旋花之上，袱子被繁细旋花所烘托的艺术效果。

（四）盒子箍头纹饰的运用

盒子用活盒子，盒子岔角做金琢墨攒退云纹。箍头运用活箍头，箍头做硬与软画法的金琢墨观头箍头。

（五）细部主题纹饰的运用

细部主题纹饰在袱子心、盒子心、池子心内表现，其中袱子心运用片金龙纹及片金寿山福海、片金万福流云吉祥图案纹，按袱子，做成轮换式的排列形式。盒子的纹饰内容，运用片金西番莲及片金龙纹，亦做成相间式排列形式。池子心的纹饰内容，运用金琢墨夔龙与片金西番莲，亦按盒子做成相间式排列形式。

二、搭袱子式旋子彩画做法

嵩祝寺某楼阁搭袱子式旋子彩画，为金琢墨石辗玉旋子做法，该做法与方心式金琢墨石辗玉旋子彩画的做法基本是一致的（见图2-3-1、彩图2-3-2～彩图2-3-5）。

图2-3-1 清中期搭袱子式金琢墨旋子彩画纹饰示意图

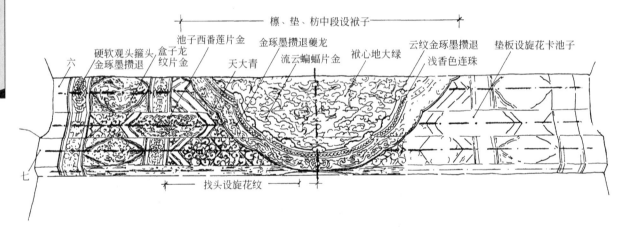

第四节 旋子彩画的切活

一、切活的工艺特征

"切活"，是清代彩画某些细部的一种特殊的画法。清代早、中期称为"描机"，其中包括"描机水"、"描机草"。清晚期以来逐渐被改称为切活。

"描机"一词的含义，指在描画某种花纹时，可作随机应变、灵活地表现花纹。

切活还被称为"反切"，其做法特点是于某些特定彩画部位，先涂刷某种单色，如三青、三绿、丹色做为基底色，尔后在其基底色上用勾线方法运用黑色勾出图案造型，使得所描画的黑色线纹成为衬托花纹的底子色，而原先所涂刷的基底色，却反变成了花纹。

二、切活纹饰的阶段性变化

清早、中期的切活纹饰风格以粗犷、简洁为特点。清晚期的切活纹饰风格以繁缛细致为特点。

切活多用于旋子彩画（和玺彩画、苏式彩画也有一定的运用）的活盒子岔角、垫板及平板枋的某些池子心、某些较窄不易画其它纹饰的枋底、建筑翼角的宝瓶等部位。

清代彩画遗存说明，早、中期切活的运用面还比较窄，如有水纹、卷草纹、灵芝纹、西番莲纹、拉不断纹等有限的几种。清晚期以来，在继承早、中期纹饰内容的基础上，已经极大地拓宽了，发展到了凡彩画制度允许表现的内容，几乎都可以作为切活手段加以运用。另外，这时还从过去传统的切活中，又派生出了一种"支活"。

所谓支活，即切活分支的意思。支活的表现特征虽仍带有某些切活的成分，但更多的已趋向于单纯的画纹饰造型了，已大大地失去了清早、中期切活的本意。因此，从继承发扬古建彩画优良传统技法而言，对于支活当取分析的态度。

三、不同切活部位的基底设色

按法式要求，活盒子岔角的基底设色，凡应切卷草者，必须设三青色。凡应切水纹者，必须设三绿色。

凡池子心切活，一般都设成三青色。少量彩画因做法的需要，也有在不同池子心，分别设成三青底色或三绿色的，其中若切水纹，一般都安排在三绿色的池子心内。

凡枋底切活，按不同枋底分别设成二青色与二绿色的相间排列形式。其中若有切水纹者，一般安排在二绿色枋底。

凡翼角部位宝瓶的切活，基底色必须一律设成丹色。

四、切活的装饰作用

切活是古建筑彩画的一种简单而独特的工艺，它所创造出的是一种单纯朴素的装饰效果。就整体彩画的综合效果而言，由于切活工艺与其它彩画工艺之间的效果有着较强烈的反差，因此它对彩画的其它纹饰，还能起到以其素雅单纯衬托高级繁细的作用（见图2-4-1～图2-4-6）。

图 2-4-1　清早、中期活盒子岔角切活纹饰图

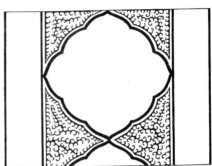

图 2-4-2　清晚期活盒子岔角切活常见纹饰图

（本纹饰见于清中期彩画）　　　　　（本纹饰见于清中期彩画）

图 2-4-3　池子切活各种纹饰图

（本"支活"纹饰见于清晚期彩画）　　（本"支活"纹饰见于清晚期彩画）

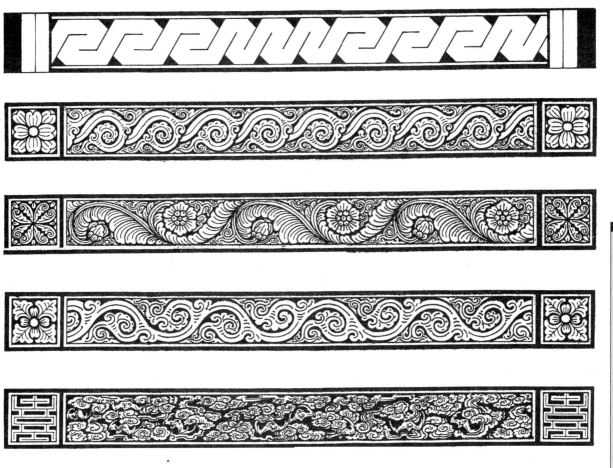

图 2-4-4　较窄枋底切活各种纹饰图

图 2-4-5　宝瓶切活纹饰图

第四节　旋子彩画的切活

图 2-4-6 苏画柱头顶端切活各种纹饰图

第五节　平板枋彩画

与方心式旋子彩画相匹配的平板枋彩画，有如下几种常见纹饰：降魔云纹、半旋花卡池子纹、半拉瓢卡池子纹、跑龙纹、栀花纹、上部外轮廓画边框线，下部设老纹及色彩刷饰。

一、降魔云纹做法

降魔云纹饰是平板枋运用最普遍的一种。清式彩画的降魔云纹，是由明式彩画的降魔云纹演化而成的，由升云与降云共同构成云纹形，云纹形以内套画半方形栀花纹。

清式降魔云纹画法，是按斗栱的攒档，以相邻两攒斗栱的中线至中线之间的长度做为一个图案单位，再按二方连续方式，向左右进行连续排列。因各不同建筑平板枋长宽不同，做为一个图案单位的升、降云数量，在表现形式美的原则下，允许可多可少，但无论多与少，位于大斗的下方的云多画成升云，用以造成降魔云栱托着斗栱的效果（实际彩画中也有大斗下方画成降云者，但极少）。

降魔云的基底设色有两种方式：其一，大多的做法，凡升云设青色，云内的栀花瓣设绿色。其二，少量做法，凡升云设绿色，云内的栀花设青色。降魔云的具体等级做法，是与同建筑的大木旋子彩画的做法相统一的（见图 2-5-1）。

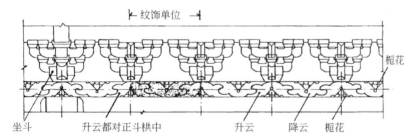

降魔云的设色方法，分为两种，既有升青降绿者，亦有升绿降青者，但以升青降绿做法者为多见

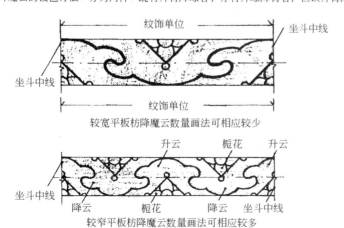

较宽平板枋降魔云数量画法可相应较少

较窄平板枋降魔云数量画法可相应较多

图 2-5-1　平板枋降魔云纹画法示意图

二、半旋花卡池子及半拉瓢卡池子纹做法

（一）半旋花卡池子

半旋花卡池子多用于清早中期的旋子彩画。纹饰的画法排列有两种方式，其一，以半团的旋花画法组合的卡池子，按平板枋做成团团转式的连续排列。其二依建筑开间的中线为对称轴，以半团的旋花画法组合的卡池子，做成对称式排列。

池子，亦名小池子，造型极似方心，但长度比同建筑的方心长得多，池子的长度是可以灵活掌握的。池子的左右两端也设岔口，但外围不设楞线，而是以构件的上下两边为边。池子的内地称"池心"，池子的各种主题纹饰在池心内表现。

两个池子以外的岔口与岔口之间的空地，称"燕尾地"，每块完整的燕尾地，都由方形栀花坐中，栀花以外，由四个半团的旋花卡饰着各个池子。

（二）半拉瓢卡池子

半拉瓢卡池子也是由明代旋子彩画的类似纹饰演化而成的一种形式。清代旋子彩画在平板枋（包括垫板）上对半拉瓢卡池子形式的运用非常广泛。半拉瓢卡池子纹饰构图特征与半旋花卡池子基本相同，所不同的只是在画半团旋花的部位，都画成非常简单的由两个旋花瓣相互勾咬的S形，旋花瓣外也都设有小形的菱角地和宝剑头。由于该图案形似舀水的瓢，又捧抱着池子，故俗称为半拉瓢卡池子。

半旋花或半拉瓢卡池子的画法见图2-5-2。

半旋花或半拉瓢卡饰池子池心的细部主题纹饰是多种多样的，常见的有各式切活、黑叶花卉、夔龙、莲草、卷草、灵芝、博古等。这些纹饰在池心的具体运用，也与方心等一样，都是与具体建筑的使用功能相统一的。

半旋花卡池子及半拉瓢卡池子的各种等级做法，与同建筑的大木彩画是相一致的。

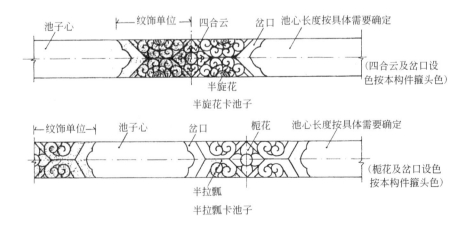

图2-5-2 平板枋半旋花卡池子及半拉瓢卡池子画法示意图

三、跑龙纹做法

平板枋跑龙纹一般仅用于金琢墨石辗玉、烟琢墨石辗玉高等级旋子彩画，构图以一条跑龙并在前端画一组风火焰宝珠为一个图案单位，再以此构成连续式的排列。这种连续式的排列方式，都是以一幢建筑每个面的中线成对称式排列的，即在每面中线部位画正风火焰宝珠作为对称中心，其左、右侧的龙、宝珠火焰，都朝向中心部位呈对称形式。

平板枋做跑龙，龙纹以外的基底色必须设青色，龙纹及宝珠火焰沥粉贴金（见图2-5-3）。

四、栀花纹做法

以栀花纹装饰平板枋，用于墨线大点金以下等级的旋子彩画。纹饰构图按平板枋上下两平行边，按45°角画折线，构成90°角的半方形块，再在半方块内，留出适当缝路，套画同样角度的小半方块，并在其内画栀花纹，以此构成连续式排列形式。

栀花纹的设色，凡平板枋上半部的栀花瓣必须设青色，栀花以外的方地设绿色；凡平板枋下半部的栀花瓣必须设绿色，栀花以外的方地设青色。各种等级的平板枋栀花纹做法，与同建筑的大木彩画做法相统一（见图2-5-4）。

五、上部设外轮廓边框线　下部设压老纹的做法

仅用于某些牌楼的较窄的平板枋。其基底刷大青色，边框线及压老纹做法与同建筑大木相关部位做法相同（见图2-5-5）。

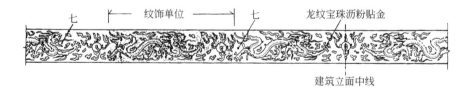

图2-5-3　平板枋跑龙纹画法示意图

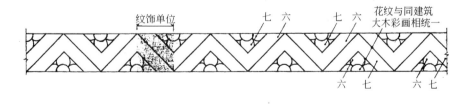

图2-5-4　平板枋栀花纹画法示意图

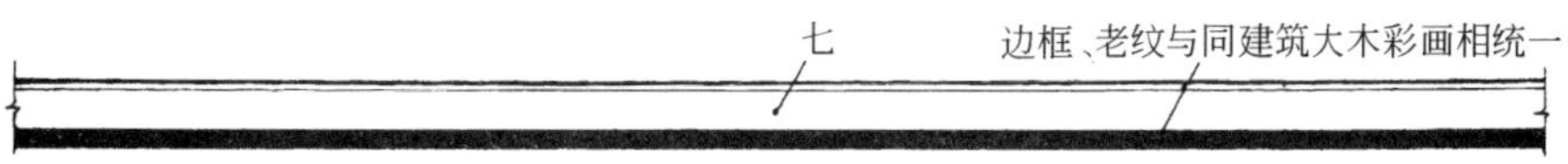

图2-5-5　平板枋压老纹画法示意图

六、色彩刷饰的做法

仅运用于过狭窄难于表现纹饰的平板枋(如某些牌楼过于狭窄的平板枋),其色彩一般刷成大青色。

第六节 垫板彩画

垫板,指小式建筑的垫板及大式建筑的由额垫板。垫板彩画大抵有如下几种纹饰形式:"半旋花及半拉瓢卡池子纹"、"吉祥草纹"、"长流水纹"、"佛八宝纹"及"空垫板色彩刷饰腰断红"。

一、半旋花及半拉瓢卡池子纹做法

半旋花及半拉瓢卡池子纹,是旋子彩画垫板最常见的纹饰形式,无论纹饰的画法、做法,均与第五节"半旋花及半拉瓢卡池子纹饰画法"相同,在此不再赘述。

二、吉祥草纹做法

清式旋子彩画的吉祥草纹,亦是由明式旋子彩画垫板的吉祥草纹演变而来的。这种纹饰,多运用于某些较高等级旋子彩画。

吉祥草,亦名"公母草",是按一公一母单元组形式安排的,单元与单元之间拉开一定的距离。其中公吉祥草的画法,两端的卷草纹都画成相并形式;母吉祥草纹两端的卷草纹都画成敞开形式。每开间垫板两端必须放置半个母吉祥草,全部吉祥草按一公一母以开间中线对称轴做成相间式排列。大开间者纹饰单元多,小开间者少。

吉祥草纹做法,按同建筑大木旋子彩画做法等级,大体分为两个档次,高等级做法(墨线大点金做法以上者),吉祥草的法轮、卷草的花蕊沥粉贴金(有的做法卷草的某些包瓣也沥粉贴金),大部卷草瓣做颜色"攒退"。低等级雅伍墨做法,吉祥草无金,全部花纹全由颜色攒退。

吉祥草纹的设色,或由四色(青、绿、香、紫四色,一般用于高等级做法)或由两色(青绿二色,一般用于低等级做法)进行岔色,进而进行攒退(见图2-6-1)。

三、长流水纹做法

长流水纹一般运用于某些窄的枋底及随柁枋、随檩枋、挑檐枋的低等级雅伍墨旋子彩画。

纹饰画法由旋花纹构成抽象的具有动感的二方连续水纹。

垫板长流水纹的具体做法,与同幢建筑大木的雅伍墨彩画相统一(见图2-6-2)。

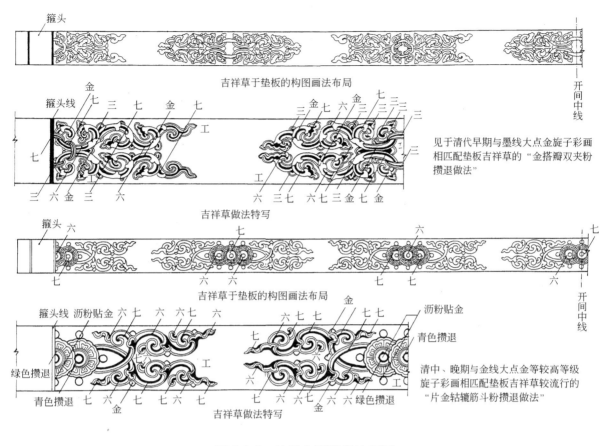

图 2-6-1　垫板吉祥草做法图例

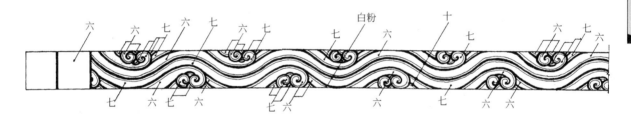

图 2-6-2　垫板长流水做法图例

四、佛八宝纹做法

垫板佛八宝纹，多用于北京地区藏传佛教寺院高等级建筑的垫板彩画。其主题纹由轮、螺、伞、盖、花、罐、鱼、长为内容，围统主题，一般还配以莲座、飘带软卡子等纹饰。佛八宝、卡子沥粉贴金；飘带、莲座做颜色攒退。

五、空垫板色彩刷饰腰断红做法

主要用于帝后陵寝、坛庙及某些寺院建筑的垫板。取这种做法时，无论同幢建筑彩画的做法高低，垫板一律不做任何纹饰，只做单一朱红色油饰。

第七节 檩头、柁头彩画

一、檩头纹饰做法

在檩头正面，画圆形整团旋花。旋花瓣一般由两路构成，檩径特殊大者可按三路构成。旋花作立向放置，旋花的头端置于檩头上方。

在檩头侧面，要视檩头探出的长短而定，其探出长度够设两条立向箍头者，则设两条箍头，否则设一条立向箍头。无论设两条或一条箍头，凡内侧的箍头以里的多余部分，均作为副箍头。

凡檩头旋花的头路瓣都必须设成绿色，二路瓣设青色，三路瓣又绿色，做成青绿相间式的设色。

檩头侧立面箍头的设色，如为双条箍头者，外端箍头设青色，里端箍头设绿色；单条箍头者设青色。

檩头彩画做法的等级、纹饰贴金与否，均与同幢建筑大木彩画做法相统一（见图2-7-1）。

二、柁头纹饰做法

柁头正面纹饰：无论柁头成正方形或长方形，均在柁头形内成适应式的画圆形整团旋花，旋花路数一般按两路形式构成，柁头较大者，亦可按三路画法构成。旋花按立向放置，旋花头端置于柁头的上方。圆团旋花以外的四个抱角部位画栀花。

柁头的三个侧面，亦按柁头正面画法画整团旋花，但要做横向

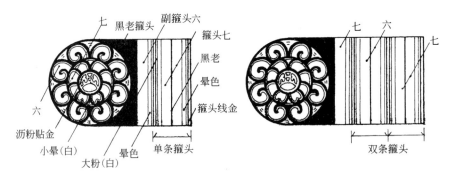

图 2-7-1 檩头纹饰做法图例

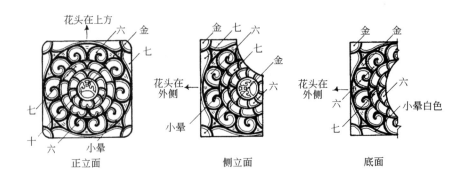

图 2-7-2 柁头纹饰做法图例

放置，旋花头端置于柁头的外端方向。圆团旋花以外的两个抱角部位画栀花（见图2-7-2）。

柁头旋花设色，头路瓣必须设绿色，二路瓣设青色，三路瓣又绿色，做成青绿相间式的设色。外抱角栀花瓣设青色。

柁头彩画的做法等级，沥粉贴金与否，有无晕色等，均与同幢建筑大木彩画做法相统一。

第八节　柱头瓜柱彩画

一、柱头彩画

（一）柱头彩画范围

与檩、枋、梁等大木彩画相匹配的柱头彩画，因木构形式的不同，外露情况及彩画范围有多种，例如有的柱头外露两个面，有的外露一个面，有的外露一部分，其余被遮挡，有的几乎全部外露（见图2-8-1）。无论柱头成何种外露形式，柱头的彩画范围一般由与柱头相交的最下端构件的底平画起，至柱顶为柱头彩画。如为小式建筑的檐柱，自檐枋枋底平起至柱顶，金柱头自金枋枋底起至柱顶（内檐梁一般自最下端梁的梁底平起至柱顶）。大式建筑檐部大体有两种情况：一种是平板枋以下设单额枋者，自单额枋枋底平起至柱顶；另一种是平板枋以下由大额枋、由额垫板、小额枋构成者，自小额枋枋底平起至柱顶；大式建筑内檐顶部设有天花做法的金柱头，自跨空枋枋底平起至天花梁止（惟中柱式建筑内檐彻上明造者较特殊，中柱柱头最下一层梁梁底平起至柱顶）；牌楼式建筑，明间柱头按明间小额枋枋底平起至柱顶，次间乃至以外更多开间的柱头，均按其各自开间的小额枋枋平起至柱顶，都属于柱头的彩画范围（见图2-8-2～图2-8-4）。

全外露柱头的彩画面

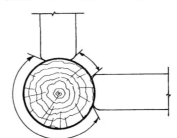

角柱头外露的彩画面

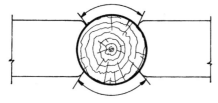

一般开间柱头外露的彩画面

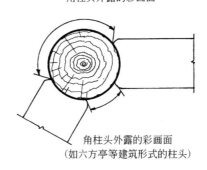

角柱头外露的彩画面
（如六方亭等建筑形式的柱头）

图2-8-1　柱头彩画外露面示意图

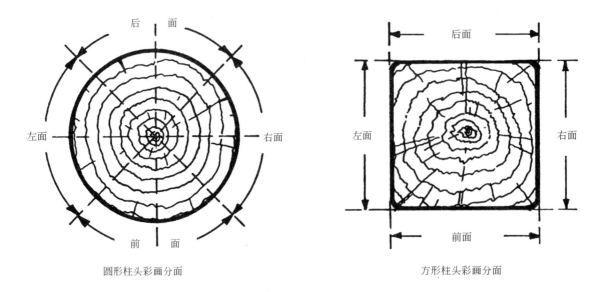

圆形柱头彩画分面　　　　　方形柱头彩画分面

圆形、方形柱头彩画的分面法示意

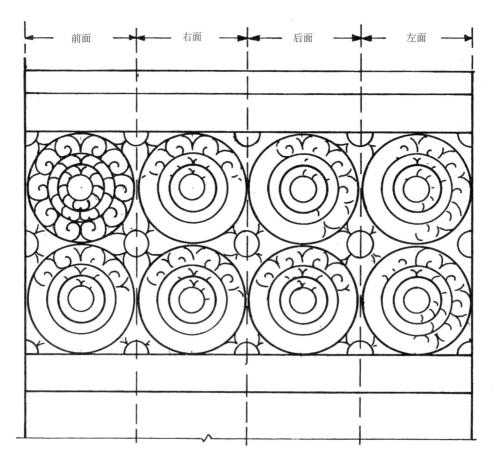

圆、方形柱头旋花四面展开示意

图 2-8-2　柱头旋子彩画分面画法示意图

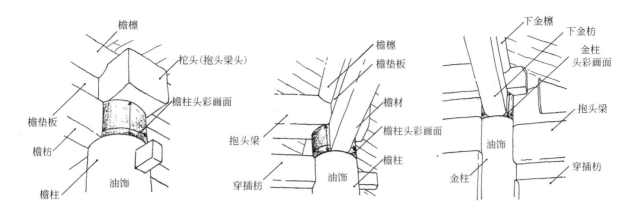

图 2-8-3　小式建筑檐部柱头旋子彩画面示意图

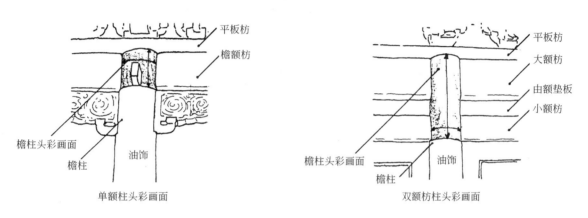

图 2-8-4　大式建筑檐部柱头旋子彩画示意图

（二）柱头彩画纹饰构成画法

柱头彩画纹饰因彩画所处时期的不同而有所不同，早期柱头纹饰比较多样，画法也较繁细，仅就柱头的一个看面而言，较矮的柱头一般画"栀花旋花柱头"、"十字别旋花柱头"、"栀花柱头"等。较高的柱头画"圆团形旋花柱头"。中晚期的柱头纹饰样式逐渐减少，画法趋于简化统一，较矮的柱头一般只画"栀花柱头"；较高的柱头仍画"圆团形旋花柱头"。

无论早、中、晚期的高矮柱头纹饰，柱头的下端都必须画一条横向整箍头，箍头以下做油饰，箍头以上的柱头中段，画柱头细部纹饰内容（栀花纹及圆团形旋花纹）。柱头最上端，根据其中段细部纹饰高矮度的具体需要，较窄者可只画一条横线或画横向副箍头，较宽者或画横向箍头、副箍头。

柱头中段的细部纹饰内容，按清晚期形成的较统一的做法，较矮的柱头一般画栀花。较高的柱头，当高度够画一圆团形旋花时，则画成圆团形旋花柱头。再高的柱头，可画成两团乃至多团旋花的形式。圆团形旋花的方向，定旋花的前部位于上方，尾部位于下方。

无论早、中、晚期柱头细部纹饰做法，都是与同期、同幢建筑大木旋花纹是协调一致的（见图 2-8-5、图 2-8-6）。

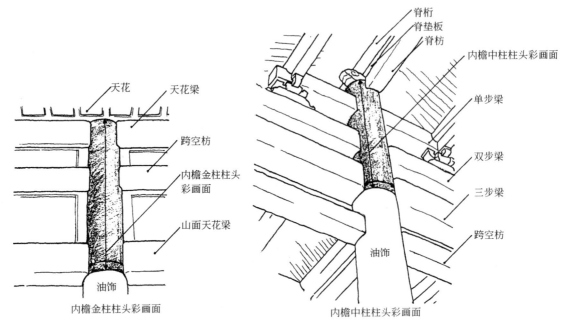

图 2-8-5 内檐金柱、中柱旋子彩画面示意图

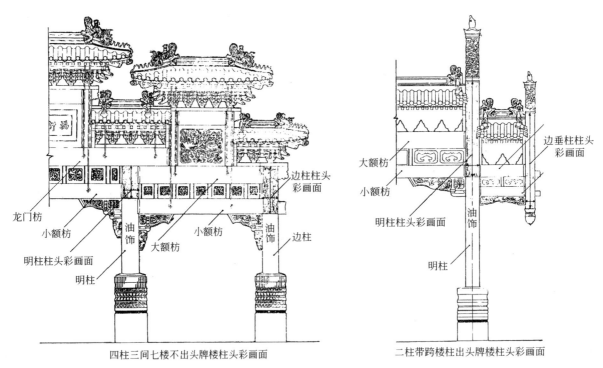

图 2-8-6 排楼旋子彩画
分面画法示意图

（三）构成柱头纹饰的分面画法

柱头彩画纹饰无论外露多少，画栀花纹或画圆形旋花纹，都是按柱头的前、后、左、右四个看面，呈对称形式构成的，以下按清晚期常见柱头纹饰画法的四个展开面，作代表性图示，见图 2-8-7。

（四）柱头彩画做法

柱头彩画做法等级与同幢建筑的大木彩画是相统一的。

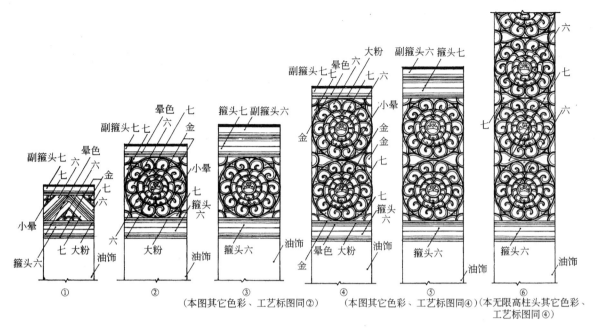

图 2-8-7 不同高度柱头旋子彩画一般纹饰画法示意图

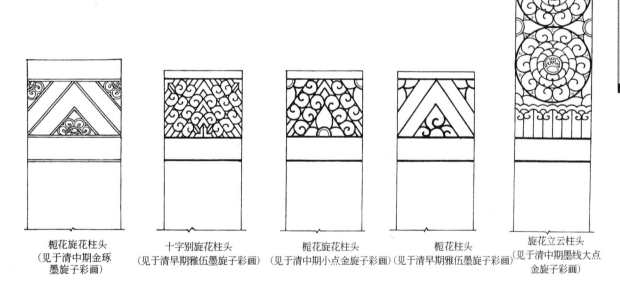

图 2-8-8 清代早、中期柱头彩画几种较特殊纹饰画法示意图

柱头纹饰的青绿主色设色方法为，柱头下端的整条箍头必须设成绿色。柱头上端只画一条横线时，该线与同建筑檩枋梁箍头大线做法相同。柱头上端只画副箍头者，该副箍头必须设成青色（也有将副箍头包括檩枋梁的副箍头全做成黑色的）。柱头上端的实际宽度，若能够同时画箍头、副箍头者，其箍头必须设青色，而副箍头则必须设绿色（也有将副箍头包括着檩枋梁的副箍头全做成黑色的）。

柱头中部的细部纹饰设色，如为栀花柱头者，靠下方绿色箍头的栀花必须设成绿色,栀花的外地设青色;靠上方大线或副箍头的栀花必须设青色,栀花的外地设绿色。

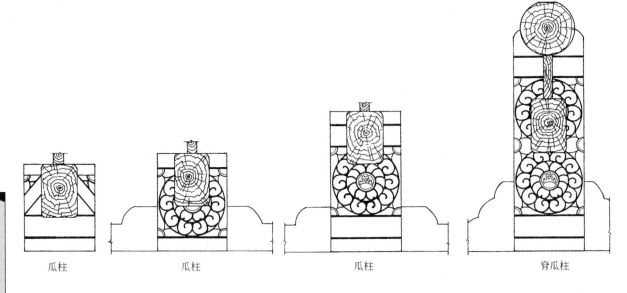

图 2-8-9　瓜柱旋子彩画纹饰画法示意图

圆团形旋花柱头做法,旋花的头路瓣必须设绿色,二路瓣设青色,三路瓣又绿色。旋花及旋花之间的栀花瓣必须都设成青色。

清代早、中期旋子彩画柱头的几种较特殊纹饰画法见图 2-8-8。

二、瓜柱彩画

瓜柱彩画范围,凡外露部位都做彩画。

瓜柱纹饰的内容形式、纹饰的构成分面、纹饰的青绿设色方法等,都与上述柱头彩画相同。

瓜柱纹饰的画法与柱头纹饰画法不同的,只是瓜柱上下两端的箍头、副箍头的设置,一般都要画成对称的形式,例如某瓜柱的上端只设副箍头,则其下端也只设副箍头……如此等等(见图 2-8-9)。

第九节　清代旋子彩画做法及其一般施工工艺流程

如前所述,清代旋子彩画大体分为八种不同的等级做法,每种彩画的完成,都是通过各种特定工艺流程而实现的。为全面集中地说明这方面的问题,特列表 2-9-1 及表 2-9-2。

这方面的有关做法,请另参见彩图 2-9-1、彩图 2-9-2、彩图 2-9-3。

清代旋子彩画八种不同等级特点对照表（以檩、枋、梁等主要构件为例）　　　　　表2-9-1

品种等级做法名称	彩画主要部位基底设色	细部旋花、栀花做法				方心细部主题及活盒子活籤头主题纹做法	备注
		主体框架大线（包括方心线、岔口线、皮条线及活盒子大线及活盒子等轮廓线）做法	旋花、栀花轮廓线	旋花、栀花瓣颜色	旋眼、栀花心、菱角地宝剑头		
混金旋子彩画	全部为金色	沥粉、贴金	沥粉、贴金	沥粉、贴金	沥粉、贴金	沥粉、贴金	
金琢墨石碾玉旋子彩画	按花样做青绿相间设色	沥粉贴金。金大线旁地按青色或绿色做叠晕，靠金大线做白色线	沥粉、贴金	按部位分别做青色或绿色叠晕，靠金色线做白色线（亦可吃小晕，以下白色均同）	沥粉、贴金	龙纹、凤纹、夔龙纹方心、宋锦纹方心，其余部分颜色做。龙纹、凤纹、西番莲活盒子及活籤头纹饰沥粉贴金（死盒子颜色做，按细部纹饰、旋花栀花做法）	活盒子、活籤头者，其盒子大线以里、籤头大线以里之主题纹做法，另见本书其它有关文字图说
烟琢墨石碾玉旋子彩画	按花纹做青绿相间设色	沥粉贴金。金大线旁地按青色或绿色做叠晕，靠金大线做白色线	墨色	按部位分别做青色或绿色的叠晕，靠金线做白色线	沥粉、贴金	帝后陵寝一字方心沥粉贴金；宋锦贴金，其余部分颜色做。龙纹、凤纹、灵芝纹、异兽活盒子贴金（死盒子颜色做，按细部纹饰、旋花栀花做法）	活盒子、活籤头者，其盒子大线以里、籤头大线以里之主题纹做法，另见本书其它有关文字图说
金线大点金旋子彩画	按花纹做青绿相间设色	1.沥粉贴金。金大线旁地靠金大线仅做白色线。2.沥粉贴金，大线或绿色地金做白色按青色或绿色做叠晕，靠金大线做白色线	墨色	青色或绿色的花瓣，子墨轮廓线以里，只做白色线	沥粉、贴金	龙纹、梵纹方心沥粉贴金；宋锦纹贴金，其余部分颜色做。一字方心沥粉贴金；金刚宝杵活盒子沥粉贴金，或全部墨色贴金，其余颜色；空方心即用基底色。龙纹、西番莲活盒子沥粉贴金，或推花头蕊花局部沥粉贴金（死盒子颜色做，按细部旋花、栀花做法）	活盒子、活籤头者，其盒子大线以里、籤头大线以里之主题纹做法，另见本书其它有关文字图说

第九节　清代旋子彩画做法及其一般施工工艺流程

续表

品种等级做法名称	彩画主要部位基底设色	主体框架大线（包括方心线、岔口线、皮条线死盒子大线及活盒子等轮廓线）做法	细部旋花、栀花做法			方心细部主题纹及活盒子活箍头主题纹做法	备注
			旋花、栀花轮廓线	旋花、栀花瓣颜色	旋眼、栀花心、菱角地宝剑头		
墨线大点金旋子彩画	按花纹做青绿相间设色	墨色。墨大线旁地靠墨大线做白色线	墨色	青色或绿色的花瓣，干墨轮廓以里，只做白色	沥粉、贴金	一字方心墨色做，花卉、龙方心沥粉贴金；来锦方心只钻辘，栀花沥粉贴金，其余方心只钻辘，栀花沥粉贴金，其余方心颜色做。龙纹活盒子沥粉贴金，夔龙、花卉活盒子颜色做（死盒子细部纹饰，按细部旋花、栀花做法）	活盒子，活箍头做法者，其盒子大线以里，箍头大线以里之地以主题纹做法以里，另行处理，另参见本书其它有关文字图说
小点金旋子彩画	按花纹做青绿相间设色	墨色。墨大线旁地靠墨大线做白色线	墨色	青色或绿色的花瓣，干墨轮廓以里，只做白色	只干旋拔眼，栀花心沥粉贴金，其余按色度或青色或绿色并做吃小晕	一字方心墨色做，夔龙、花卉、连草纹方心颜色做；来锦方心只钻辘，栀花沥粉贴金，连草，花卉活盒子颜色做（死盒子细部纹饰，按细部旋花、栀花做法）	小点子清代早期旋子多见于彩画
雅伍墨旋子彩画	按花样做青绿相间设色	墨色。墨大线仅旁地做白色线	墨色	青色或绿色的花瓣，干墨轮廓以里，只做白色	按部位，或青色或绿色并做吃小晕	一字方心墨色做，夔龙、花卉、连草纹方心颜色做（死盒子细部纹饰，按细部旋花、栀花做法）	
雄黄玉旋子彩画	雄黄色	按雅伍墨旋子彩画的青绿色地制度凡应改设者，其大线地三青色大线改设三绿色，并干晕外沿都做细白色线	同主体框架大线做法	同主体框架大线做法	同主体框架大线做法	一字方心墨色做	

注：1. 表内提及的"金"、"贴金"均指金箔色。
2. 方心、盒子细部纹饰的具体做法，另参见本书有关做法文字及图说。

清代各种旋子彩画主要施工工艺流程表

表 2-9-2

品种等级做法 方心内容 工艺流程	混金 空方心	金琢墨石碾玉 龙凤活盒子	金琢墨石碾玉 龙锦方心	金琢墨石碾玉 夔龙方心	烟琢墨石碾玉 龙锦方心	烟琢墨石碾玉 一字空方心	金线大点金 龙方心	金线大点金 龙锦方心	金线大点金 法纹轮草方心梵	金线大点金 一字空方心	墨线大点金 龙方心	墨线大点金 龙锦方心	墨线大点金 龙莲草方心	墨线大点金 一字空方心	墨线大点金 花锦方心	墨线大点金 龙锦方黑叶心	小点金 夔龙花井黑叶心	小点金 一字空方心	小点金 花锦方心	雅伍墨 夔龙方莲心	雅伍墨 花锦方心	雅伍墨 夔草龙方莲心	雅伍墨 夔龙花井黑叶心	雅伍墨 梵纹方心	雄黄玉 一字空方心
拓描老彩画	√	√	√	√	√	√	√	√	√	√	√	√	√	√	√	√	√	√	√	√	√	√	√	√	√
丈量	√	√	√	√	√	√	√	√	√	√	√	√	√	√	√	√	√	√	√	√	√	√	√	√	√
起扎 谱子	√	√	√	√	√	√	√	√	√	√	√	√	√	√	√	√	√	√	√	√	√	√	√	√	√
磨生过水	√	√	√	√	√	√	√	√	√	√	√	√	√	√	√	√	√	√	√	√	√	√	√	√	√
合璗	√	√	√	√	√	√	√	√	√	√	√	√	√	√	√	√	√	√	√	√	√	√	√	√	√
分中	√	√	√	√	√	√	√	√	√	√	√	√	√	√	√	√	√	√	√	√	√	√	√	√	√
拍谱子	√	√	√	√	√	√	√	√	√	√	√	√	√	√	√	√	√	√	√	√	√	√	√	√	√
描红墨（摊找活）	√	√	√	√	√	√	√	√	√	√	√	√	√	√	√	√	√	√	√	√	√	√	√	√	√
号色	√																								
沥粉	√	√	√	√			√	√	√	√															
刷大色及抹小色	√	√	√	√	√	√	√	√	√	√	√	√	√	√	√	√	√	√	√	√	√	√	√	√	√
包黄胶	√	√	√	√	√	√	√	√	√	√															
贴金	√	√	√	√	√	√	√	√	√	√															
拉大黑		√	√	√	√	√	√	√	√	√	√	√	√	√	√	√	√	√	√	√	√	√	√	√	√
拉晕色		√	√	√	√	√	√	√	√	√	√	√	√	√	√	√	√	√	√	√	√	√	√	√	
细部旋花等纹纹晕退		√	√	√	√		√	√	√		√	√	√		√	√									
拉大粉		√	√	√	√	√	√	√	√	√	√	√	√	√	√	√	√	√	√	√	√	√	√	√	√
行粉		√	√	√	√	√	√	√	√	√	√	√	√	√	√	√									
做细部锦纹		√	√		√		√				√				√		√		√		√		√		
细部主题花锦纹		√	√	√	√		√	√			√	√				√	√			√		√	√		
细部花纹平涂开墨		√	√	√	√		√	√	√		√	√	√		√	√	√		√	√	√	√	√	√	
切活	√	√	√	√	√	√	√	√	√	√	√	√	√	√	√	√	√	√	√	√	√	√	√	√	√
压黑老拉黑掏及刷黑老箍头	死盒子	龙凤活盒子	死盒子	芝形特殊灵芝	死盒子	灵芝异兽盒子	批异兽活盒子	龙等纹活盒子	梵杵字活金刚宝	夔杵龙活金刚宝	龙异兽活盒子	死盒子	夔活龙异兽	死盒子	死盒子	死盒子	死盒子	死盒子	死盒子	夔活龙西番	死盒子	死盒子	死盒子	死盒子	死盒子
打点活	√	√	√	√	√	√	√	√	√	√	√	√	√	√	√	√	√ 清早期做手法	√	√	√	√	√	√	√	√

备注

注：1. 表内凡栏目中画"√"者，均为施工流程中发生的工艺项目；表内凡栏目中空白者，均为施工流程中不发生的工艺项目。
2. 本表只列了一般常见做法，特殊做法未列。

第九节 清代旋子彩画做法及其一般施工工艺流程

第三章

和玺彩画

第一节 和玺彩画的产生发展沿革概述

一、关于"和玺彩画"名称运用的变化

"和玺彩画"的提法,不是清代原初的提法,清代关于这类彩画提法的文献记载最早见于清工部《工程做法则例》,如卷五十八"画作用料"载有:"合细伍墨金云龙凤沥粉方心青绿地仗上伍彩……",卷七十二"画作用工"载有"合细伍墨金云龙凤方心彩画……"。以上这些提法,就是该种彩画的原始提法。作为工程做法规则体例,开门见山,"合细"二字,首先点明了这种彩画的类别性质为"合细彩画",它既区别于清代的其它各种"点金彩画",又区别于"苏式彩画"。这里的所谓"合细",可理解为聚集精细之义。其中的"伍墨"及"伍彩",大体上指的是一个意思,就是运用多种色彩及各色彩间的明暗变化表现的彩画。"金云龙凤方心沥粉"或"金云龙凤方心彩画",其中的"方心"是指该种彩画的构图形式为方心式,非袱子式、海墁等式,而其中的"龙凤",即彩画的主题内容或用龙纹、或用凤纹、或同时用龙凤纹的做法。此段文字内容可通解为,彩画形式为方心式,而无论龙、凤、云纹以及方心线都沥粉贴金。"青绿地仗上伍彩"的含义是,彩画的基底色用青绿二色,其中的"上伍彩"是行业中对彩画等级的提法,中国建筑彩画自宋代就有上、中、下伍彩三个等级,一般高等级的做法都泛称为上伍彩,中等级的做法都称为中伍彩,低等级的做法都泛称为下伍彩。该种合细彩画无论纹饰、用料等都为高等级做法,故称为上伍彩。清则例这种彩画提法,字虽不多,却详细全面的表达了该种彩画做法的基本内容形式。

1934年梁思成先生在《清式营造则例》一书中,首次改称这类彩画为"和玺彩画",此后社会的各方人士,凡称这类彩画,一般大多都称其为和玺彩画了。

二、和玺彩画的产生发展沿革概述

和玺彩画为清代一类非常重要的官式彩画,这类彩画以主要运用"≤"形构成彩画大线为突出特征。我国"五代南唐李昇墓的墓室内彩画，敦煌北宋时所建的窟檐梁柱上面的彩画"，山西芮城元代道观"永乐宫"重阳殿内大梁上面的彩画，都以硕大的莲花瓣作为主体轮廓线，其纹饰造型与清代早期和玺彩画很相似(引自王中杰先生《试论和玺彩画的形成与发展》)。宋代李诫的《营造法式》卷三十三彩画作制度图样上，五彩额柱第五：豹脚、叠晕、剑环、簇三等相类纹饰，与清代早期和玺彩画的造型也非常相似，由此认为，清代和玺彩画的产生绝非偶然，它与我国古代传统彩画是有着深刻密切的历史渊源关系的。

和玺彩画作为清代的一类重要彩画其构图明显地吸取了旋子彩画在构件中段设方心，方心两端对称地设岔口、找头，根据构件的长短确定设或不设盒子以及箍头副箍头的格局形式。其找头及方心部位的分界线用"≤"形大线，与箍头部位相连接大线的纹饰造型非常近似于横置的大型莲花瓣，用作彩画主题的龙凤等纹饰内容，在方心、找头、盒子等部位内表现。和玺彩画形成之后，在相当长的一段时间仍在不断地变化、发展，从形成到发展为基本完善的程度，经历了清代早期至清代中期的约100多年时间。清代中期至清代晚期的100多年间，虽然其做法仍有一定的变动，但和玺彩画作为清代一类制度严明的法式彩画可以说已经完成。

清代和玺彩画做法，由于曾经历了260多年发展过程，因此呈现出如下几个方面的阶段性特征：

1. 纹饰画法方面

(1) 斜大线的画法变化

早期和玺彩画的"≤"斜形大线画法，普遍以曲弧形线为特征，这种特点大抵延续到清代中期中叶。自清中期中叶至清晚期和玺彩画的斜形大线，普遍地演变成了用直线来表现(见图3-1-1)。

(2) 箍头的画法变化

早期和玺彩画的箍头，普遍画的较窄，且多运用死箍头(素箍头)。中、晚期和玺彩画的箍头，呈现出了逐渐加宽的趋势。这个时期少量彩画仍在沿用死箍头的做法，而较大量的彩画则运用了活箍头的做法。

(3) 细部主题龙纹的画法

早、中期和玺彩画的龙纹画法，一般都画得较粗壮并富于变化，力度神韵十足，构图自然活泼。清晚期龙纹画法，普遍变得很程式化，且较为纤细，力度减弱，神韵已远不及早中期的龙纹。

2. 工艺方面

(1) 早期和玺彩画纹饰框架金大线侧面、细部金琢墨攒退纹饰金线以里、斗栱金色边框以里，在与深基底色相交的部位，仍保持着明代彩画只做晕色的传统，但晕色画的一般都较细。

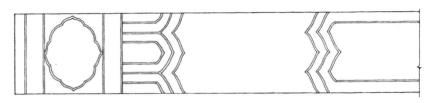

曲斜大线画法之一普遍常见于清代早期和玺彩画

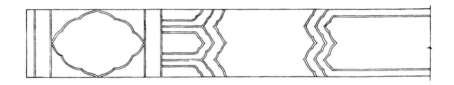

曲斜大线画法之二仅见于清代早期非常高等级的和玺彩画

曲、直斜大线并用画法仅见于清代中期以前某些和玺彩画
（代表着和玺由曲斜大线向直斜大线转变时期的画法）

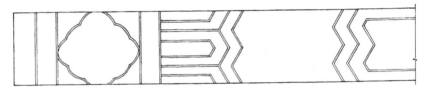

直斜大线画法常见于清代中期后期及清晚期和玺彩画

图 3-1-1 不同时期和玺斜大线画法特点对照图

中期和玺彩画主体框架大线旁和斗栱的金色边框以里，普遍改拉较细的晕色为拉较细的白粉。

晚期的和玺彩画在主体框架的大线旁不仅要拉饰白粉线，靠白粉线以里还都普遍地拉较宽的晕色。斗栱的金色边框以里仍保持着清中期只拉白粉的做法。

（2）早中期和玺彩画的贴金，普遍运用贴两色金（当时称为"红金"箔与"黄金"箔）的做法。晚期的和玺彩画，大多已改为只贴一色红金箔。

（3）早期和玺彩画盒子岔角的描机水纹与描机草纹，仍然保持着唐宋时期的平涂"剔填法"做法，中晚期和玺彩画的同部位做法则一律地改成了"切活"。

3. 颜料成份运用方面的变化

早中期和玺彩画的青、绿主色及其它大色普遍用国产天然矿质为主的颜料，色彩效果自然稳重、柔和质朴。清晚期以来，由于上述这些颜色改用了由国外进口的近代化工颜料，使得这个时期的彩画效果向着色彩艳丽、对比强烈刺激方面转化了。

三、和玺彩画的主要品种、等级及其一般的装饰范围

按清代彩画制度，和玺彩画是最高品级的彩画。它的细部纹饰主要运用象征皇权的龙凤纹。同时，按实际需要，还运用西番莲纹、吉祥草纹、梵纹等纹饰。根据和玺彩画细部主题纹饰运用的不同，大体被分为：龙和玺、龙凤和玺、龙凤方心西番莲灵芝找头和玺、龙草和玺、凤和玺、梵纹龙等六种不同的和玺彩画做法。

清代处于我国封建社会的末期，作为反映封建社会等级制度的建筑彩画，在各种建筑上的具体运用，是很严格的，是不能随便逾制的，尤其象征皇权的和玺彩画运用尤其严格。清代的和玺彩画品种也有着严格的等级，其中龙和玺为第一等，装饰于皇帝登基、理政、居住的殿宇及重要坛庙建筑；龙凤和玺、龙凤方心西番莲灵芝找头和玺、凤和玺为第二等，前两种着重装饰帝后寝宫及祭天等重要祭祀性坛庙建筑，后一种装饰皇后寝宫及祭祀后土神坛的主要殿宇；龙草和玺、梵纹龙和玺为第三等，其中的龙草和玺主要用于装饰皇宫的重要宫门、皇宫主轴线上的配殿及重要的寺庙殿堂。梵纹龙和玺装饰敕建藏传佛教寺院的主要建筑。

第二节　檩枋梁大木和玺彩画

一、和玺彩画的构图格局及部位名称

檩、枋、梁大木和玺彩画的构图格局基本分为三个段落，构件的正中段设方心，方心的左右两段对称地设找头、箍头，构成各个纹饰部位的具体名称详见图3-2-1。

二、和玺彩画主体框架纹饰在不同长度构件上的构图方法

（一）对称轴线成规的运用

和玺彩画的主体框架纹饰在大木构件上的构图都是按清代彩画法式、按构件的具体尺寸绘制的。主体框架纹饰都是以两条轴线成

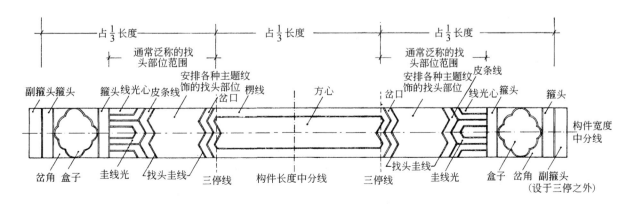

图3-2-1　和玺彩画框架构图格局部位名称图

对称形式,其中一条是构件长度的中分线;另一条是构件宽度的中分线。

(二)分三停规则的运用

清代各类彩画的方心式构图,都严格按分三停的规则,和玺彩画主体框架纹饰的构图亦如此。无论较长构件或短构件,凡是设方心的,都是按着分三停的规矩按三段式格局进行构图,即在构件两端设副箍头,副箍头在构件上所占的宽度均不计在三停之内。

因构件长短不同,形成主体框架的纹饰及部位也不同,凡较长构件,一般都要加画盒子;凡较短构件,如稍间、廊步的抱头梁、穿插枋及内檐的某些较短构件则不画盒子(见图3-2-2)。

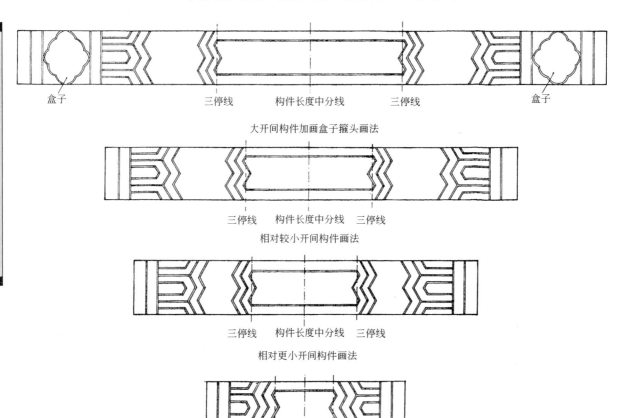

图 3-2-2 不同长度构件和玺彩画框架大线构图画法对照示意图

(三)主线光长短画法的变化

主线光及线光心都属于找头的范围,其具体内容的绘制、按规矩应画什么、应画成什么样……,是根据找头地内主题纹饰表现的需要所决定的。因此主线光及线光心的长度画法是可变的,有的彩画要画得长些,有的画得短些,特殊短部件甚至可以不设。

(四)斜大线画法

如前所述,构成和玺彩画主体框架的大线为"≤"形斜大线,这些"≤"形斜大线在檩、枋、梁大木构件上都是横向放置的。绘制"≶"形斜线的方法一般是先将构件的宽均分为4等份(特指绘制岔口线、找头轮廓圭线、圭线光轮廓线),然后确定彩画部位节点,再后做节点间的斜连线。大多和玺斜线的斜度,与横向构件之上下边成60°角。在同一构件中,方心头、线光心、找头的所有斜线斜度都必须与其相统一。

(五)大线的做法

和玺彩画主体框架大线纹饰,包括箍头线、盒子轮廓线、主线光及线光心轮廓线、找头轮廓圭线、岔口线、方心轮廓线、无论早期的曲线画法或中晚期的直线画法,都是通过双线沥粉并贴金来表现的。

三、和玺彩画同类纹饰设置综述

(一)箍头纹饰

和玺彩画的箍头,在纹饰表现上与旋子彩画的箍头基本相同(参见旋子彩画第二章第二节有关部分),也分为死箍头与活箍头的两种。早期和玺彩画的箍头,一般采用死箍头,箍头普遍画的较窄,以大额枋箍头为例,箍头宽度约占大额枋宽度的1/6左右。箍头基底设大青或大绿色,箍头大线做以双线沥粉贴金,箍头线内侧只拉饰很浅的晕色,这个做法,仍延续着明代彩画的做法风格。箍头正中压拉较粗壮的黑老线。

中晚期和玺彩画的箍头,出现了死箍头与活箍头两种形式并存的局面,但死箍头做法相对已较少,大量彩画普遍地彩用了活箍头。这个时期无论死、活箍头都普遍逐渐加宽。以大额枋箍头为例,宽度约占到大额宽度的1/4左右。主箍头外的活箍头宽度约占到大额枋宽度的1/3左右。

这个时期的死箍头,基底色仍设大青色或大绿色,箍头线仍为双线沥粉贴金,箍头正中仍做压黑老线,但黑老线已明显画得较细了。两条箍头线以里,曾一度改拉晕色为拉较细白粉线(指清中期)。清晚期的死箍头线以里,不仅要拉饰较粗的白粉线(称拉大粉),在白线以里,还要拉饰宽于白粉线约两倍的(或三青或三绿)晕色。

此时期活箍头的做法基本有三种,即观头箍头、福寿箍头、西番莲箍头。观头箍头做法是最讲究的一种,其纹饰画法亦有软与硬的区别。其中硬观头通常置于做死箍头的刷饰大青基底色的构件;软观头通常置于做死箍头的刷饰大绿基底色的构件。箍头大线都做双线沥粉贴金,箍头细部的观头纹饰普通为金琢墨攒退做法。

福寿箍头做法,箍头大线与上述观头箍头相同,纹饰内容以夔、福、圆寿字构成,做法为沥粉贴片金,箍头基底或大青色或大绿色。

西番莲箍头做法,箍头大线与观头箍头相同,细部纹饰由卷草西番莲花头构成,做法多为沥粉贴片金,箍头基底色或大青色或大绿色。

（二）岔角纹饰

1. 岔角地设色

每块盒子的轮廓线外，都设有四块岔角地，和玺彩画盒子岔角地的基底，凡箍头为青色者，一律设三绿色；凡箍头为绿色者，一律设为三青色。

2. 岔角细部纹饰运用与做法

和玺彩画岔角纹饰的运用及做法大致分为如下三种：

（1）大多的和玺彩画运用切活纹（清早期称之为"描机水"和"描机草"）。关于彩画的"切活"工艺，在旋子彩画做法中已作集中说明（另参见第二章旋子彩画的第四节旋子彩画的切活工艺）。

和玺彩画盒子岔角切活分别有两种图案纹饰，一种为水文，另种为卷草纹，其中的水纹必须做在三绿色地上，卷草纹必须做在三青色地上。

早期和玺彩画的水纹及卷草纹做法，运用古代彩画的"剔填"技法绘成，即先平涂前基底色，然后在浅色之上细致地剔填同色相的深色而使之成为图案间的地色，而原先平涂的基底色，反而变为花纹颜色。以后，由于色彩审美及做法发展的需要，这种做法逐渐地演变成了通过造型技艺，用黑烟子色在三青、三绿地上一描而就的所谓"切活"。

（2）少量的和玺彩画运用金琢墨攒退云纹，这种做法是最讲究的一种，即无论在三青三绿地上都做云纹，云纹轮廓线沥粉贴金，早期做法云纹平涂各种小色为晕色，而后在云纹的中部按着云纹的外形，缩攒相同色相的深色。中晚期的云纹做法，在云纹金色轮廓线与晕色之间，还都要加画一道白色线，以此强化云纹色彩的感染力。

（3）少量的和玺彩画，在三绿三青基底色上，都做成沥粉贴片金的把子草卷草纹。

（三）线光心纹饰

和玺彩画的线光心位于主线光的中部与箍头相连接的内侧，从构件的一个平面看亦呈现一整（构件中部的线光心）两破（构件上与下部位的线光心）形式。一般较为宽大且长形的线光心，画灵芝卷草纹或莲花卷草纹或菊花卷草纹。特殊较窄长的线光心，只画单一的卷草纹。特殊短的线光心，按色彩的刷饰规矩，只涂刷青色或绿色。

线光心的基底设色，凡绿色主线光，其线光心设青色；凡青色主线光，其线光心设绿色。

早中期的和玺彩画，宽大且较长的线光心内，既可画灵芝卷草也可画莲花卷草。晚期以来的和玺彩画，又有了约定俗成的新规矩，即凡宽大且较长的线光心，只要其心地内画得开，青色的线光心内只许画灵芝，绿色的线光心内只许画莲草（一般多为菊花草），口诀为"青地灵芝绿地草"（见图3-2-3）。

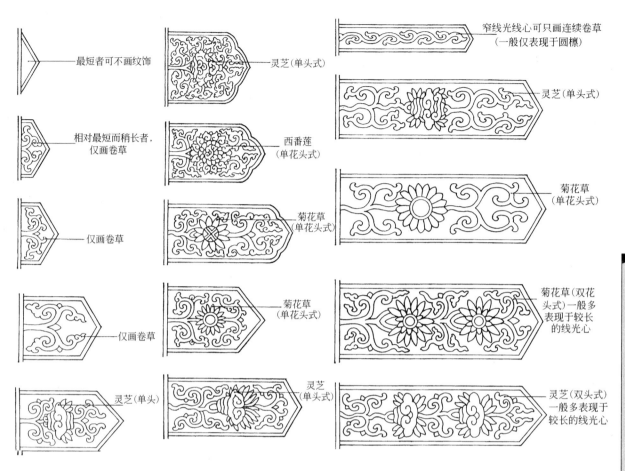

图3-2-3 线光心纹饰画法式样图例

四、各种和玺彩画主题纹饰的运用及其组合

如前所述，和玺彩画有各种做法，称某种和玺为什么和玺彩画，都是由这种彩画运用了什么主题纹饰而决定的。各种和玺彩画主题纹饰的运用与组合，又无不是在大木的方心、找头、盒子等重点部位体现的。为说明这些基本问题，以下按不同和玺彩画做法，分部位分别做简要说明：

（一）龙和玺

龙和玺亦称金龙和玺，它是在彩画的方心、找头、盒子以及其它重要部位运用龙纹做为主题纹饰的一种和玺。各个部位的龙纹，包括宝珠火焰为沥粉贴片金做法。龙纹周围的散云纹轮廓都沥粉，大多数彩画采用金琢墨五彩攒退做法；少量的彩画运用片金做法。

1. 方心龙纹画法

其龙纹的画法与旋子彩画方心的龙纹基本是一致的（另参见第二章第二节相关部分的"云龙方心"）。

2. 找头龙纹画法

凡构件较长的，找头均或画升龙或降龙。早中期彩画的找头龙纹，既有在青色地找头画升龙或降龙的，也有在绿色地找头画升龙或降龙的。晚期和玺彩画找头龙纹的设置又形成了新规矩，即凡青色地找头普遍画升龙，绿色地找头普遍画降龙，口诀为"青升绿降"；特殊短构件找头无法画龙纹者，可只画一条"∽"形单线作为找头。

3. 盒子龙纹画法

和玺彩画盒子龙纹的姿态有坐龙、升龙、降龙、把式龙。早中期和玺彩画盒子龙纹姿态的运用强调纹饰的多样性，一般凡绿色地的盒子画升龙，青色的地子画坐龙及把式龙。晚期和玺彩画，虽少量彩画的盒子仍沿续着早期做法，但大多的彩画，无论青色地或绿色地的盒子，一般只采用坐龙画法(见图3-2-4及图3-2-5)。

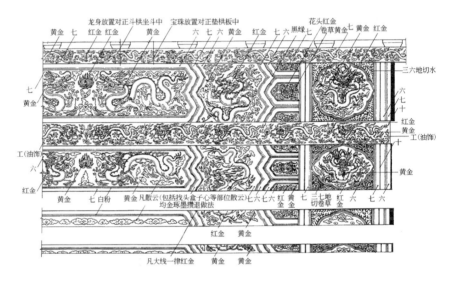

图 3-2-4　龙和玺彩画做法图例(一)
(本贴两色金龙和玺做法见于北京故宫太和殿内檐清代早期彩画)

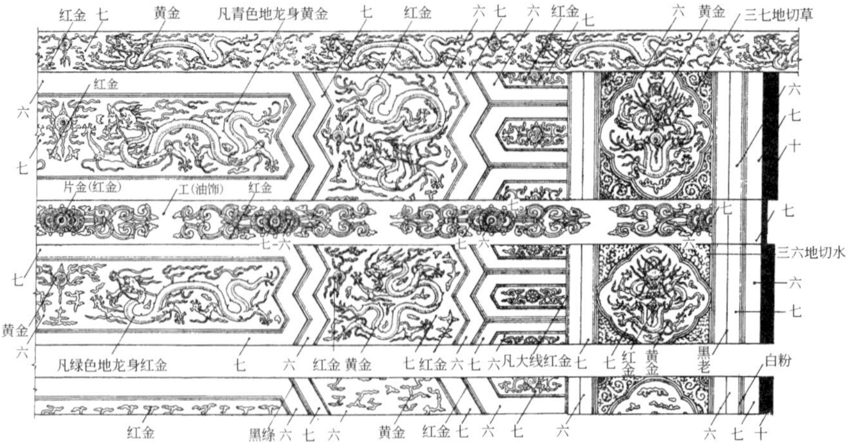

图 3-2-5　龙和玺彩画做法图例(二)
(本贴两色金龙和玺做法见于北京历代帝王庙景德崇圣殿外檐原作清代中期彩画)

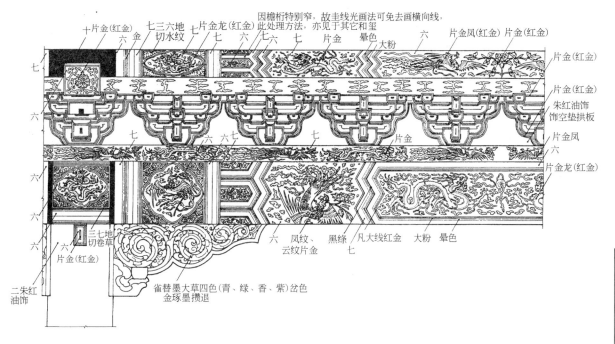

图 3-2-6 龙凤和玺彩画做法图例

（本和玺彩画做法见于北京故宫坤宁门现存彩画）

（二）龙凤和玺

和玺的方心、找头、盒子以及其它重要部位，以运用龙纹与凤纹做为彩画主题纹饰的一种和玺。其各部位的龙纹、凤纹及其周围散云的绘制工艺与上述龙和玺的龙纹、珠宝、散云基本相同，可参见相关部分及（见图 3-2-6）。

龙纹与凤纹在青色与绿色基底的方心、找头、盒子等部位的运用比较复杂，为说明问题，现抽出有代表性的三种古建筑彩画实例列表说明（见表 3-2-1）。

龙凤和玺彩画主题纹饰运用方法对照表　　　　表 3-2-1

建筑实例	彩画部位 建筑构件	方心基底设色及主题纹饰	找头基底设色及主题纹饰	盒子基底设色及主题纹饰	备 注
北京天坛皇穹宇外檐某间彩画	挑檐桁	青色地行龙	绿色地降凤	绿色地坐龙	1. 本表所列三例和玺彩画，属于大开间设有盒子的彩画主题纹饰的运用方法。 2. 主题纹饰的运用，以本间主题纹饰的运用做为起点，按开间的相间排列 3. 内檐各间梁枋主题纹饰的运用，与外檐各间纹饰相间排列的方法相同
	大额枋	绿色地行龙	青色地升凤	青色地升龙	
	小额枋	青色地行龙	绿色地降凤	绿色地坐龙	
北京故宫坤宁宫外檐某间彩画	挑檐桁	绿色地左凤右龙	青色地升龙	青色地坐龙	
	大额枋	青色地左凤右龙	绿色地降凤	绿色地升凤	
	小额枋	绿色地左凤右龙	青色地升龙	青色地坐龙	
北京故宫宁寿宫外檐某间彩画	擎檐上枋	青色地左龙右凤	绿色地升凤	绿色地升凤	
	擎檐下枋	绿色地左龙右凤	青色地升龙	青色地升凤	

（三）龙凤方心西番莲灵芝找头和玺

和玺的方心、找头、盒子运用龙纹、西番莲纹或龙纹、凤纹、西番莲纹、灵芝纹为和玺的一种。从清代的彩画遗存实物看，如果再加以细分，还可分为龙凤方心西番莲灵芝找头和玺，以及龙方心西番莲找头和玺。此类和玺各部位主题纹饰的绘制工艺与上述龙和玺的龙纹、宝珠、散云基本相同可参见上述相关部分。其做法（图3-2-7及图3-2-8）。

（四）龙草和玺

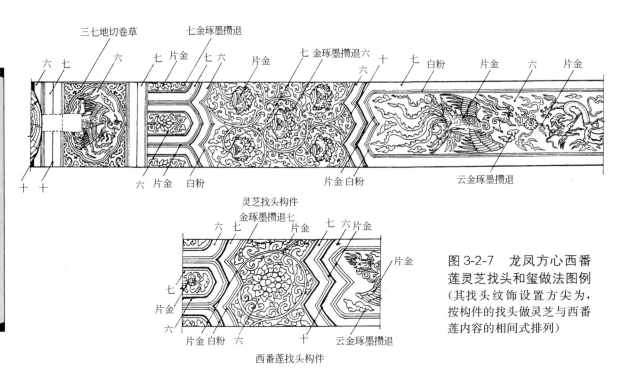

图3-2-7 龙凤方心西番莲灵芝找头和玺做法图例（其找头纹饰设置方尖为，按构件的找头做灵芝与西番莲内容的相间式排列）

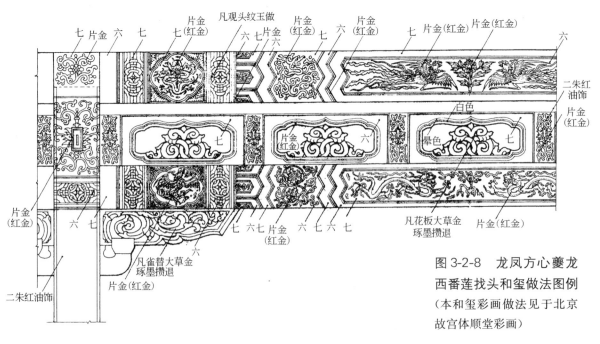

图3-2-8 龙凤方心夔龙西番莲找头和玺做法图例（本和玺彩画做法见于北京故宫体顺堂彩画）

龙草和玺亦俗称楞草和玺。即方心、找头、盒子以及其它重要部位以运用龙纹、大形卷草纹做为主题。和玺中的大形卷草，亦称为吉祥草、关东楞草，画法特点粗壮硕大具有力度感，装饰的适应性非常强，这种大形卷草，在我国元、明官式彩画中极少见到，其原本见于我国蒙古及东北地区。明末清初作为一种独立的官式彩画——吉祥草彩画曾被官式建筑运用。和玺类彩画吸取了龙纹与吉祥草纹为主题纹饰，从而创造龙草和玺彩画的形式。

龙草和玺彩画的设色规矩，凡彩画设成青色或绿色基底色的方心、找头、盒子一律都绘各种姿态的龙纹。其中特殊讲究的和玺彩

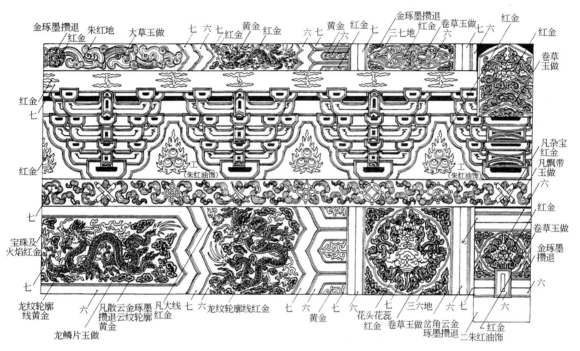

图 3-2-9　龙草和玺彩画做法图例（一）

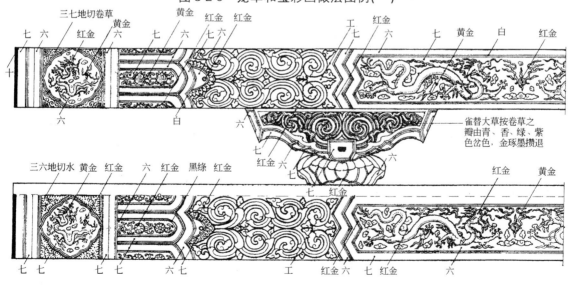

图 3-2-10　龙草和玺彩画做法图例（二）

（本贴两色金龙草和玺做法见于北京雍和宫万福阁内檐藏传佛教原作建筑彩画）

画的龙纹(包括散云)都沥粉并五彩金琢墨攒退；一般做法为沥粉贴片金(其中的散云,有的做五彩金琢墨攒退；有的只贴片金)。

凡方心、找头、盒子绘基底色,设朱红或章丹等红色。这种施色特点,仍沿用着我国关外及蒙古等地区彩画主要运用暖色作为彩画基调的用色特点。讲究的大草做法为金琢墨攒退；低等级的为玉做。

龙草和玺的龙纹、大草纹在檩、枋、梁大木部位纹饰的组合运用有如下三种基本形式：

(1) 凡各种姿态的龙纹,只用于方心及盒子,凡大草纹只运用于找头。

(2) 方心的龙纹与大草纹,按构件的方心做成相间式的排列；各构件的找头一律用各种姿态的龙纹；构件设有盒子者,其盒子一律用区别于大草的较纤细且细密的卷草纹(如灵芝、西番莲等)。

(3) 龙纹、大草纹方心、找头、盒子部位做成相间式排列,详细做法(见图 3-2-9 及图 3-2-10)。

(五) 凤和玺

方心、找头、盒子以及其它重要部位只用凤纹作为主题纹饰的一种和玺。各部位的凤纹及附属纹饰的绘制工艺与上述龙和玺的龙纹、宝珠、火焰散云基本相同。参见上述相关部分。

凤和玺的凤纹在檩、枋、梁上的设置较简单,以北京地坛皇祇室凤和玺彩画为例,其方心无论青色或绿色,一律设对称的凤纹。凡绿色找头地设升凤,凡青色找头地设降凤；凡青色地盒子设升凤,凡绿

图 3-2-11 凤和玺彩画做法图例
(本和玺彩画做法见于北京地坛皇祇室清代中期末彩画)

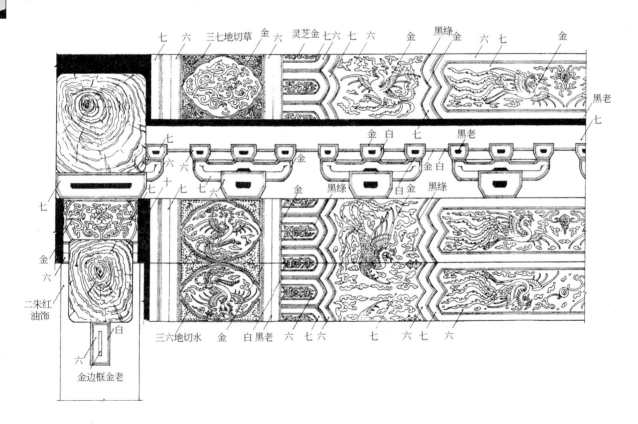

色的盒子设降夔凤。所有纹饰，都一律沥粉贴片金（见图3-2-11）。

（六）梵纹龙和玺

方心、找头、盒子等重要部位运用梵纹（包括梵字、宝塔、莲座卷草）、龙纹为彩画主题纹饰的一种和玺。梵纹龙和玺彩画，仅见于我国北方地区藏传佛教寺庙的彩画，如河北承德外八庙的普宁寺、普陀宗乘之庙等建筑的主要殿宇现存的彩画，就是具有代表性的实例。运用这种彩画所装饰的古建筑，给人以华贵工细、庄严典雅的感受。

彩画的梵纹、宝塔均沥粉贴片金。与梵字、宝塔周围相配的莲花座及卷草纹为玉做，故这类做法可称为片金加玉做。

彩画的龙纹及其周围的附属纹饰做法，与上述龙和玺的龙纹、宝珠、火焰、散云做法基本相同，参见上述相关部分。

梵纹、龙纹内容在大木部位的设置方法为：凡青色地的方心都设龙纹；凡绿色地的方心都设梵文；凡找头无论青色地或绿色地都统一设龙纹，其中青色地找头画升龙，绿色地找头画降龙；凡绿色地盒子画梵文，凡青色地盒子宝塔。

各构件的基底设色及纹饰设置，都作相间式的排列（见图3-2-12）。

五、和玺彩画做法通则

（一）和玺彩画各部位基底的设色规律

檩枋梁和玺彩画各部位的基底色，主要也是运用大青大绿，按特定的规则进行设色。其设色方法，原则上与第二章旋子彩画做法中所阐述的方法基本一致（参见第二章，第二节相关内容）。

图3-2-12 梵纹龙和玺彩画做法图例
（本和玺彩画做法见于承德普宁寺大雄宝殿藏传佛教建筑清代中期彩画）

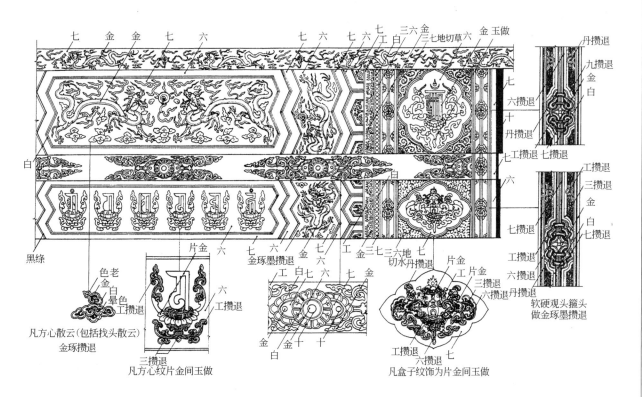

单一构件的设色，是以该构件的箍头色作为基点色，按部位有次序的相间设色。整体建筑的设色，桁檩自檐部至脊部，立面自檩至大小额枋，或自檩至枋；水平方向自明间起（山面亦同）以明间作对称轴，向左右对称展开；剖面自抱头梁至穿插构件、自三架梁至五架，其各构件的箍头与箍头间的设色，也做成青绿相间的设色。在此前提下，以各个构件的箍头色作为基点色，实现具体构件部位的青绿相间设色。下面以龙和玺彩画设有盒子的青色箍头构件与绿色箍头构件为例加以说明：

构件为青色箍头者，各部位的设色为：副箍头绿、箍头青、盒子心青、岔角地绿（三绿）、线光心绿、线光青、皮条线绿、找头龙纹地青、岔口绿、楞线青、方心绿。

构件为绿色箍头者，各部位的设色为：副箍头青、箍头绿、盒子心绿、岔角地青（三青）、线光心青、线光绿、皮条线青、找头龙纹线绿、岔口青、楞线绿、方心青。

对如上设色方法，行业的设色口诀为"青箍头青线光青楞线"、"绿箍头绿线光绿楞线"、"青箍头绿"（三绿）岔角"、"绿箍头青（三青）岔角"。

（二）和玺彩画的沥粉贴金做法及变化

檩枋梁大木和玺彩画的主体大线纹饰、细部纹饰、各种主题纹饰（包括挑檐枋、平板枋、垫板、柱头、桃尖梁头、角梁、斗栱、垫栱板等构件的各种纹饰）都是先经沥粉尔后再经贴金来体现的。清代的各类彩画中，没有哪一类彩画可以比得上和玺类彩画的用金。

早中期和玺彩画的沥粉，各线纹的粗细差别不是很明显。晚期以来的和玺彩画，逐渐的强调沥粉的粗细度差别对比。如彩画主体大线一般都采用最粗的沥粉，称沥大粉，线光心纹及各种卷草等纹，用粗细度适中的沥粉，称沥二路粉。龙凤等较细密的纹饰采用最细的沥粉，称沥小粉。对粗、中、细沥粉，统称为沥大小粉。

早中期和玺彩画的贴金，普遍按花纹的不同部位，地运用贴饰两色金的做法（关于彩画纹饰贴饰两色金问题，旋子彩画的有关部分已有所论述，参见第二章旋子彩画，第二节相关内容）。清工部《工程做法则例》对偏红色彩的金箔称为"红金"（色彩相当于当今的"库金箔"），对呈现偏浅黄色彩的金箔称为"黄金"（色彩相当于当今的"赤金箔"）。这两种金箔，因含金率不同，所呈现的色彩、明度有较明显的差别。这个时期和玺彩画的贴金，充分地利用不同金箔的色彩差别，按着两色金箔（特殊的甚至分为三色金箔）做法，表现各种彩画的贴金。如和玺主体大线（亦包括斗栱的边框线、天花井口线等大线），一般贴红金，细部青色地上的龙纹等贴黄金，宝珠火焰贴红金，绿色地上的龙纹等贴红金，宝珠火焰贴黄金等。按纹饰部位的不同运用两色金的贴金手法，更加充分地体现彩画丰富的色彩，加强色彩间的明暗对比，使彩画纹饰更加显著，更加金碧辉煌。

清晚期以来和玺彩画的贴金，虽有些仍延续着早中期做法，但大多已趋向了只贴一色红金的做法。

（三）和玺彩画运用朱红或章丹等红色作部位基底大色的方法

以下仅以朱红色为例加以说明。

这里所谓和玺彩画，特指龙草和玺与梵纹龙和玺这两种。这两种和玺的设色，在主要运用青、绿大色的同时，还按着各自的法式规矩，在一些特定的部位兼用朱红色。由于朱红色为暖色，青绿色为冷色，故这种彩画与其它和玺间彩画比较，其设色别具一格，色彩效果显得热烈绚丽。龙草和玺与梵纹龙和玺运用朱红色设色基本分为三种方法，其中龙草和玺的两种方法如下：

（1）朱红色只运用于找头地全绘大草地的部位。在这类做法中，凡彩画箍头内侧画有火焰纹的，火焰纹的基底色也要设以朱红色。其它的各部位基底色运用青绿色。

（2）构件的盒子、方心的大草地运用朱红色，其它的各部位基底运用青、绿色；而相邻件只在找头大草地用朱红色，其它各部位基底用青、绿色。按着这种形式，各构件成相间式排列。

其中梵纹龙和玺的一种方法如下：

只在箍头内侧的火焰纹的基底用朱红色，其它的各部位基底用青、绿色。

（四）主体框架纹饰及细部纹饰对晕色的运用

主体框架纹饰副箍头的内侧、箍头线内侧、圭线光内侧、皮条线靠方心线一侧、岔口靠方心线一侧、楞线靠方心线一侧的部位，早中期普遍只拉饰较细的白粉线；晚期做法普遍改成了不仅要拉饰较粗壮的白粉线（大粉）在靠白线以里还都要拉饰约宽于白粉线2倍的晕色。

和玺彩画的细部纹饰，如云纹、卷草纹、观光箍头等通过攒退工艺完成的纹饰，其做法大体可分为两个阶段，早期此类纹饰做法，多为两退晕，即先平涂小色做为晕色，中部攒以深色；中晚期此类纹饰做法多为三退晕，即先平涂小色，在纹饰的外缘靠金线还要行白粉线，中部攒深色。

这种做法主要有两个作用，一是起到齐金箔的美化作用，二是起到使彩画色彩具有晕染效果的作用。

（五）对黑白二色的运用

关于古建彩画运用黑白二色的问题，在旋子彩画一章已做论述，参见第二章，第二节相关内容。

和玺彩画对黑白二色的运用有如下表现形式：

彩画副箍头的端头部位刷饰黑色块，称为黑老箍头。线光心的金线以外、圭线光的金线以外、找头轮廓规划金线以外、楞线的靠方心金线侧、构件与构件彩画间相交的秧角间拉饰细黑线；称为黑掏，死箍头做法正中部位拉饰直黑线，称为压黑老，切活纹饰也用黑色体现。

运用白色是要表现出的最明亮的部位，如彩画各个部位的细或粗的白粉线、细部纹饰的细线行粉等等。

（六）和玺彩画施工的一般工艺流程

各种和玺彩画的施工工艺流程基本上是相同的，只是某些细部纹饰做法有所不同而已。

各种和玺彩画的施工工艺流程，从拓描旧彩画、丈量、起谱子至最后的打点活为止，与第二章旋子彩画的有关做法的有关内容是基本相通的（参见第二章，第二节相关内容）。

第三节 与檩枋梁相配的垫板、平板枋、柱头彩画

一、垫板彩画

垫板彩画包括大式建筑的由额垫板、小式建筑的垫板。纹饰内容常见的有跑龙纹（形态近似于行龙）、龙（跑龙）凤纹、吉祥草纹、佛八宝纹等。这几种纹饰的等级性，跑龙纹的等级最高，多用于龙和玺的垫板；其次是龙凤纹，用于与龙凤和玺相配的垫板；再次是吉祥草纹，可用于各种和玺彩画的垫板。至于佛八宝纹等为特殊功用的纹饰，只用于与藏传佛教建筑的梵纹龙和玺及龙草和玺的垫板。

（一）垫板跑龙彩画做法

跑龙纹以一条跑龙一组火焰为一个纹饰单位，该纹饰单位的具体长短是按垫板的长短宽窄，经权衡确定的。大开间长垫板龙条数多，短垫板则少。全间的龙头都朝向开间的中部，以中线为轴成左右对称式连续式排列。中线部位必须坐正一组宝珠火焰，以此向左右两侧依次为龙→宝珠火焰→龙→宝珠火焰成对称式展开。

垫板基底一律设朱红色。龙纹、宝珠、散云沥粉贴金。讲究的做法按纹饰部位的不同分贴两色金（如龙身贴红金；宝珠火焰、散云贴黄金）。常见做法，全部纹饰只贴一色红金。

（二）垫板龙凤彩画做法

基本做法与上述垫板跑龙彩画做法相同，不同之处有如下方面：纹饰组合排列是由一龙一凤两种内容做相间式排列，龙纹前必须设宝珠火焰，凤纹前一般多设牡丹花。具体排列方法为，宝珠坐于开间中线部位，依次为龙→牡丹花→凤→宝珠火焰→龙…龙在前，凤在后以开间中线为轴对称排列。

凤纹前的牡丹花，大多为沥粉贴片金做法，少量亦有做成或金琢墨攒退或玉做者。

（三）垫板吉祥草及佛八宝彩画做法

和玺彩画的垫板吉祥草、佛八宝做法与旋子彩画的垫板吉祥

草、佛八宝做法基本相同，这个问题在第二章，第六节已做过叙述，可参见相关说明及配图。

二、平板枋彩画

平板枋彩画纹饰内容常见的有跑龙纹、龙凤纹、卷草卡饰梵纹、杂宝纹等纹。

平板枋跑龙纹，一般用于龙和玺、龙草和玺、梵纹龙和玺的平板枋。纹饰的设置以建筑的立面（包括正、背、左、右立面）平板枋的中线为对称轴，做成左右对称的连续式排列。龙纹与宝珠的排列方法与上述的垫板跑龙彩画做法相同。

平板枋龙凤纹，只用于龙凤和玺彩画的平板枋。纹饰的设置以建筑立面平板枋的中线为对称轴，作左右对称的连续式排列。龙凤宝珠等的排列方法与上述的垫板龙凤彩画做法相同。

平板枋卷草卡饰梵纹，仅限用于藏传佛教建筑龙草和玺彩画的平板枋。其纹饰安排，按斗栱大斗的下部设卷草卡子，垫栱板的下部设梵纹字，在建筑各面成团团转式的连续式排列。

平板枋杂宝纹，见于清皇宫建筑的龙草和玺彩画，其纹饰按所设杂宝纹内容的数量做为特定纹饰单元，再按纹饰单元在建筑各面做成团团转式的连续式排列。

平板枋的基底设色与做法：

凡平板枋，无论为跑龙纹、龙凤纹、卷草卡饰梵纹、杂宝纹等纹饰，其基底的设色都一律为大青色，其细部主体纹饰的基本工艺一般为沥粉贴片金做法，只是龙凤纹中的牡丹花及杂宝纹中的飘带有的为金琢墨攒退，有的为玉做。

三、柱头彩画

和玺彩画的柱头纹饰，按柱头长短的实际情况，在柱头的上端箍头（此处有时只为副箍头）与下端箍头间的地子内，大体有六种构图形式：

1. 上端设盒子及岔角纹，主题纹在盒内心表现，下端设圭线光。

2. 上端设大面积的地子，主题纹在地子内表现，下端设圭线光。

3. 上端设盒子及岔角纹，盒子块数无限，主题纹在盒心内表现，下端设如意云立卧水。

4. 上端设大面积地子，主题纹在地子内表现，下端设立卧水或立卧水及海水江牙。

以上四种构图形式，一般用于较高大的柱头。

5. 在柱头的上下箍头之间的地内设单块盒子及岔角纹，主题纹在盒心内表现，这种构图形式一般用于较短矮的柱头，如单额枋与柱相交的柱头(少量亦有用于较高大柱头者,但其表现盒子的块数不限)。

6. 在柱头的上下箍头之间的地子内直接设主题纹,这种构图形式,既用于较长大的柱头,亦用于较短矮的柱头。

柱头彩画,其主体框架大线、细部及其主题纹饰的做法,与同建筑的大木和玺彩画相互间应是基本一致的(见图3-3-1)。

为进一步说明各种和玺彩画做法,请另参见彩图3-3-2～彩图3-3-7。

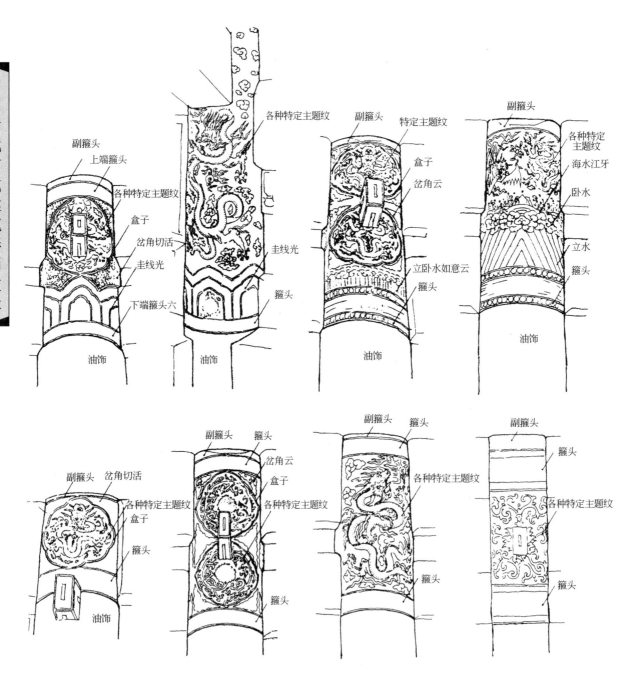

图3-3-1 各种和玺彩画柱头纹饰构图形式示意图

第四章

苏 式 彩 画

第一节 苏式彩画概述

一、苏式彩画名称的由来

北京地区的官式苏式彩画（简称苏画），据传是由我国苏州地区传来，但在同时，何原因尚难考证。单从字意方面理解，苏式彩画应是苏州地区式样的彩画，但从文献记载及北京地区清代苏画遗存看，这种苏画与苏州地区彩画无论纹饰、色彩、工艺等均有很大的差异，很难看出它们之间的沿革演变关系。在纹饰方面，苏州地区彩画的基本纹饰是图案锦纹，而北京官式苏画只是清早、中期在包袱、找头、方心等部位较多地用锦纹和吉祥图案，其它如基本构图形式、细部纹饰内容等，都有非常大的差异。在色彩方面，苏州地区彩画设色颇为自由，以追求素雅无华为基本风格，且很少用金。而清官式苏画设色的规律性很强，在这方面它与官式旋子彩画、和玺彩画是基本类同的，它也以青绿两色为主色，同时根据装饰内容的需要，配以相当数量的间色。晚期的苏画，由于增多了写实性绘画的内容，还要刷饰较大面积的白色作基底之色。低等级的苏画不用金，中、高等级的苏画要不同程度的用金。因此，北京地区官式苏画的设色，是非常规范化、程式化的，以华贵富丽为基本风格。

从工艺方面看，苏州地区彩画虽也有某些等级划分，但并不那么严格，而清官式早、中期苏画已经有了低等级和高等级做法的区别，至清代晚期，进而划分为低、中、高三个等级。所以"苏州彩画传到北方，至清代中期在总体构图上已经被官式彩画所改造，完全官式化、北方化了。"（引自《故宫博物院院刊》王仲杰先生：《清代中期官式苏画》一文）见彩图4-1-1及彩图4-1-2。

苏式彩画是清代官式彩画的一个主要类别，在明代尚未发现关于"苏式彩画"的记载。清雍正十二年(1734)颁布的《工程做法则例》以及清廷专为圆明园工程制定的《圆明园内工则例》，都记述了多种不同形式、不同内容和做法的苏式彩画。如："花锦方心苏式彩画"等等。北京地区的古建筑中，至今仍保留着一些清代中期及晚期苏画实物遗存，这些彩画遗存与文献记载基本上可互相印证。从文献上看，"苏式彩画"的前面，往往都加上"××××"，称为"××××苏式彩画"。这"××××"，就是该彩画的主题纹饰内容或主要的工艺做法。这些苏式彩画的名称，仅《工程做法则例》所列就不下十余种，若再加上《圆明园内工则例》所罗列的名称，起码可达数十种之多。

二、苏式彩画的三种基本构图形式

基本构图形式，是指构成彩画的主体骨架线和基本轮廓线的走向及总体面貌。苏式彩画经历产生、发展的过程，至清代早期末叶，它的基本构图形式已经定型。这个时期苏画的基本构图形式分为三种，即方心式、海墁式、包袱式。这在官颁文献《工程做法则例》上已很明确，如"花锦方心苏式彩画"、"花草方心苏式彩画"等，即讲的是方心式苏画；"桁条刷粉三青地仗，海墁花卉"讲的就是海墁式苏画；"福如东海苏式彩画搭袱子"讲的就是包袱式苏画（文中的"袱子"，即现在称的"包袱"）。这是我们看到的最早的对方心式苏画、海墁式苏画、包袱式苏画三种基本构图形式的具体描述。苏式彩画从产生、发展到构图形式的定型，并为官方所肯定，标志它已经成为一种独立的彩画形式，与和玺彩画，旋子彩画并驾齐驱。苏画基本构图形式定型后，从未停止过继续吸收新内容并发展、变化、完善。而后来产生的这些变化，主要表现在具体部位做法的改造以及细部纹饰内容的增删等方面。而方心式、海墁式、包袱式这三种基本构图形式，则是一直延续到清代晚期，从未改变。

三、苏式彩画做法的阶段性特征

历时两百多年的苏式彩画，经历了一个不断发展完善的演化过程。从它各个时期留下的文献及其史迹看，无不显示出较为显著的历史阶段性特征。这些阶段性特征既相互联系，又有明显区别。这些联系和区别都是通过纹饰、色彩、工艺的变化而体现出来的。

（一）纹饰变化

构成方心造型的纹饰，在早、中期是以采用卷草花边式样为主要特征，中期至晚期，逐渐变化成以线条构成方心造型，晚期方心的岔口部位还出现了烟云类纹饰。

构成包袱造型的纹饰，早期以采用各种"边子"画法为其特征。清中期出现了烟云，不过这个时期的烟云，一般还不画烟云托子。这时期的包袱造型是边子与烟云并用，晚期包袱造型（含某些池子、方心头部位的岔口），几乎过渡成了全部采用烟云形式。

苏画（包括三种苏画形式，下同）的箍头纹饰，早中期主要用无内容的素箍头（即死箍头），少量用观头箍头及回纹万字箍头。晚期苏画演变成广泛采用带有各种内容的活箍头，并且箍头两侧或一侧大都伴绘有连珠带纹或灯笼锦纹等。

关于苏画中卡子纹饰的运用，从文献及彩画遗存推断，早期苏画一般不用卡子，中期前半叶已开始运用卡子，中期后半叶，特别到了清晚期，苏式彩画已普遍运用卡子纹。

关于苏画细部主题纹饰的运用，清代早、中期苏画细部主题纹饰，以带有各种吉祥寓意的图案为主构成，以表达人们对幸福、美好生活的向往。这个时期的苏画具有严谨富丽，极具装饰效果的特征。至清中期，夔龙较为多见，夔龙纹的大量兴起代表着清中期的风尚。其次是有丰富寓意的各种吉祥图案及团花纹。这个时期较考究的高等级苏画，还很注重背底的纹饰处理，很多部位往往较广泛地运用各种锦纹衬地。龙凤纹多用于方心苏画；吉祥图案和团花纹多用于包袱苏画及海墁苏画。这个时期也绘些带有写实绘画性质的内容，如所谓"鲜花卉"，就是指较写实的花卉绘画。但这种内容一般仅用在较小面积的部位，例如聚锦、池子等。清中期后半叶，特别是过渡到清晚期，反映彩画主题的细部纹饰内容发生了明显的变化，转达向了更加追求直观的现实生活，由早、中期以图案内容为主，演变成为以各种写实绘画为主了。

(二) 色彩变化

1. 颜料成分的变化

早、中期苏画的青、绿主色，青色已较普遍地使用了洋青。但较高等级的苏画，在用洋青的同时，还要配备一定数量的国产石青。最高等级的苏画还完全使用石青。在用绿方面，早、中期苏画主要用国产石绿和锅巴绿。到了清代晚期，作为苏画主色的青绿几乎全部被洋青、洋绿取代了。通过色标的对比可以看出，石青与洋青、石绿与洋绿，无论明度、彩度、色温等差别都是很大的。由于苏画主色颜料成份发生了变化，导致色彩效果也发生了变化，这个变化即发生于清中期向晚期过渡的时期。

2. 苏画整体色调由深变浅

早、中期苏画反映主题内容的画心，如包袱心、方心心、池子心等底色主要用重彩青、绿色(多用于方心底色)，或三青、三绿(多用于包袱心底色)。清晚期转向以写实绘画为主之后，原来的这些重彩底色一改为白色或某些浅淡小色。使得苏画整体色调由沉稳向浅淡转化了。这个明显变化亦发生于清中期向晚期过渡的时期。

3. 间色的运用成为传统

苏画定型后，在保持以青、绿二色为主色的前题下，已广泛地配用各种间色，并且成为了区别于其它类型彩画的特色传统。比如苏画一般都要广泛采用香色、紫色、水红色、粉、三青等间色，这个传统，起自清早期，延续到清晚期。

(三) 工艺变化

1. 施色已经程式化

早、中期苏画，施色已具有程式化特征。这可通过具有代表性的方心式苏画施色特点得到证明。如当时方心式苏画通行的"青楞线、绿岔口、青箍头"以及"绿楞线、青岔口、绿箍头"的做法，便是当时的施色规则。这种施色程式，到清晚期演变成了"青箍头青楞、绿箍头绿楞"及"青箍头绿找头，绿箍头青找头"的口诀（除此以外彩画还有其它画法的变化和施色的变化，在此不赘述）。

程式化的施色从晚期苏画的烟云也可看得很清楚：在通常情况下，青烟云筒要配黄丹色托子；黑烟云筒要配粉红色托子；紫烟云筒要配粉绿色托子，等等。

晚期苏画的卡子，软卡子一定要做在绿色地上，硬卡了一定要做在青色地上。活箍头中的观头箍头，软画法所代表的应是绿色箍头，硬画法所代表的应是青色箍头，针对这些程式还形成了"硬青软绿"的行业术语。这些都说明，晚清苏式彩画已发展到了程式化的阶段。

2. 做法等级画法逐步加细

早、中期的苏画，大体分为高等级和低等级两个档次，晚期苏画分为高、中、低三个档次，并已成为制度。这些等级差别，是通过纹饰用金量大小，工艺绘制的繁简而加以具体体现的。

3. 纹饰内容的突出变化引起工艺特征的突出变化

如前所述，早、中期苏画细部主题纹饰，是以各类图案为主的，少许绘画内容，仅局限于某些次要的位置，因此这个时期的彩画，主要用于以玉作，退箔（即俗称的攒退活）、平涂开墨、纠粉等工艺手法为基本特点。清中期末叶，尤其到清晚期，由于苏画细部主题纹饰转向了写实绘画内容，故专用于写实性绘画的"落墨搭色"、"硬抹实开"、"作染"、"拆垛"、"洋抹"等做法工艺便应运而生，并发展到了相当成熟的程度，这些工艺特征的阶段性变化，都是与纹饰内容的变化紧密相关的。

四、苏式彩画的装饰范围

苏式彩画做为一类官式彩画，从广义主要应用于装饰皇家园林建筑。清代皇家园林中，除亭台、轩、榭等园林小品建筑之外，还有专门用作朝政活动的建筑，这些建筑一般为高大的宫殿式建筑，其彩画通常装饰带有龙凤纹的和玺彩画及旋子彩画，用以象征皇权至上，达到庄严肃穆的装饰效果。除这些殿宇以外的其它大量建筑，则多饰较贴近生活内容轻松活泼的苏式彩画。清代晚期，皇宫后宫的殿宇式建筑，也较广泛地施用苏式彩画。这说明，到了清晚期，形式活泼的苏式彩画施用的范围已有所扩大。

其它，如皇家敕建的某些寺院的生活区，也用些苏式彩画形式。

无论在皇家园林或宅第寺院中，苏式彩画一般多应用于亭、阁、轩、榭、花门、游廊等小式建筑，这一点是确凿无疑的。

第二节　方心式苏画纹饰

一、方心式苏画的构图特征及各部位纹饰名称

方心式苏画是苏式彩画基本表现形式之一。此种苏画的表现形式是以单一横向构件（如檩、枋、梁等）为单位构成。所谓方心系指构件中段的横向狭长型部位而言的。方心式苏画主要的构图规则为，构件通长，减去两端应预留的副箍头宽度，把构件两端箍头外线间的长度分成三等份，居于中间的一份画成方心，方心两侧的各1/3长为找头、箍头（这种把构件分为三段进行构图的方式，与清代官式旋子彩画、和玺彩画的构图方式是一致的）。在方心与找头之间，设岔口。通常情况下，一个构件设两条箍头，每端各设一条箍头。遇有较狭长的构件和某些特殊做法时，一个构件设四条箍头，每端各设两条，每两条箍头中间的地子内，还要加画一个盒子。方心式苏画细部纹饰分别置于方心、找头、盒子内。方心苏画纹饰表现形式、细部画法特征，因历史阶段的不同而有很多变化（本节不做具体探讨）。为便于具体识别方心式苏画的纹饰特征，下面列举清代晚期方心式苏画部位名称图列，见图4-2-1。

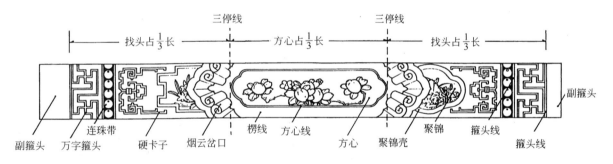

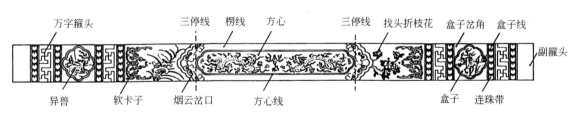

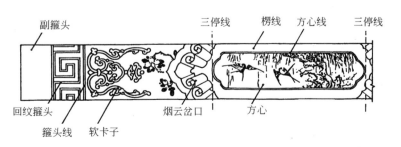

图4-2-1　方心式苏画部位名称图

二、苏画方心的轮廓造型及演变

清代早、中期方心式苏画的方心造型轮廓及纹饰画法颇为多样,大体分为三种:一是卷草花边式方心;二是把子草方心头方心,即上下边框用平行横直线,方心头分别用软、硬卷草图案;三是线式方心,即上下边框用平行横直线,方心头做弧线窝角成型。

清晚期方心式苏画的方心造型轮廓趋向统一,常用画法多为线式方心,极少量的采用把子草方心头方心,见图4-2-2。

三、方心苏画岔口的画法与变化

(一)岔口的位置与功用

方心苏画的岔口,位于方心端头楞线与找头的相交部位。岔口的斜度,与方心头相顺应。岔口的功用,一是表现部位彩画的形式美;二是在整体上起色彩分界或担当色块作用。

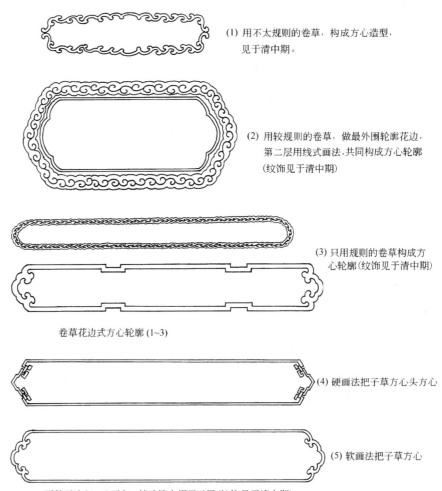

(1) 用不太规则的卷草,构成方心造型,见于清中期。

(2) 用较规则的卷草,做最外围轮廓花边,第二层用线式画法,共同构成方心轮廓(纹饰见于清中期)

(3) 只用规则的卷草构成方心轮廓(纹饰见于清中期)

卷草花边式方心轮廓(1~3)

(4) 硬画法把子草方心头方心

(5) 软画法把子草方心

两种画法(4、5)可在一幢建筑中相间运用(纹饰见于清中期)

图4-2-2 方心式苏画方心轮廓造型各种画法图例(1~11)(一)

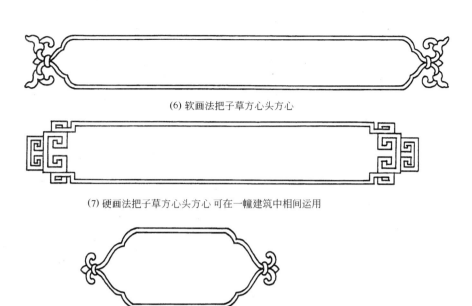

(6) 软画法把子草方心头方心

(7) 硬画法把子草方心头方心 可在一幢建筑中相间运用

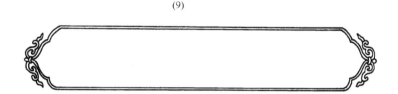

(8)

(8)(9) 为短小构件的软、硬把子草方心头方心（6~9）纹饰见于清中期

(9)

(10) 软把子草方心头方心（纹饰见于清晚期）
把子草方心头方心轮廓（4~10）

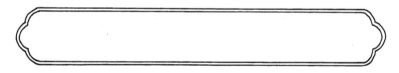

(11) 线式方心轮廓（纹饰广见于清代早、中、晚期苏画）

图4-2-2 方心式苏画方心轮廓造型各种画法图例(1~11)（二）

（二）岔口的形式

方心苏画岔口的画法很多，大体可归分为"单线岔口"、"双线岔口"及"烟云岔口"三种基本形式。

单、双线岔口画法，还有简繁之分。只用单线或双线表现的岔口。如为繁细画法，则变单纯线条为曲折的卷草图案。无论简易的单、双线岔口或繁细的卷草图案岔口，在线条画法表现方面，还有"软"与"硬"的画法区别。凡以弧形线条表现的画法为软画法，凡以直形线条表现的画法称为硬画法。一座建筑可以只用一种软画法，亦可以用软硬相结合，还可以把软、硬二种画法用于

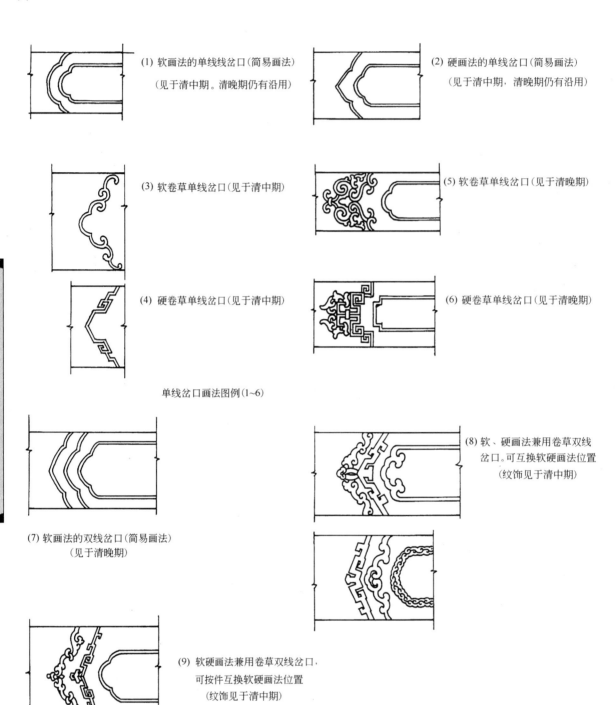

图 4-2-3　方心式苏画岔口部位的各种造型画法图例(1～14)(一)

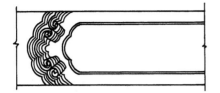
(10) 软画法烟云岔口（见于清晚期苏画）

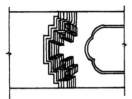
(11) 硬画法烟云岔口（可与软画法烟云相间轮换）

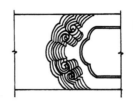
(12) 软画法烟云岔口（可与硬画烟云相间轮换）

烟云岔口画法图例(10~12)

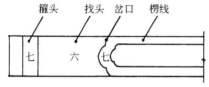

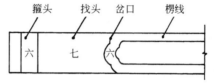

(13) 单线岔口形成两种设色形式

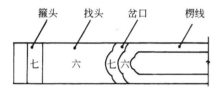

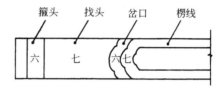

(14) 双线岔口形成的两种设色形式

苏画单、双线岔口不同画法青色、绿色设色差别对照图(13、14)

同一岔口，即一间岔口左软右硬，另一间岔口左硬右软，按件按间相间轮换。

烟云岔口画法，普遍运用于清代晚期中高等级的方心苏画。这时期还把烟云岔口称为"活岔口"。较低等级的方心苏画岔口，一般只延用着单、双线的简易画法，并称这种岔口为"死岔口"。烟云岔口画法也有硬、软之分，但以软烟云岔口最为常见。

（三）单、双线岔口对彩画整体饰色的影响

由于方心苏画岔口有单线与双线画法的区别，这样就形成了两种不同的饰色结果。按清式彩画青绿相间的饰色规矩设色，若某件方心苏画为单线岔口，设箍头色为青色，则找头色即为绿色，楞线应为青色；若某件方心苏画为双线岔口，仍设箍头色为青色，则找头则为绿色。双线岔口间空档则为青色，楞线则为绿色。这说明，清代早、中期方心苏画的饰色，由于有单线岔口与双线岔口画法之分，故势必形成两者间的布色区别。以至出现了"青箍头，绿找头，青楞线"与"青箍头，绿找头，青岔口，绿楞线"等的不同，见图4-2-3。

图4-2-3 方心式苏画岔口部位的各种造型画法图例(1～14)（二）

四、方心内心纹饰内容及运用手法

清代苏画方心内心纹饰的运用是很广泛的，从纹饰内容方面分，有龙纹、凤纹、夔龙纹、各种吉祥图案纹、多种画法的卷草纹、造型各异的博古纹、具有图案画法特点的花卉纹和内容丰富的各种写实绘画纹。

方心内心纹饰的组合运用是颇具规律性的，有下列三种基本手法：

1. 苏画全部方心仅用同一内容纹饰，做重复式排列。如清早、中期只用龙纹的方心苏画。

2. 苏画方心，每两个方心为一单元，每个方心各采用一种纹饰，横向、竖向分别做相间式排列。如龙与凤、夔龙与卷草、夔龙与锦纹、锦纹与写实花卉、卷草图案与图案性花卉、博古与写实花卉、吉祥图案与卷草图案等。

3. 苏画方心，每三个方心为一单元，每个方心各采用一种纹饰，横向竖向分别做相间式排列。如方心苏画，把写实绘画内容分为花卉、山水、人物等，按方心做相间式排列。

方心纹饰内容的这些排列手法，首先是均衡的，因为它没有离开彩画纹饰设置必然一定要出现重重的法则，同时，排列又是巧妙的，通过运用相间排列手法，使得纹饰内容既在统一中求变化，又在变化中求统一，从而收到一种百看不厌的装饰效果，见图4-2-4。

(1) 龙纹方心

(清早、中期苏画曾较多用，晚期苏画仍有少量延用)

(2) 凤纹方心

(清早、中期苏画曾较多运用，晚期苏画仍有少量延用)

图4-2-4 方心式苏画方心内心的各种不同主题内容运用示意图(1～8)(一)

(3) 夔龙纹方心
(清代早、中、晚苏画都有运用，但早、中期苏画曾广为运用)

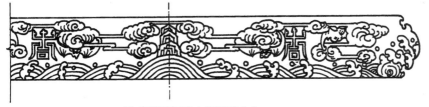

(4) 吉祥图案(寿山福海)纹方心
(清早、中期苏画曾广泛运用)

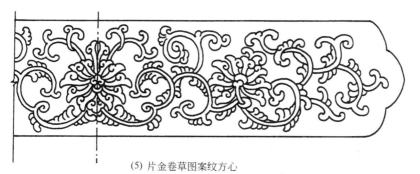

(5) 片金卷草图案纹方心
(清代早、中、晚苏画都有运用，但早、中期苏画曾广为运用)

(6) 博古纹方心
(清代早、中、晚苏画都有运用)

(7) 具图案特点的花卉纹方心
(清代早、中、晚苏画都有运用)

(8) 写实绘画纹方心(广见于清代晚期方心苏画)

图 4-2-4 方心式苏画方心内心的各种不同主题内容运用示意图(1~8)(二)

五、方心苏画找头纹饰内容与阶段性变化特征

(一) 方心苏画找头纹饰内容形式

方心苏画找头有聚锦找头、锦纹找头（包括画意锦找头、伍墨锦找头、红黄硬色花宋锦找头、仙鹤宋锦找头）、团花纹找头、博古找头、锦纹地聚锦找头、双卡子（指构件的一端找头所设的双卡子）折枝花卉纹找头、双卡子团花纹找头、双卡子聚锦找头、单卡子（指构件一端的单卡子）、聚锦找头、单卡子异兽找头、单卡子灵仙竹寿找头、单卡子折枝花找头等纹饰内容。

(二) 找头纹饰运用的阶段性变化特征

按文献及清中期彩画遗存分析，清早期方心苏画找头纹饰有三个显著特征：

1. 某些方心苏画找头，在靠箍头部位的一侧，仍保留着官式旋子彩画必设的栀花、皮条线。这种画法说明，此时期的方心苏画，仍带有它初步形成时期的痕迹。

2. 清早期苏画，一般不设卡子，大多直接做找头纹饰。

3. 找头的纹饰内容，以锦纹量为最多，如常用画意锦、伍墨锦、硬色红黄宋锦、仙鹤宋锦等。其次为团花纹，再次才是写实绘画的聚锦。找头广泛用锦纹这一特征，说明北京地区的官式苏画初步形成时期，直接吸收了我国苏州地区彩画基本用锦纹的做法。

清代中期方心苏画找头纹饰，在直接承袭早期做法的同时，也在发展变化。这个时期找头内设栀花、皮条线的画法，几乎已近绝迹。最有代表性的阶段性特征有两点：

1. 锦纹、团花纹饰内容虽仍在广泛运用，但找头内运用"卡子"纹饰已逐渐成为风尚，到清中期的中末叶达到了高潮，方心苏画通常多见的双卡子找头就是例证。另外清早期苏画。垫板部位多设池子，而清中期的苏画，垫板一般要放置两组及至三组卡子，每两个卡子为一组，中间地内饰团花或博古等纹饰。

2. 带有绘画性质的纹饰的运用，显出增多的趋势。早期方心苏画找头，主要用锦纹、团花纹，只极少量的聚锦内用一点绘画内容。而清中期方心找头，在延用上述纹饰的同时，还兼用博古纹、折枝花卉纹。这个时期有将折枝花卉与团花纹、聚锦纹与博古纹、聚锦纹与折枝花卉、折枝花与博古纹相组合交替装饰方心找头的实例便是证明。

清晚期方心苏画，找头部位已普遍的不再运用锦纹、团花纹及博古纹。一改为写实绘画纹。如最常见的有聚锦纹、折枝花纹、灵、仙、竹、寿纹、异兽纹（一种变相的，与灵、仙、竹、寿寓意相同的纹饰）。见图 4-2-5。

(1) 伍墨锦找头

(清早期方心苏画找头纹饰，多采用的锦纹形式之一)

(2) 仙鹤宋锦找头

(3) 红黄硬色花宋锦找头

(清早期方心苏画找头多采用的锦纹形式。彩画实物遗存，系将此两种找头锦纹形式，按件相间排列。在找头的纹饰框架构图方面，在靠籫头的一侧，仍绘有栀花及皮条线纹饰内容，这仍显示着苏画初成阶段的痕迹)

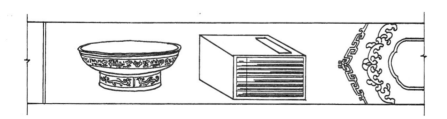

(4) 博古找头

(实例纹饰见于清中期，但纹饰内容运用手法特征仍可代表清早期做法)

图 4-2-5　方心式苏画找头部位的各种不同纹饰内容运用示意图例(1～12)(一)

第二节　方心式苏画纹饰

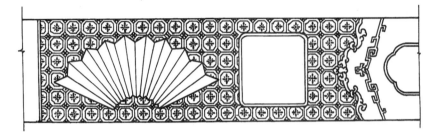

(5) 锦纹地聚锦找头

(实例纹饰见于清中期，其装饰效果可谓达到了极佳程度。但代表清早期做法)

(6) 双卡子折枝花找头

(实例纹饰见于清中期，为典型的清中期苏画找头纹饰内容形式之一。这个时期用"双卡子折枝花卉找头"，可按件分别与"双卡子团花找头"或"双卡子聚锦找头"等，结成对子，交替装饰找头)

(7) 双卡子团花找头

(实例纹饰见于清中期，为典型的清中期苏画找头纹饰内容形式之一。这个时期，用"双卡子团花找头"，可按构件，分别与"双卡子折枝花找头"或"双卡子聚锦找头"等结成对子交替装饰构件找头)

(8) 双卡子聚锦找头

(实例纹饰见于清中期，典型清中期苏画找头纹饰内容形式之一。此时期，用"双卡子聚锦找头"，可按构件，分别与"双卡子团花找头"或"双卡子折枝花找头"等找头纹饰结对，交替装饰构件找头)

图 4-2-5 方心式苏画找头部位的各种不同纹饰内容运用示意图例(1~12)(二)

(9) 单卡子聚锦找头

(常见于现存清代晚期苏画。"单卡子聚锦找头"纹饰，可与"单卡子折枝花卉"或"单卡子录仙竹寿"或"单卡子异兽"找头纹饰等，分别结对，按构件交替装饰找头)

(10) 单卡子异兽找头

(11) 单卡子灵仙竹寿找头

(见于清代晚期苏画找头。找头纹饰，虽画法表现形式不同，但其纹饰的寓意内涵是同一的，都寓意着"灵仙祝寿")

(12) 单卡子折枝花找头

(常见于清代晚期苏画找头。可与"单卡子聚锦找头"纹饰结对，按构件交替装饰找头)

图 4-2-5　方心式苏画找头部位的各种不同纹饰内容运用示意图例(1～12)(三)

六、不同做法的方心式苏画纹饰内容组合形式

清代方心式苏画从清早期至清晚期的纹饰构图，由于历史时期纹饰内容运用等的不同，有多种不同表现形式，为具体地说明这方面的各种表现情形，特列表4-2-1。各种方心式苏画纹饰组合形式图例见图4-2-6～图4-2-15。

图 4-2-6　方心式苏画纹饰组合形式图例（一）
（代表清早期方心式苏画纹饰风格。颇似清代旋子彩画的构图格局，只是去掉了找头旋花改绘锦纹，其它部位纹饰均未做大的改动）

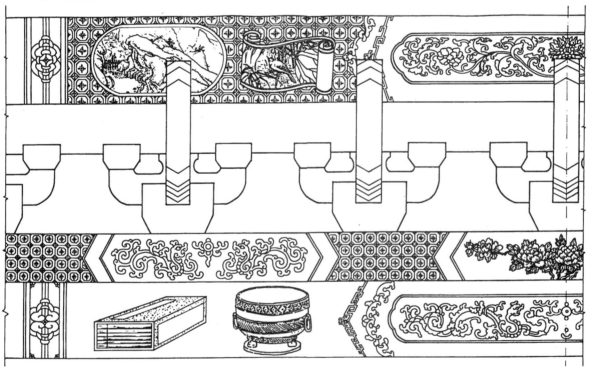

图 4-2-7　方心式苏画纹饰组合形式图例（二）
（见于清代中期彩画遗存，但仍代表着清早期方心式苏画风格，其找头内不设卡子，在清色找头地内绘俯视博古，在绿色地找头做锦纹，聚锦做于锦上，装饰效果极为浓厚）

图 4-2-8　方心式苏画纹饰组合形式图例(三)

(见于清代中期彩画遗存,但仍代表清代早期方心式苏画风格,如找头内还未设卡子,池子的燕尾地仍做画意锦纹等。青色找头内做俯视博古,绿色找头内做折枝花卉)

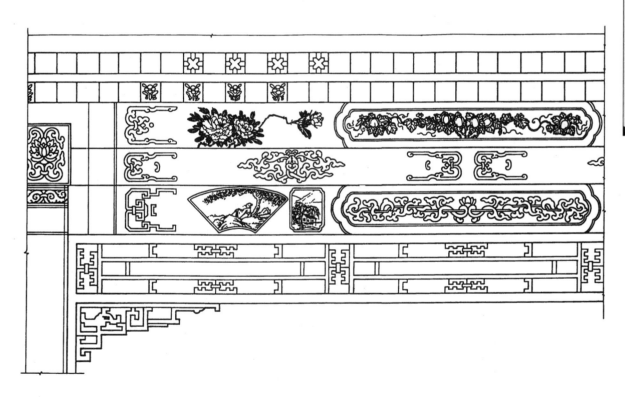

图 4-2-9　方心式苏画纹饰组合形式图例(四)

(见于清代中期彩画遗存,代表着该时期方心式苏画风格特征。其突出特点,找头内已设卡子(单卡子),卡子造型极简练,绿色找头内设折枝花卉,青色找头内设聚锦,这些画法对后来彩画影响很大。方心内及垫板纹饰内容,仍以图案为主。说明,清中期的方心式苏画,在继承清早期纹饰风格的同时,仍在创新发展)

第二节　方心式苏画纹饰

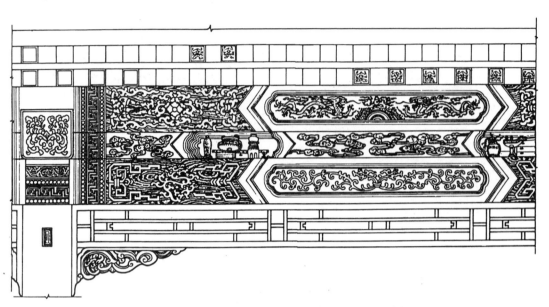

图 4-2-10　方心式苏画纹饰组合形式图例(五)
(见于清代中期彩画遗存，为"云秋木"方心式苏画，此做法是清早期云秋木彩画的继承发展。云秋木彩画为苏画的一种特殊效果彩画，清中期的云秋木彩画，直接用该时期的苏画纹饰（一般用方心式苏画纹饰）做到画有木质纹理的基底之上，用以创造一种特殊的装饰效果)

图 4-2-11　方心式苏画纹饰组合形式图例(六)
(见于清中期彩画遗存，为较小开间纹饰画法范例，由于构件尺寸较短，其找头内仅画卡子，免去了其它纹饰，方心仍按"三停"规矩处理，整体构图非常恰当得体)

图 4-2-12　方心式苏画纹饰组合形式图例(七)
(见于清代晚期彩画遗存，代表着同期方心式苏画风格。彩画特点，其方心池子的岔口已用烟云纹饰，细部写实绘画内容量加大，卡子明显趋向繁密)

图 4-2-13　方心式苏画纹饰组合形式图例(八)

(见清代晚期彩画遗存，反映着同期方心式苏画风格，如方心、聚锦等部位广用写实绘画内容，卡子造型已较繁密等)

图 4-2-14　方心式苏画纹饰组合形式图例(九)

(见于清晚期彩画遗存。系较小开间构件纹饰范例。方心长度突破了三停界线，并画的较大，以便绘置龙、凤。找头画的非常小，只画卡子，且成立高型，整体彩画构图严谨美观不失大雅)

图 4-2-15　方心式苏画纹饰组合形式图例(十)

(见于清晚期彩画遗存。为更小开间纹饰手法处理的范例。其檩、枋不画方心纹饰，找头内卡子之间，直接画折枝花或聚锦，表现手法非常巧妙)

第二节　方心式苏画纹饰

不同做法的方心式苏画纹饰内容组合形式范例表

表 4-2-1

不同做法顺序号	构件名称	方心(内心)	岔口	找头	箍头	盒子	纹饰做法相对时期	备注
1	檩	宋锦	曲线图案或斜直线	扇面、斗方（即聚锦）	素		清代早期	根据于史料文献
	垫板	海墁卡池子。池心分别切活和花卉两种纹饰，燕尾地做画意锦						
	枋	夔龙	曲线图案或斜直线	扇面、斗方（即聚锦）	素			
2	檩	花卉	曲线图案或斜直线	画意锦纹	素		清代早期	根据于史料文献
	垫板	海墁式冰裂梅（即撒花式，梅花图案）						
	枋	伍墨锦	曲线图案或斜直线	画意锦	素			
3	檩	硬色宝石草（即卷草图案）	曲线图案或斜直线	寿字团（即团花图案）	素		清代早期	根据于史料文献
	垫板	海墁卡池子。池心分别为香色、紫色，地内无纹饰，池子岔口绿色，米色地，燕尾地做切活						
	枋	退硬色花卉（即攒活图案）	曲线图案或斜直线	（即团花图案）	素			
4	檩	黄金龙	曲线图案或斜直线	红黄硬色花宋锦	素		清代早期	根据于史料文献
	垫板	海墁卡池子，池心分别做花卉及切活两种纹饰。燕尾地分别做宋锦及切活						
	枋	红金龙	曲线图案或斜直线	仙鹤宋锦	素			
5	平板枋	降魔云					代表清代早期做法风格	根据于清代彩画遗存参见图4-2-6
	大额枋	行龙	双线岔口	红黄硬色花宋锦及栀花皮条线	素	盒心作染花卉，岔角切水牙		
	小额枋	行龙	双线岔口	仙鹤宋锦及栀花皮条线	素	盒心黑叶花卉，岔角切卷草		
6	檩	西番莲卷草	双线曲线图案	锦纹地上做聚锦	硬观头		纹饰见于清中期彩画遗存。代表着清早期做法风格	参见图4-2-7
	平板枋	池心纹饰分别画夔龙，作染花卉两种纹饰。燕尾地做画意锦纹						
	枋	夔龙	双线曲线图案	博古	软观头			
7	檩	黑叶折枝花卉	双线曲线图案	博古	软观头		见于清中期彩画遗存。代表着清早期做法风格	参见图4-2-8
	垫板	池心纹饰分别寿山福海、夔龙两种纹饰。燕尾地做画意锦纹						
	枋	博古	双线曲线图案	黑叶折枝花卉	硬观头			
8	檩	图案画法特点花卉	单线	折枝黑叶花卉、软卡子	素		见于清中期彩画遗存	参见图4-2-9
	垫板	软卡子，每两个卡子中间，饰一夔福庆团花图案						
	枋	宝石草（卷草）	单线	聚锦、硬卡子	素			

续表

不同做法顺序号	构件名称	部位彩画纹饰内容					纹饰做法相对时期	备注
		方心（内心）	岔口	找头	箍头	盒子		
9	檩	大 龙	双 线	找头地画木纹，设两个软卡子，中间纹饰卷草团花图案	万 字		见于清中期云秋木彩画遗存	参见图4-2-10
	垫板	海墁卡池子，池心画博古。燕尾地画流云						
	枋	夔 龙	烟 云	找头地画木纹，设两个软卡子，中间饰夔龙团花纹	万 字			
10	檩	风	烟 云	设两个软卡子，两卡子中间地，画折枝黑叶花卉	万 字		见于清中期彩画遗存	参见图4-2-12
	垫板	海墁卡池子，池心分别画博古、花卉。燕尾做卷草图案						
	枋	大 龙	烟 云	设两个硬卡子，两卡子中间地画聚锦	万 字			
11	檩	花鸟（燕子）	双 线	硬单卡子、聚锦	万 字		见于清中期彩画遗存	参见图4-2-13
	垫板	软卡子，每两个卡子中间，卡饰一把子草（卷草）图案						
	枋	图案画法特点花卉	双 线	软单卡子、折枝黑叶花卉	万 字			
12	檩	硬色宝石草（即卷）草图案	单 线	硬卡子	素		见于清中期彩画（小开间）遗存	参见图4-2-11
	垫板	软卡子，每两个卡子中间，卡饰一把子草（卷草）图案						
	枋	图案画法特点花卉	单 线	软卡子	素			
13	檩	大 龙	烟 云	硬卡子	万 字	单连珠带	见于清晚期彩画（小开间）遗存	参见图4-2-14
	垫板	海墁卡池子。池心绘作染花卉。燕尾地做卷草						
	枋	风	烟 云	软卡子	万 字	单连珠带		
14	檩			软卡子。两卡子之间地内，卡饰黑叶折枝花卉	万 字		见于清晚期彩画（小开间）遗存	参见图4-2-15
	垫板	软卡子，每两个卡子之间地内，卡饰把子草（卷草）图案						
	枋			硬卡子。两卡子中间地内，卡饰聚锦	万 字			

第三节　海墁式苏画纹饰

一、海墁苏画纹饰概述

海墁苏画是苏式彩画基本表现形式之一。清代早期，海墁苏画做为一种独立的苏画形式，已广泛用于装饰建筑。如《工程做法则例》即载有："海墁葡萄米色地仗"、"百蝶梅洋青地仗"、"寿山福海苏式彩画"、"福缘善庆苏式彩画"等多种不同做法的海墁苏画便是证明。清中、晚期大量彩画遗存也充分印证了这种彩画形式。

另外，彩画做为一种建筑装饰，是服务于建筑功能及具体的建筑构件形式的。虽然苏画形式有方心式、包袱式两种成熟的装饰形式，但由于它们自身画法特点所致，在装饰各种纷繁复杂的建筑构件时，仍有局限性，不可能适用于所有的构件装饰，而海墁苏画这种形式恰恰弥补了这些不足，所以通常情况下，即便是以方心式、包袱式装饰为主的苏画中，也往往要配有不少海墁式苏画装饰的构件，从而才使得苏式彩画装饰达到完善的程度。

海墁苏画纹饰画法（区别于其它苏画形式）至少有以下三方面的特征：

1. 构图很少线框约束，极具开放性

海墁苏画最突出的构图特征在于，不画方心不画包袱，因而就免去了方心、包袱线框的约束。海墁苏画构图另一特点为，突破了清代各类彩画构图所普遍采用的，把横向大木构件分成三段，即按所谓"三停"进行构图的模式，唯较长大的梁枋构件两端绘以箍头，两箍头之间的开阔面，都可以做为找头进行构图，回旋性非常大。而对较小零散构件的构图，甚至可采取不设箍头，全开放式构图。所以这种彩画，很少线框约束，极具开放性特点。

2. 纹饰内容题材的广泛性

海墁苏画主题纹饰内容运用颇为广泛。特别是清早、中期海墁苏画内容尤其丰富。如用"寿山福海团"、"五福庆寿团"、"寿字团"、"灵芝寿字团"、"安年年如意团"、"龙凤团"、"夔龙团"、"西番莲团"等带有吉祥寓意的各种团花纹。高等级做法，往往还伴绘以更显精致的锦纹。同时还有流云、夔龙、夔凤、夔蝠、花卉、博古、蝙蝠、仙鹤等等。但这个时期海墁苏画题材的选用，总的看是以图案画为主要内容的。

清代晚期，由于苏画画风大转，海墁苏画也无例外地随之变化，纹饰内容的运用面，趋向狭窄，常见的题材多为流云、花卉、博古等纹饰，其中流云纹、写实绘画花卉内容用量尤显突出。从总体上看，此时期对图案纹饰的运用已远逊于早、中期，其侧重点已向写实绘画内容做法倾斜了。

3. 对各种形式构件的装饰有很强的适应性

海墁苏画纹饰有很强的适应性，它既适于较宽些的构件，亦适于较窄的构件。因为其构图只受构件本身上下边缘的约束，不受方心线、包袱线的两重约束，因而可直接按构件实际宽窄，"量体裁衣"地构图。至于具体装什么纹饰，如前所述可供选择的内容是很多的。由于海墁苏画的左右向构图时不受三段式构图格局的限制，所以可根据构件长短的实际需要，纹饰既可以设为一个单元，亦可设为二单元，乃至设多个单元进行自由营绘。所以，海墁式苏画装饰构件，具有极强的适应性特征。只有这种苏画形式，可包容方心式，包袱式苏画形式装饰所不及的一切构件装饰，因而海墁苏画便成了苏画类别中必不可少的装饰形式之一。

二、海墁式苏画基本构图形式

海墁式苏画构图，大体分为四种基本形式：

1. 横或竖向构件两端设箍头、副箍头，两箍头中间的找头地子内，设各种画题（非常短小的竖向构件，亦可于构件两端仅设副箍头画法，两副箍头中间地子内，设各种画题）。

2. 横或竖向构件两端不仅设箍头、副箍头。箍头内侧，还设卡子，其余找头地子内设各种画题。

3. 横向构件两端设箍头、副箍头。两箍头中间找头地子内，按构件长短，用卡子组成若干纹饰单元。每单元两个卡子相对应，中间卡饰画题纹饰（有的画法，于箍头内侧，构件每端各设一个卡子，卡子以里的找头地子绘画内容做分单元式的绘制）。

4. 无论横竖向构件，均不设箍头、卡子等部位纹饰，于构件直接绘画。

海墁式苏画构图举例见图4-3-1。

海墁苏画细部主题纹饰内容的运用是非常广泛丰富的，常见有海墁流云、海墁花卉、海墁博古、海墁卡池子、海墁团花、海墁把子草、海墁图案花卉等多种。对这些内容，若结合建筑具体使用功能、构件尺寸，进行运筹设计，即可组成各种形式的海墁苏画装饰纹饰。

（一）海墁流云

流云是彩画对云的图案画法形式之一，流云画法，多用于海墁式苏画。流云的画法特点系适应性的图案画法。凡欲画流云的画面，可依据构件具体的长短宽窄实际，先绘适宜数量的云团，云团与云团间，取相对大小均称方式布局，云团周围留有匀称的空隙地子，云团间，通过"云腿"有规律地连接起来即可成为海墁流云纹饰。此构图方法，适用于无限长、短、宽窄的构件，可非常自如地进行构图。若流云周围，再加画蝙蝠（蝙蝠或全露或半掩半露数只），此种流云则被称为"万福流云"以上表示人们对"福"的强烈追求。

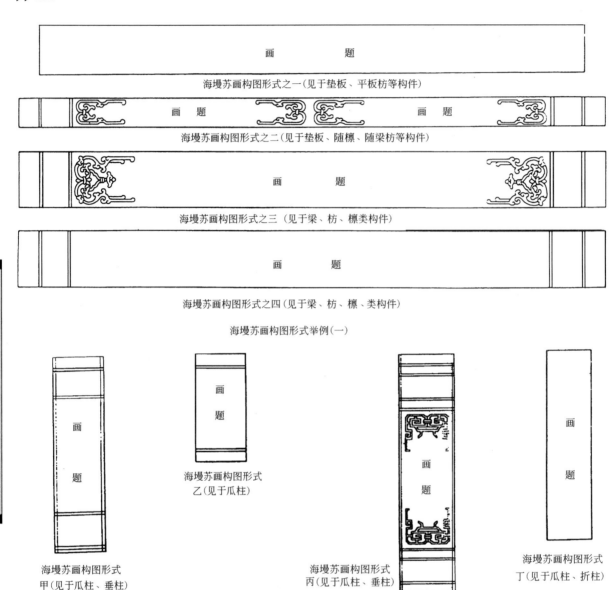

图 4-3-1 海墁式苏画构图形式举例图

1. 流云的造型

绘制流云，一般不先起谱子，大多的作者以其熟练的技法，直接或用色垛、摊或沥出来的。行业中虽对画流云有约定俗成的规范性约束（公认的传统规矩），但因不同人审美观念和技术的差异性，作品仍显示出不同的风格。

流云由云团、云腿构成。流云又由片云组成，云团的片云可多可少，少者二片，多者可达十余片，云团云片的大小多少，是视构件的宽窄大小、观赏者距离的远近确定的。

连接云团间的"云腿"，有两种基本画法形式，凡直线型的云腿，称硬腿流云；曲线型的云腿，称软腿流云。同一幅画面（如某间某构件的找头），只能用同一种云腿画法。

2. 流云线描的勾法

流云分为作染、拆垛、片金等几种工艺做法，无论哪种工艺做法，其纹理的表现，都共同遵循着我国传统绘画特有的用线表现形物的传统。所不同的是，片金流云是用凸起的沥粉线条，而作染、拆垛流云是用颜色线勾勒来表现的。勾勒云纹线条，应依垛、摊的云形特点变化而变化，片云与片云间，以形成自然压叠、勾咬，线条有聚有散，用笔有力度、有神韵为上品。

流云画法构图，能适用于任何宽窄的画面，是因为它可以自由地设置云团。一个最窄的构件可以采用单层云团连接的画法。较宽的构件，可以绘双层云团乃至多层云团连接的画法。云团的连接原则，首先要求大同，如流云的回折走势要基本统一，并具有一定的规律性。而细部的连接画法，又是艺术的，可以有差别的，并不要求刻板一致。

3. 三裹流云的构图

"三裹"是行业术语，指构件的包括三年看面的构图。

三裹流云，即装饰在同一构件的三看面的相连的流云。这种三裹构图既要照顾到各个单看面的视觉效果，又要照顾到三个看面整体连接的效果，彩画历来对三裹流云构图非常重视。它实质上是单看面的多层云团连接画法的展开。

海墁流云画法图例见图4-3-2。

（二）海墁花卉

花卉纹饰，历来是彩画选用的内容之一。对这种较写实的花卉，清代早、中期苏画已有应用，当时被称为"鲜花卉"。至清代晚期，已普遍采用，装饰于各式苏画的找头、方心、包袱、池子、盒子的内心橡柁头等部位。

彩画中的花卉是建筑彩画整体装饰中的一部分，它受彩画特定的画面形式的约束，对它的表现，更多地是采取适应性画法构成花卉的造形。具体做法还要与周围的纹饰相匹配适合，融于整体彩画当中，才能达到装饰的目的。所以彩画中的花卉，并非纯粹的绘画，它是既有写实绘画技法，又具装饰图案表现特点，且二者融为一体的一种装饰性的花卉绘画，即行业中称的"高头派花卉绘画"。

1. 花卉题材

彩画对花卉题材的内容是有选择的，一般多选我国传统的、具有一定象征意义的典型花卉入画。这不仅可使人们直接欣赏到艺术化的花卉之美，同时也借用其中的内涵表达人们共同的美好的情感和愿望。折枝类花卉有：牡丹、莲花、菊花、山茶花、秋葵、西府海棠、秋海棠、香元、桂花、寿桃、石榴、桔橙、佛手、水仙、兰花等。藤蔓类花卉（多见于海墁苏画较窄构件装饰）有：葡萄、葫芦、香瓜、牵牛花、紫藤等。这些花卉都有特定的象征含意。如果把某些花卉与鸟类器物等组合在一起，还可构成具有多形式和具有更为丰富内涵的绘画内容。

2. 花卉构图

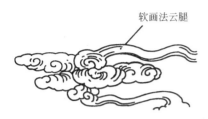

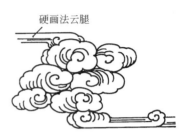

(1) 云团由五片云组成，云片间相互叠压勾咬。此图纹饰见于清中期彩画

(2) 云团由七片云组成，云外围伴绘蝙蝠。此图纹饰见于清晚期彩画

(3) 云团由七片云组成。此图纹饰见于清晚期彩画

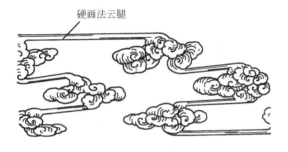

(4) 硬腿画法流云，云腿都绘成直线型。此图纹饰见于清晚期彩画

(5) 软腿画法流云，云腿都绘成曲线型。此图纹饰见于清中期彩画

(6) 单层云团构图的软腿流云画法。此图纹饰见于清晚期彩画

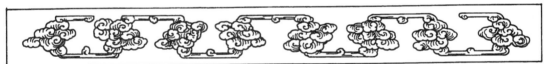

(7) 单层云团构图的硬腿流云画法。此图例纹饰见于清晚期彩画

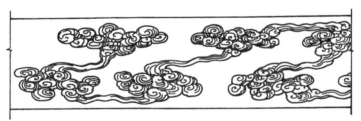

(8) 双层云团构图的软腿流云画法。此图例纹饰见于清中期彩画

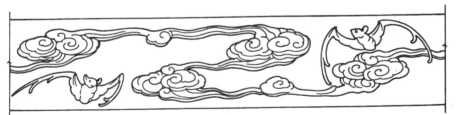

(9) 双层云团构图的软腿流云。此图例纹饰见于清晚期彩画

图 4-3-2　海墁流云画法图例(1～14)(一)

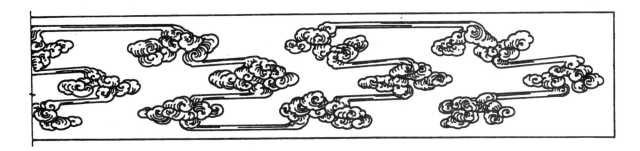

(10) 三层云团构图的硬腿画法流云。此图例纹饰见于清晚期彩画

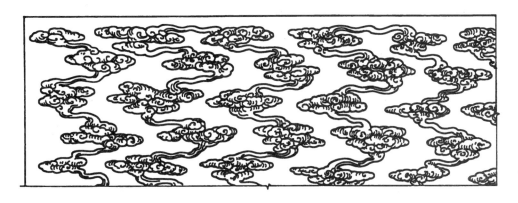

(11) 多层云团构图的软腿画法流云。此图例纹饰见于清中期彩画

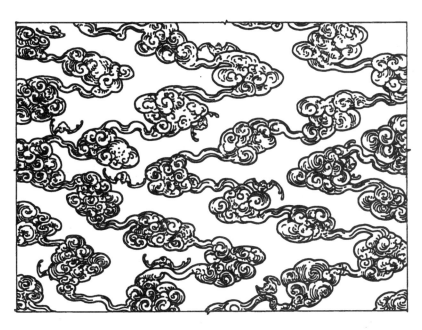

(12) 多层云团构图的软画法流云。此图例纹饰见于清晚期彩画。与图(11)比较，由于时代及作者不同，流云纹饰画法风格则大有不同

图 4-3-2　海墁流云画法图例(1～14)(二)

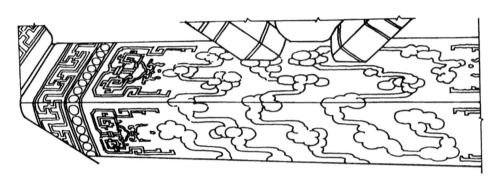

(13) 硬腿画法的"三裹流云"。本图为一个构件两个看面的透视效果

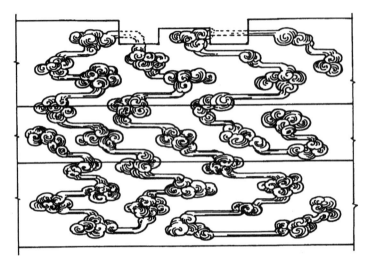

(14) 即图(13)构件三个看面展开后效果。其构图方式与上述多层云团的连接无异

图 4-3-2　海墁流云画法图例(1～14)(三)

花卉构图，十分注重经营位置，安排合理的虚实关系。构图求恰当，讲俏丽，注重神韵神似，用笔追求简洁、遒劲、有力度。这些与我国的传统绘画都是相通的。但除此而外，在较具体的构图方面，还有如下主要特征：

(1) 适应式构图

适应式构图，指绘画的表现形式要适应各种画面造型的构图。彩画花卉画在各种特定造型的画幅内时，它们必须适应这种特定造型的画面。

(2) 单元组合式构图

这种构图方式特指在一个构件上做海墁花卉的画法。单元组合式构图是构件长短尺寸，恰当地划分成段，每段为一单元，每单元各自成图。构件最短者可设一单元，长者设二单元乃至多单元。

(3) 散点图案式构图

这种构图，行业中还称为"撒花式构图"，多用于较窄的构件及零散小型构件海墁花卉的构图。构图特点是把绘画内容做有聚有散的均衡布局，如常见的海墁梅花、竹叶梅、百蝶梅、小型黑叶花等等。

(4) 坐行结合的花卉枝框章法

彩画花卉中画的最多的是折枝花卉，这种折枝花卉构图，较普遍采用坐行结合的骨架构图章法，常见的有坐三行一、坐三行二或行一坐二等等。行业中还有"出门三声炮，回头一鸟枪"说法，这

(1) 较短构件花卉，因画面较小，构图取团花式画法，章法基本为坐三行一画法

(2) 较长构件花卉，构图取展开的坐三行二章法，用拉长枝条方法，做巧妙的占地，充满画面

(3) 更长些的构件，花卉画法，可做成二个单元组，分单元构图

(4) 更再狭长构件，花卉画法，进而还可做成三个单元乃至多单元式的构图

(5) 三襄柁海墁折枝花卉二个看面构图的透视效果

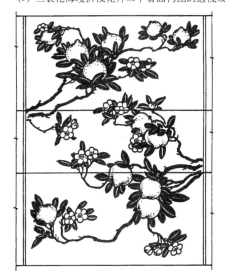

(6) 三襄柁海墁折枝花卉三个看面展开后的平面效果

图 4-3-3　海墁花卉画法示意图(1～13)(一)

(7) 藤蔓香瓜花卉。多饰于垫板等较窄构件

(8) 藤蔓葡萄花卉。多饰于垫板等较窄构件

(9) 藤蔓葫芦花卉，多饰于垫板等较窄构件

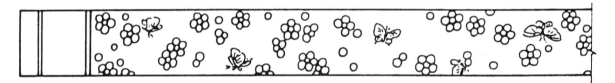

(10) 散点百蝶梅。多饰于更窄构件

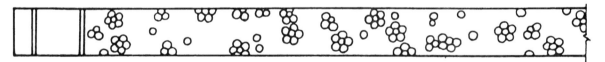

(11) 散点竹叶。多饰于更窄构件

(12) 散点梅花。多饰于更窄构件

(13) 散点折枝花。适于装饰更窄构件（如随檩、枋等）

图4-3-3　海墁花卉画法示意图(1～13)(二)

些都是关于画花卉章法的形象写照。这里的所谓"坐几"指主花或主果实所画的数量,"行几",指从主花主果向外侧伸延出去的宾枝宾花。其中的数字,并非绝对,应根据画面,追求构图的均衡美,按具体画面构成需要而定。其花头的大小,枝框的曲伸、顿挫、长短,首先考虑的是恰当地"占地"。这种章法,不仅便于突出和表现主题,而且对各种形式的画面都有较强的适应性,它所强调的是花卉的整体气势,非常符合远看气势的画理,正好适合于建筑装饰彩画。

(5) 花卉的图案性表现特点

彩画花卉,不是对自然花卉的原样模拟。比如很多画中,枝上已结出了很成熟的果实,但枝头顶端仍盛开着花。某些藤蔓类花卉,藤蔓本应是软的,有些画非要画成硬枝条不可,花卉的叶片,其它绘画都要画出透视效果,并非常精细准确,而这里更注重适应性的占地、动感和份量均衡及疏密关系。其二二三三的较有规律画法的叶片,不一定看得出什么必须是什么叶,有的甚至不大符合透视效果。这些画法,看似很不近情理,但这正是图案画所允许的夸张表现手段的合理运用。花头画法,其它绘画可将花头刻画的非常微细,而对于彩画来说,这种微细便成了多余,它通过大胆取舍,用简括的图案手法,着意刻画花卉的主要特征,以强调花的神似,使欣赏者一看便知是什么花。所以说,彩画花卉的细部画法,虽然也具有一定的写实手法,但总的方面仍未离开图案的特征。海墁花卉画法见图 4-3-3。

另外,与海墁花卉构图方式相近似的还有海墁飞蝠、海墁博古、海墁掐卡子做法,见图 4-3-4～图 4-3-6。

(三) 海墁团花

团花纹是苏画重要的图案题材之一。所谓团花,即构成该图案的整体外形呈圆形或椭圆形形式。海墁团花,是指用一个或多个团花,用海墁式苏画表现形式装饰构件的一种方式。多用于用梁、垫板等

图 4-3-4 海墁飞蝠图例

图 4-3-5 海墁博古图例

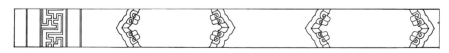

图 4-3-6 海墁卡池子图例

夔龙团花（见于清中期抱头梁彩画）

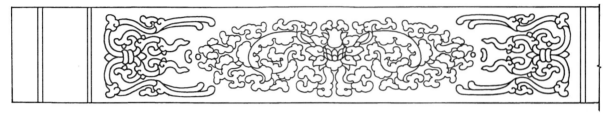

西番莲团花（见于清晚期抱头梁彩画）

寿字团花（见于清晚期随檩枋彩画）

灵仙竹寿团花（见于清期抱头梁彩画）

图 4-3-7　海墁团花示范图

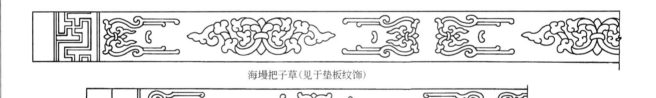

海墁把子草（见于垫板纹饰）

海墁把子草（见于随檩枋纹饰）

海墁把子草（见于平板枋纹饰）

图 4-3-8　海墁把子草示范图

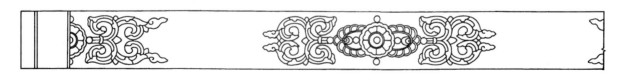

图 4-3-9　海墁轱辘草示范图（见于垫板纹饰）

图4-3-10 海墁跑龙示范图(见于垫板纹饰)

部位,见图4-3-7。

(四)其它海墁纹饰

1. 海墁把子草

把子草是苏画图案题材之一,纹饰以卷草为内容,卷草的中部以一道或双道束箍坐中,图案以中轴线成左右对称展开。海墁把子草,是指用一组或多组把子草,用海墁式苏画表现形式装饰构件的一种方式。多用于苏画的垫板、平板枋等部位,见图4-3-8。

2. 海墁轱辘草

苏画图案题材之一。画法等均同于海墁把子草,只是图案中部不设束箍改为轱辘,用于垫板部位,见图4-3-9。

3. 海墁跑龙

苏画图案题材之一,以大龙、宝珠火焰、云纹为内容。用于垫板、由额垫板、平板枋部位。以开间的中线为对称轴展开,间中用宝珠火焰坐中,装饰构件无论需要多少个图案单位,均以中线为轴成左右对称式的排列。

苏画中运用海墁跑龙比较少见,仅见于官廷苏画的某些建筑,见图4-3-10。

三、海墁式苏画纹饰于檩、垫、枋构件的几种基本组合形式实物遗存举例

1. 檩、垫、枋构件设箍头卡子。其中檩、枋找头地做锦纹,锦纹地上做团花纹。垫板找头做单元式的构图,即每两卡子对应放置,两卡子中间设卷草团花纹为一单元组,如此设若干纹饰单元,见图4-3-11。

2. 檩、垫、枋设箍头卡子。其中檩找头折枝花卉,花卉按单元绘制。枋找头设流云(檩与枋找头的纹饰内容,按开间构件,依次做轮换式排列)。垫板找头做单元式构图,两卡子对应放置,两卡子中间卡饰夔龙团花为一单元组,如此设若干单元,见图4-3-12和图4-3-13。

3. 檩、垫、枋设箍头卡子。其中檩找头设飞蝠(数量不限,象征万福)。枋找头设折枝黑叶花卉,按单元绘制(檩枋找头内容按开间构件轮换排列)。垫板按海墁式构图做葡萄,见图4-3-14。

图 4-3-11 海墁锦纹地双蝠葫芦团花、卷草团花苏画（见于清中期苏画）

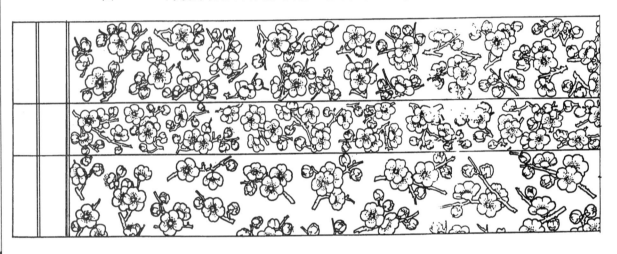

图 4-3-12 海墁折枝梅花苏画（见于清中期苏画）

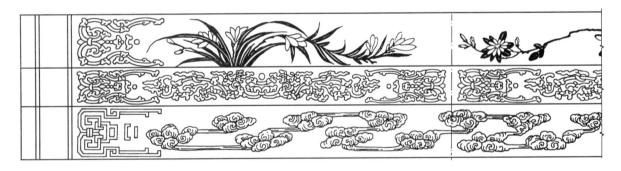

图 4-3-13 海墁折枝黑叶花、流云、夔龙团苏画（见于清中期苏画）

图 4-3-14 海墁飞蝠、折枝黑叶花、葡萄苏画（见于清晚期苏画）

第四节　包袱式苏画纹饰

一、包袱式苏画名称由来

"包袱"一词，本来指用于包衣服等东西的布，而彩画的所谓包袱，为"彩画作"通过绘画艺术，画于建筑构件上的，类似包袱形的一类画装饰形式。清代早、中期彩画，称包袱为"袱子"，清晚期以来被普遍称为包袱。清代官式采画放置包袱，有"上搭包袱"及"下搭包袱"之分，凡包袱的开口位于上方的画法者，称为上搭包袱。反之称为下搭包袱。唯室内垮度较长的构件（如架海梁构件），少量的用反搭包袱。

彩画包袱并非独立的画于建筑的，包袱周围还要伴绘其它大量的苏画纹饰，而无论这些伴绘纹的差别如何，包袱都显著地占有这类苏画的主要地位，所以，为与其它苏画形式相区别，人们依据包袱的突出造型特征，如此命名这类彩画的名称便成了自然。清代早、中期关于包袱苏画的命名是非常具体详细的，往往按包袱内画什么主题内容，成为该苏画的名称，如包袱内画"锦上添花"内容，那么此苏画则名为"锦添花苏式画搭袱子"，如此等等。至于"包袱苏画"或"包袱式苏画"的提法，为清晚期末，按苏画式彩画形式分类后的进步提法，其中尤以"包袱式苏式彩画"提法则更形象，精练地概括了此类苏画形式，见图 4-4-1。

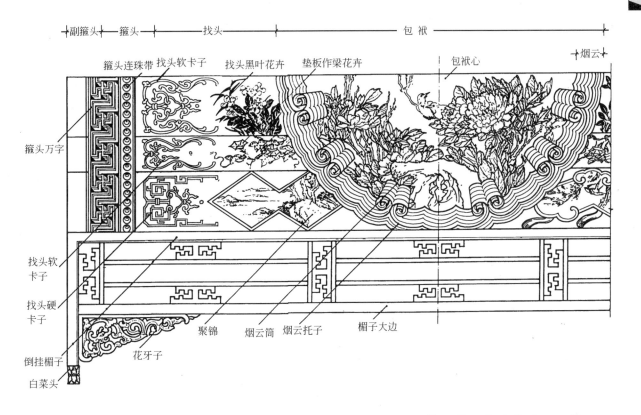

图 4-4-1　清晚期包袱式苏画部位纹饰名称图

二、包袱轮廓造型及其主题纹饰的运用与演变

(一) 包袱的外轮廓纹饰内容

包袱的外轮廓纹饰内容运用与画法，随时间推移而有所不同，其画法的变化，显示着较鲜明的阶段特征。早期苏画包袱的外轮廓边，称"袱边子"，最简单的画法，由一条曲折的色带构成，带子的宽度略宽于箍头，色带两边缘用线勾勒，中间只做平填色，不做任何纹饰。讲究做法，于上述带子两线间的地子内，做"描机"（现称切活工艺）图案或更工细的宋锦内容。为求形式上的变化，描机与宋锦两纹饰内容的袱边子，往往还要按间的包袱做交替排列式运用。

清中期的袱边子纹饰内容，一方面仍延续着早期内容，另方面又不断地创新丰富，此时期袱边子内容对龙纹、云纹、连珠纹、卷草莲花纹等图案花纹广为运用。由于彩画的发展，约于清中期的中叶，袱边开始出现了烟云类纹饰。从文献及彩画遗存两方面看，当时的烟云类纹饰用量还是很有限的，烟云的画法也比较自由，烟云还不画烟云托子，烟云道数一般画的比较多，常见者多为九道烟云。通观清早中期苏画袱边子，主要以运用各种图案花饰内容为特征，此点与该时期苏画其它纹饰内容的运用风格是协调一致的。

清晚期包袱边子已发生显著变化，这个阶段以图案花饰为内容的袱边子已近乎绝迹，变为了单一的烟云类纹饰内容。烟云分软硬两种画法，软烟云画法，用弧形线条曲折的连接表现。这个时期的包袱，都普遍地加画上了烟云托子，烟云由烟云筒及烟云托子两个部分构成。

彩画的烟云类纹饰，虽也属图案纹饰范畴，但若与清早中期的图案花饰袱边子相比较，无论从画法风格或各自创造的装饰效果看，两者是迥然不同的。图案花饰袱边子，基本上是通过细腻的平涂勾线，表现图案的形式美，创造了一种含蓄、古朴、细腻锦绣的装饰效果。而烟云类纹饰，则近似现代几何图案，其纹饰是通过由浅至深同色相色彩线条排叠形式体现的，它所创造的，是一种直观立体的空间效果，通过这种新兴的纹饰表现手段，用来着重烘托包袱内的主题纹饰。清晚期苏画，包括包袱及某些方心岔口、池子岔口等之所以普遍地运用烟云类纹饰，主要是为了强调突出里边的写实绘画主题内容。或者是说这种变化，与该时期苏画主题内容已转向了写实绘画是密不可分的。

(二) 不同时期包袱造型画法

1. 包袱在整间苏画中所占的面积

(1) 包袱在整间苏画中上下所跨构件

包袱画法形式，具有两个突出的装饰作用，一是通过包袱形的画法，可使得多个分散的构件，结成一体，从而产生统一的效果；二是可在较宽大的面积内，集中从容地表现纹饰主题。无论清代早、中、晚期的苏画包袱，都位于一间建筑构件的居中部位，以间

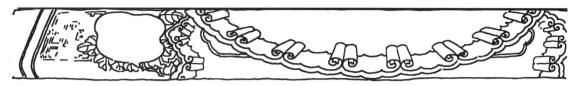

(1) 单构件的包袱

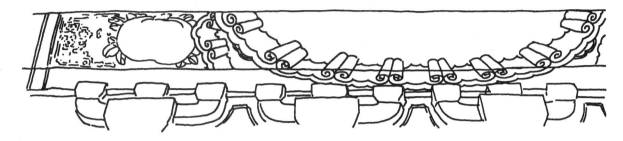

(2) 檩、压斗枋二构件的包袱

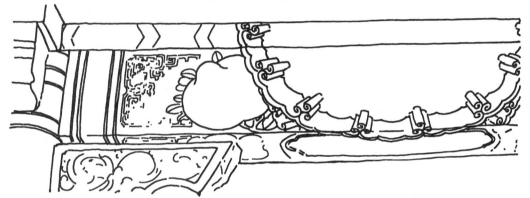

(3) 平板枋、大额枋二构件的包袱

(4) 柁、随柁枋二构件的包袱

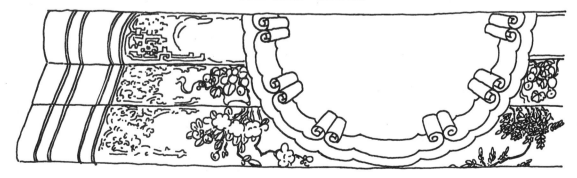

(5) 檩、垫板、枋三构件包袱

图 4-4-2　包袱在苏画中上下所跨构件示意图(1~5)

第四节　包袱式苏画纹饰

的中线为轴，成左右对称式展开。一般较宽大单构件，如枋、垫类构件即可画成包袱。两构件相连接的构造形式，如檩与随檩枋或随垫枋等亦可画成包袱。檩、垫板、枋三构件相连接的构造形式，为包袱式苏画最普遍、最理想的构造形式，见图4-4-2。

（2）不同时期苏画包袱画法的大小及在整间苏画中所占面积对照

清早、中期的包袱，在正常开间中普遍画的都颇为硕大，以包袱的上开口宽度计，一般约占到整间总长度的2/3。特殊画法，甚至画的要更大些。而找头部位画的则相应较短。

清晚期包袱，在各间中普遍已明显收小紧凑。正常开间的包袱，其上口宽度一般约占整间彩画总长度的1/2左右，找头部位彩画则画的相应较长。特殊小间包袱画法做单独处理，见图4-4-3。

图 4-4-3　清代包袱在每间中所占面积对照分析示意图

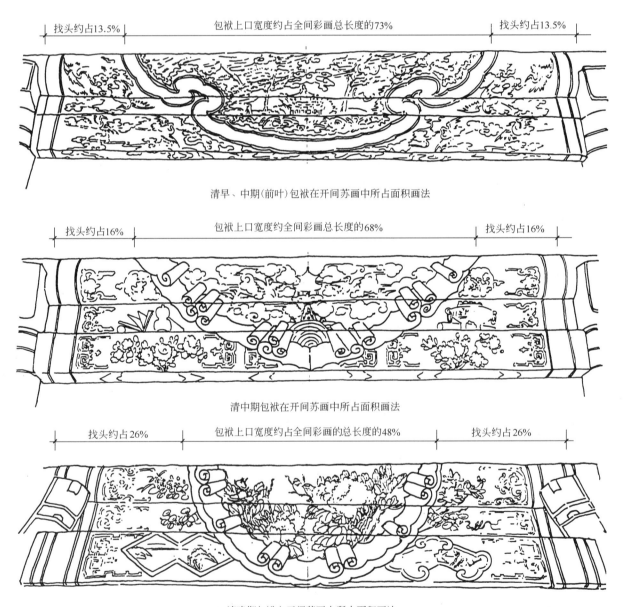

清早、中期(前叶)包袱在开间苏画中所占面积画法

清中期包袱在开间苏画中所占面积画法

清晚期包袱在开间苏画中所占面积画法

2. 包袱造型图说

清代苏画包袱造型曾几度变化，早、中期的包袱，运用图案花饰做袱边子构成包袱造型。有的包袱画成一整两破的如意云式，整云位于包袱的下端，破云位于两侧，以此连接成包袱形，包袱呈狭长的三角形，画成软包袱。有的画成偏扁的半圆形软包袱。有的画成硬包袱，其袱边的图案花带外形呈长、短、竖、横、直形，经反复折弯构成包袱形。有的画成直形的杠子为主，杠子形几经折弯，并在上面缠绕穿搭交错的卷草纹为辅，构成包袱形，这种画法包袱仍被视为硬包袱。

约在清中期的中叶，构成包袱轮廓造型的纹饰，开始出现单层画法的烟云，烟云道数较多，烟云筒画法多变。包袱的块面大小与早期及中期前叶包袱无多大差别，包袱形仍近似较狭长的三角形。但这个时期对烟云类包袱的运用还不甚普遍。

清晚期的包袱式苏画，包袱的造型画法逐渐规范化，有如下三个显著特点：

（1）普遍运用烟云类纹饰做为包袱轮廓内容，凡包袱烟云，均加烟云托子。

（2）包袱普遍地画成近似于半圆形。

（3）包袱于每间苏画中所占面积明显变小。

晚期的包袱烟云，亦分软、硬二种画法，其中软烟云包袱用量为多。硬烟云包袱通常在重要间运用（如明间）。特殊彩画做法，亦有软、硬烟云相间运用的。

包袱的烟云筒组，有的画成两筒烟云（一般见于较低等级彩画）。有的画成三筒烟云，或由两筒烟云与三筒烟云混用于同一包袱的烟云组数量，有的可用六组，有的可用八组，有的甚至更多组，但都是依包袱中线成对称式设置。其烟云筒的数量多少，都是根据袱块的大小，构造形式特点，表现形式美等原因合理运用的。

烟云筒纹的道数，一般从三道烟云起，按不同的做法，可分为三、五、七、九乃至十一道烟云（烟云道数多者，一般用于高等级彩画）。通常以五道或七道烟云为多见。烟云托子道数一般为三道或五道，但以三道画法为多见。见图4-4-4和图4-4-5。

三、包袱心主题纹饰内容的运用与演变

（一）包袱心主题纹饰内容运用特点及阶段性变化

苏画的包袱，由于面积大，便于从容表现各类纹饰，又处于一间中引人注目的中心地位，故包袱式苏画的主题纹饰内容，大多在包袱心内得到充分表现。清早、中期包袱的主题纹饰内容，以普遍运用吉祥图案为特征，如"锦上添花"、"福如东海"、"群仙捧寿"等。此时期，苏画的其它部位，如方心、找头、池子、盒子等也极为普遍地运用吉祥图案，同时还大量地运用团花纹锦纹等纹饰。这个时期的苏画，以严整、古朴、锦绣、极具装饰性为特点。

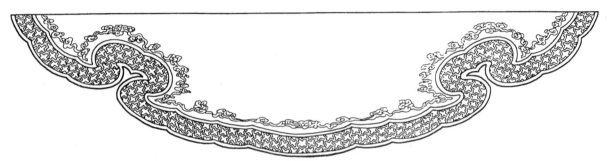

(1) 万字锦云纹图案花边如意云形软包袱
(饰见于清中期彩画，亦代表着清早期包袱画法造型特征)

(2) 云纹图案花边如意云形软包袱
(见于清中期彩画，亦代表着清早期包袱画法造型特征)

(3) 水纹图案花边硬包袱（见于清中期彩画）

(4) 西番莲切活图案花边软包袱

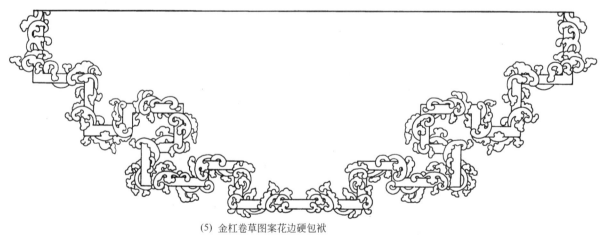

(5) 金杠卷草图案花边硬包袱

图 4-4-4　清代包袱画法造型举例图(1～13)(一)

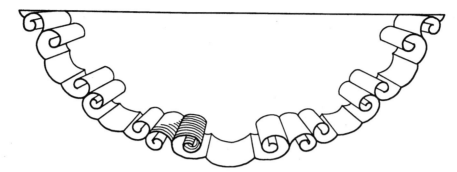

(6) 无烟云托子的软烟云包袱

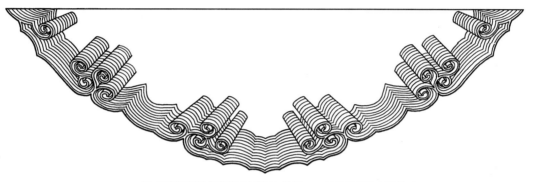

(7) 无烟云托子的软烟云包袱（上述图5、6、7纹饰见于清中期彩画）

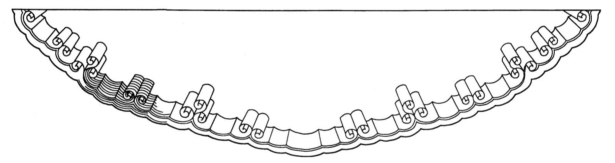

(8) 带烟云托子的（二筒与三筒画法烟云相间组合形式）七道软烟云包袱（图例纹饰见于清中期末页）

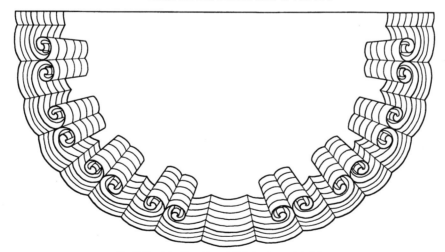

(9) 带烟云托子的双筒五道软烟包袱（见于清晚期彩画）

图 4-4-4　清代包袱画法造型举例图（1～13）（二）

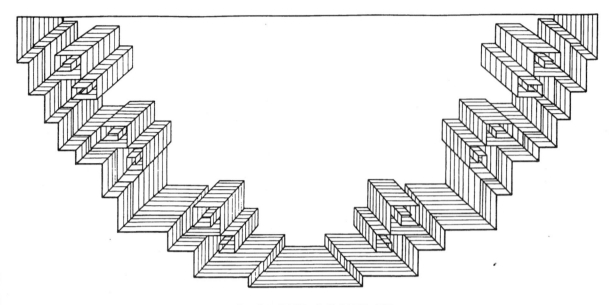

(10) 带烟云托子的双筒七道硬烟云包袱(见于清晚期)

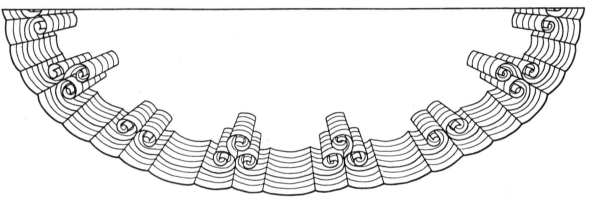

(11) 带烟云托子的五道软烟云包袱(二筒与三筒烟云画法相组合形式,见于清晚期彩画)

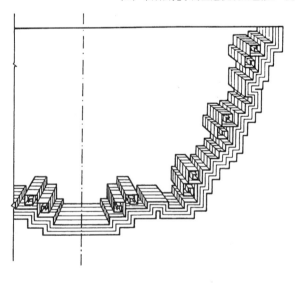
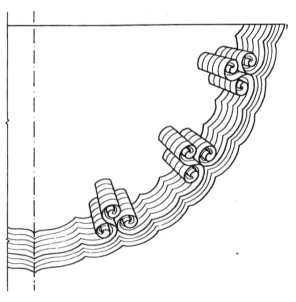

(12) 带烟云托子的双筒五道硬烟云包袱(见于清晚期)　　(13) 带烟云托子的三筒五道软烟云包袱(见于清晚期彩画)

图 4-4-4　清代包袱画法造型举例图(1～13)(三)

(1) 水纹硬包袱边（见于清中期彩画）

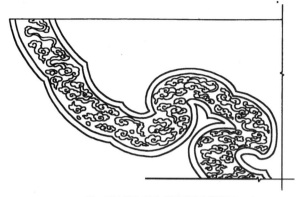
(2) 云纹软包袱边（见于清中期彩画，亦代表清早期包袱边子做法风格）

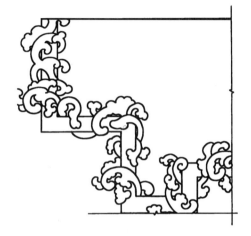
(3) 金杠卷草硬包袱边（见于清中期彩画）

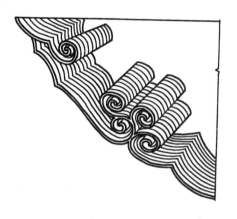
(4) 无烟云托子的软包袱烟云边（见于清中期彩画）

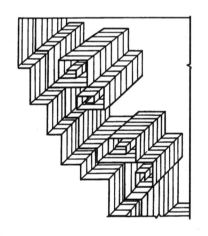
(5) 有烟云托子的双筒七道硬包袱烟云边（见于清晚期彩画）

(6) 有烟云托子的双筒五道软包袱烟云边（见于清晚期彩画）

图 4-4-5　包袱外轮廓纹饰内容特写图（1～6）

　　清晚期包袱的主题内容，以普遍运用写实绘画为突出特征。如山水、人物、翎毛花卉等，都是常被用来表现的绘画门类。此时期苏画的其它部位，如方心、找头、池子、盒子等，虽还仍沿用些图案类纹饰，但已非常有限，在很大程度上也已被写实绘画所取代。因此，清晚期的苏画以贴近生活具有诗情画意、生动活泼、雅俗共赏为特点。见图 4-4-6。

(1) 包袱心画"寿山福海"吉祥图案代表喻寿之义
(纹饰见于清中期苏画,亦代表清早期苏画有关风格)

(2) 包袱心画龙纹图案以象征皇权
(纹饰见于清中期苏画,清早、中、晚期皆有用之)

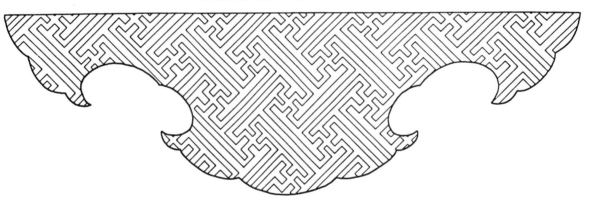

(3) 包袱心画"万字锦"图案(纹饰见于清中期苏画)

(4) 包袱心画"海屋添筹"吉祥图案代表喻寿之义
(纹饰见于清中期苏画,亦代表清早期苏画有关风格)

图 4-4-6　清代包袱式苏画包袱主题纹饰内容运用图例(1〜12)(一)

(5) 包袱心画 "一统万年青" 吉祥图案，寓意国家统一长久（见于约清中期末叶苏画）

(6) 包袱心人物绘画 "赵燕求寿"，题材取自民间故事（见于清晚期苏画）

(7) 包袱心人物绘画 "踏雪寻梅" 题材取自古代文人雅士故事（见于清晚期苏画）

(8) 包袱心画 "玉堂富贵" 花卉吉祥绘画，象征富贵荣华、福运通达（见于约清中期末叶苏画）

图 4-4-6　清代包袱式苏画包袱主题纹饰内容运用图例（1～12）（二）

第四节　包袱式苏画纹饰

(9) 包袱心画 "富贵白头" 翎毛花卉吉祥绘画，寓意白头到老、老年富贵、福寿平安（见于清晚期苏画）

(10) 包袱心画 "海晏河清" 翎毛花卉吉祥绘画，寓意天下太平，祥和安泰（见于清晚期苏画）

(11) 包袱心画 "线法山水" 用以反映中国古建筑形式美（见于清晚期苏画）

(12) 包袱心画 "墨山水"，用以反映祖国大好河山美（见于清晚期苏画）

图 4-4-6　清代包袱式苏画包袱主题纹饰内容运用图例（1～12）（三）

（二）包袱心绘画的几种基本门类

1. 吉祥图案

是将吉辞详语与图案画相结合，表现某一主题的一类纹饰形式。这类纹饰用象征、谐音、寓意、双关、比拟等修辞方法，结合装饰性纹饰形式，巧妙地表达人们对幸福、长寿、吉庆有余等多各种美好理想的向往追求。

吉祥图案，是我们祖先创造的一种图案艺术表现形式，具有鲜明的民族文化特征，源于商周，几千年来，不断发展创新。清代早、中期的官式苏画的"群仙捧寿"、"福缘善庆"、"年年如意"、"锦上添花"、"福如东海"、"寿山福海"、"海屋添筹"、"一统万年青"、"五福庆寿"等内容，都是苏画运用吉祥图案的实例。这些吉祥图案较普遍地见于清早、中期苏画的包袱、找头、箍头、垫板、方心、盒心、池子等部位。晚期苏画仍少有延用。

2. 锦纹图案

将绫锦织纹绘于包袱心，用以创造彩画的"木衣锦绣"效果，这种做法多见于清中期的苏画。当时称这种画法的包袱为"锦袱"。这个时期（包括清早期），各式苏画对锦纹的运用均相当普遍。

3. 龙纹与异兽纹

"龙"，我国古传说中的神奇动物。龙纹是清代各类彩画图案重要的题材，主要用来象征皇权。清早、中、晚苏画的包袱、方心、盒子等部位，对龙纹都曾有少量运用。

"异兽"，是画作艺人创造的一类理想化的动物形象。

这里所提及的"异兽"之"异"有两个含义：一是，表示有别于自然界之真兽；二是，"异"字与"益"字，"兽"字与"益寿"，隐含着祝贺延年益寿之意。清晚期苏画中包袱、方心、盒子、池子等部位的白活绘画中有较为广泛的运用。

4. 人物画

苏画白活绘画的主要表现类型之一。人物表现题材面十分广泛，如历史著名的文人雅士形象、历史典故人物、古文学艺术中反映的人物故事、通俗精采的戏曲片段等人物内容皆可入画。

苏画白活绘画的人物内容选定及创作，均以人们喜闻乐见、健康向上、具有教育作用并与具体建筑的使用功能相协调为基本准则。

清晚期苏画白活人物画的实际例子是非常多的，如反映古代文学艺术作品人物的有：三国演义、聊斋志异、红楼梦、岳飞传、水浒、西游记等等。反映古代文人雅士的有：竹林七贤、八爱、太白夜宴桃李园等。反映历史典故人物内容的有：孟母三迁、卧薪尝胆、画龙点睛、赵燕求寿等。

人物画内容多见于清晚期苏画的包袱、方心、池子、聚锦及迎风板门心板等部位。

5. 翎毛花卉

苏画写实绘画的主要表现类型。苏画大多数翎毛花卉绘画，都是有画题名称讲究并含有一定吉祥寓意的。翎毛花卉画题吉祥寓意的表现与吉祥图案的吉祥寓意极为近似，所不同的只是用较写实的花鸟来表现而已。为与吉祥图案相区别，在此我们特称其为吉祥绘画。如"居家欢乐"、"喜上梅梢"、"富贵白头"、"玉堂富贵"、"教五子"、"岁寒三友"、"海晏河清"、"丹凤朝阳"等等，都是常被运用的翎毛花卉吉祥绘画画题。花鸟画在表现这些画题时，也都较普遍地运用隐喻、借义、谐音等表现手法，例如"富贵白头"画题，一般的画面都要画牡丹花和一双相互顾盼的白头翁鸟，其中的牡丹花象征着富贵，白头翁象征年老。白头翁又名长春鸟，象征着长寿。整幅画面寓意着白头到老，老年富贵，有祝贺夫妻长寿的美好寓意。再如苏画常表现的"丹凤朝阳"画题，画面为太阳、梧桐、凤凰，《山海经》云：凤凰生于南极之丹穴。丹穴（丹山）为朝阳之谷，朝阳是南向吉运之兆。由于生于丹穴，故为丹凤，为百鸟之王，栖于梧桐。《诗·大雅·卷呵》："凤凰鸣矣，于彼高岗，梧桐生矣，于彼朝阳"。寓意位高志远，后还以喻贤才遇时而起，或稀世之瑞等等。

翎毛花卉画法具有阶段性的变化。较早的翎毛花卉绘画，如清中期末页至清晚期中页的作品，其花卉的画法，乍看与真花似有相当的距离，如藤蔓类花卉，本应画软枝条表其藤蔓，而这时的作品，许多偏偏画成硬枝条。很多花卉的叶片画法，看上去不近自然透视，并三三两两的来回重复，花头布局多很匀称，花瓣组合及细部画法，大多带有浓郁的程式化特点。画鸟不追求精微，但求神似，寥寥数笔便可成型。在章法方面，不似后来的一边俏式构图，而是采取平铺均衡式布局。背地的色彩多采取剔地平涂的单一色。其工艺，更多的是采取硬抹实开，这时很多作品的效果，说得形象些，很近似一块块展开的花布。虽这些画法好象有违于自然，但细品来，是有其中的奥妙的。古人不是不会画花鸟。而在彩画装饰中这样画花鸟，正是古人的高妙之处，其紧紧把握住了"彩画是建筑装饰"这个根本作画目的，它重在表现花鸟的神态特征，使一看便知是什么花。它合理的运用艺术夸张，运用图案性表现画法，因而能把绘画恰当地融汇于装饰，并与建筑达到谐调统一。这些作品至今看来仍有极高的研究价值和艺术魅力。

清晚期末叶的翎毛花卉画法，发生了较明显的转化，如凡画花鸟一般都要普遍地"接天地"（渲染花鸟背景底色的一种工艺），表现手法大多以追求逼真写实为时尚。工艺的表现方面，在兼用过去硬抹实开画法的同时，还出现了工兼写、洋抹画法等。为了强调绘画效果，甚至包袱的烟云边也逐步显示出越画越窄的趋向。这说明，清晚期末叶以至后来的苏画，已向着突出绘画内容并追求纯绘画的表现方面转化了。

翎毛花卉内容，多见于清晚期苏画白活绘画，多绘于包袱、方心、池子、聚锦、盒子、迎风板、门心、垫板、找头、檐头、柁头、檩头、月梁、瓜柱等部位。

6. 线法

苏画白活绘画门类之一，属于山水画范畴，是一种表现建筑题材的绘画。取材及表现技法，与我国传统绘画的"界画"一脉相承。该绘画重点表现的内容是建筑，往往都还配以适当的山水景致，故又名为"线法山水"。又由于表现建筑等物的轮廓界线，都须用实在清晰的勾线显现，因而还被名为"清水线法"，若再加画人物，又称"线法人物"。

线法多见于清晚期苏画白活绘画，一般多绘于包袱、方心、迎风板等较大面积部位。由于线法绘制比其它绘画内容难度大，故往往仅绘于重点开间的包袱或重点建筑的部位（如明间的包袱或方心，廊子的抱头梁头、方心或迎风板等重点部位）。

7. 墨山水

彩画白活绘画重要门类之一。画法与我国传统水墨山水绘画一脉相承。是一种重点表现祖国山川秀美景色为题材的绘画。墨山水画法特点，山川树木等造型轮廓，都要用中锋笔进行勾线，称之为"墨骨"，而山川等的质感，须再经侧锋等用笔的皴、擦、点、染技法，通过墨色得到基本体现。其着彩，一般于墨色之后，做为辅助传神手段，经淡彩罩染进而达到画面的完善。由于着色一般都要以水笔渲染，并要求显露墨骨墨气，故还称墨山水为"落墨搭色山水"。墨山水广见于清晚期，一般多绘于包袱、方心、池子、聚锦、盒子等部位。较大块面的迎风板、门心板亦有绘制。

8. 洋山水

苏画白活绘画门类之一，兴起于清代中期，盛行于清晚期，为吸收西方绘画表现艺术的一类新兴山水画法。特征近似于西画的风景水粉画。主要以大自然风光等为表现题材，直接用鲜艳的颜色作画，效果追求层次感空间感，景物追求逼真写实。多用于清晚期苏画白活绘画。

9. 窝金地工笔重彩青绿山水

苏画表现门类之一。其山水画法，与我国古代工笔重彩青绿山水画风格基本一致，唯山水画的天空空白部分，一律绘成金色，或用泥金平涂，或贴真金箔。

窝金地工笔重彩青绿山水最早见于清中期的方心式苏画。清晚期的包袱式苏画和方心式苏画，只在重点开间的白活中有少量运用。此种画法在苏画当中，效果非常别致典雅耐人寻味，与其周围其它苏画纹饰色彩也极为谐调。

(三）包袱心的不同纹饰内容在各间中的一般排列规律

苏画包袱心的各种绘画内容，在建筑各个开间的装饰排列具有一定的规律性：

1. 包袱心内容统一用一种纹饰，成单一式的内容排列（一般多见于开间少，且为单片构件彩画的小式建筑）。

2. 各间包袱心内容，运用两种乃至多种纹饰，以明间内容坐中，左右各间内容，成以明间为中心的对称式排列（一般多见于开间少，且为单片构件装饰彩画的小式建筑）。

3. 把二种或三种乃至更多绘画内容，预先编成单元顺序，从所标定的第一块包袱做起点，一方向建筑之横向的各间包袱，另一方向纵向的各间的包袱，做双向连续式排列。

4. 上述三种关于包袱内容的排列形式中，第二和第三种形式，在苏画中较为常见（方心式苏画的方心有关内容排列方式亦基本如此）。清代包袱式苏画的各种包袱内容（含方心式苏画的方心内容），所以要采取这样的表现形式，其目的首先要使得有限的图案内容或绘画内容能给人以丰富多样之感。其次通过运用这样的手法，无论表现几种纹饰内容，无论装饰多少块包袱或方心，均可避免出现内容排列的杂乱无章或雷同，从而营造出一种步移景迁，百看不厌的装饰效果。

自清早期至清晚期的包袱式办画的找头部分纹饰，无论就其纹饰的表现形式或表现内容都是有较明显变化的，显示出一定的阶段性表现特征。

（四）关于包袱式苏画找头卡子的运用

清早期的苏画还不画卡子，清中期的苏画才逐渐开始画卡子，清晚期的苏画已普遍画卡子。

关于包袱式苏画找头细部纹饰内容的运用方面：清早、中期的苏画找头以运用图案（如锦纹、团花纹、吉祥图案纹等）类纹饰为主要内容，写实绘画类纹饰的运用为辅助内容。清晚期苏画以运用写实绘画类纹饰为主要内容（如聚锦、方心的绘画内容、写生花卉、博古等），图案类纹饰为辅助内容，且凡方心、池子的岔口都广泛地用烟云类纹饰。为具体说明这个方面问题，特列表 4-4-1。包袱式苏画找头纹饰画法图例见图 4-4-7。

图 4-4-7 包袱式苏画找头纹饰画法图例（1～15）（一）

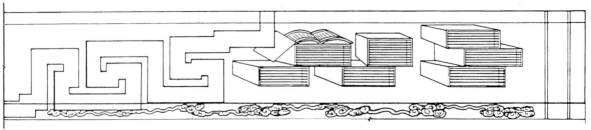

(1) 找头画博古（枋底仰面找头画流云纹饰见于清中期苏画）

(2) 檩、垫、枋三件找头做统一画面构图，画万福流云吉祥图案
（纹饰见于清中期苏画，亦代表清早期有关苏画画法风格）

(3) 檩、垫、枋三构件找头做统一画面构图，画仙鹤、流云、万字图案
（纹饰见于清中期苏画，亦代表清早期有关苏画画法风格）

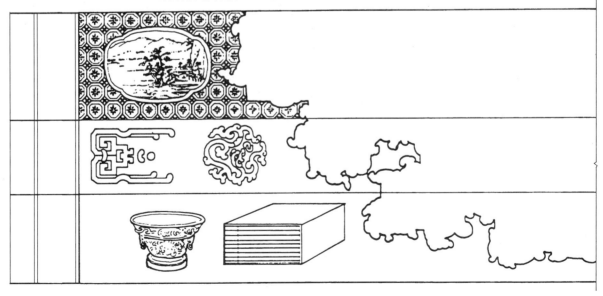

(4) 纹饰见于清中期包袱式苏画找头

图 4-4-7　包袱式苏画找头纹饰画法图例（1～15）（二）

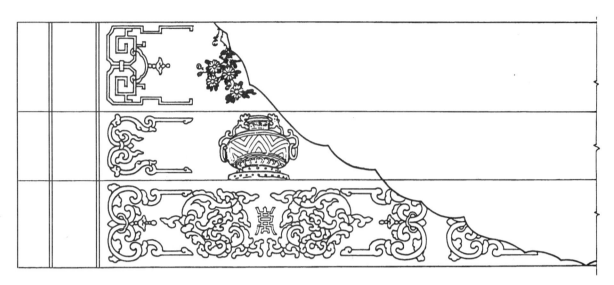

(5) 纹饰见于清中期包袱式苏画找头

(6) 纹饰见于清晚期包袱式苏画找头

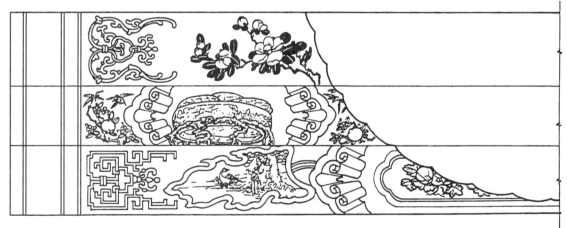

(7) 纹饰见于清晚期包袱式苏画找头

图 4-4-7　包袱式苏画找头纹饰画法图例(1～15)(三)

(8) 纹饰见于清晚期包袱式苏画找头

(9) 纹饰见于清晚期包袱式苏画找头

(10) 纹饰见于清晚期包袱式苏画找头

图 4-4-7　包袱式苏画找头纹饰画法图例(1～15)(四)

第四节　包袱式苏画纹饰

(11) 纹饰见于清晚期包袱式苏画找头

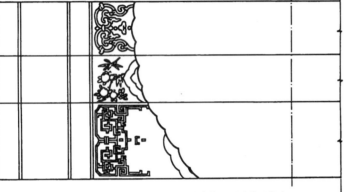

(12) 纹饰见于较小开间的清晚期包袱式苏画找头

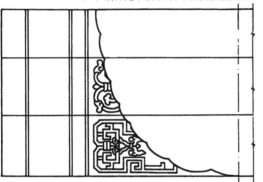

(13) 纹饰见于较小开间的清晚期包袱式苏画找头

(14) 纹饰见于更小开间的清晚期包袱式苏画找头

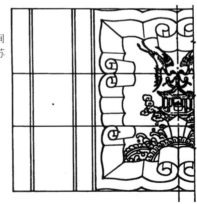

(15) 纹饰见于更小开间的清晚期包袱式苏画找头特殊烟云合子画法

图 4-4-7　包袱式苏画找头纹饰画法图例(1～15)(五)

包袱式苏画找头各种纹饰内容画法组合范例表　　　　　表 4-4-1

不同做法顺序号	檩找头	垫板找头	枋找头	纹饰的相对时期	备注
1	黑叶折枝花卉	福如东海	流云团寿	清早期	根据史料文献
2	云仙　福寿	卡池子。池心鲜花卉。燕尾画意锦	画方心，方心内画炉瓶三色，死岔口，找头玉做夔龙	清早期	根据史料文献
3	硬色茶花团	画意锦	西番莲花团	清早期	根据史料文献
4	正面找头画博古，外露枋底流云（本包袱式苏画，为包袱绘于单一构件的例子）			清中期	根据彩画遗存，见图 4-4-7(1)
5	与垫板、枋找头做统一的纹饰构图画万福流云	与檩、枋找头做统一的纹饰构图，画万福流云	与檩、枋找头做统一的纹饰构图，画万福流云	见于清中期彩画，亦代表着清早期做法风格	根据彩画遗存，见图 4-4-7(2)
6	与檩、枋找头做统一的纹饰构图，画仙鹤、流云、万字	与檩、枋找头做统一的纹饰构图，画仙鹤、流云、万字	与檩、枋找头做统一的纹饰构图，画仙鹤、流云、万字	见于清中期彩画，亦代表着清早期做法风格	根据彩画遗存，见图 4-4-7(3)
7	纹饰地上做聚锦	单卡子，夔龙团花纹	俯视画法博古	见于清中期苏画	根据彩画遗存，见图 4-4-7(4)
8	硬卡子，折枝黑叶花卉	软卡子，博古（仰视）	软卡子，每两卡子为一单元组，两卡子中间地内，卡饰一寿字夔龙团花，如此排法，其余地子，该露明多少，则露多少卡子、团花	见于清中期彩画	根据彩画遗存，见图 4-4-7(5)
9	单硬卡子，聚锦	单软卡子，博古	画方心，软烟云岔口。方心内容画香瓜。找头画灵、仙、竹寿及单软卡子	清晚期苏画	根据彩画遗存，见图 4-4-7(6)
10	单软卡子，折枝黑叶花卉	卡整池子，池子岔口软烟云，池心画博古，燕尾地，画灵、仙、竹、寿	画方心，软烟云岔口，方心内容画看瓜找头画聚锦、单硬卡子	清晚期苏画	根据彩画遗存，见图 4-4-7(7)
11	单软卡子，折枝黑叶花卉	单软卡子，博古	单硬卡子，聚锦	清晚期苏画	根据彩画遗存，见图 4-4-7(8)
12	单软卡子，折枝黑叶花卉	单软卡子，跟斗粉攒退卷草	单硬卡子，聚锦	清晚期苏画	根据彩画遗存，见图 4-4-7(9)
13	单软卡子，聚锦	单软卡子，葡萄	单软卡子，折枝黑叶花卉	清晚期苏画	根据彩画遗存，见图 4-4-7(10)
14	单软卡子，折枝黑叶花卉	卡半子池子，池子岔口软烟云，池心画异兽，燕尾地画灵仙竹寿	画方心，方心岔口烟云，方心内容画蝴蝶找头画聚锦、单硬卡子	清晚期苏画	根据彩画遗存，见图 4-4-7(11)
15	单软卡子，折枝黑叶花卉	卡池子（只露部分岔口）燕尾地画灵仙竹寿（特殊小开间画法）	卡池子（只露部分岔口）找头硬卡子（特殊小开间画法）	清晚期苏画	根据彩画遗存，见图 4-4-7(12)
16	找头被包袱全部挤占无纹饰（更小的特殊小开画法）	软单卡子（仅露极小部分），（更小的特殊开间画法）	单硬卡子（部分）（更小的特殊小开画法）	清晚期苏画	根据彩画遗存，见图 4-4-7(13)
17	无纹饰（找头部被包袱挤占（极小的特殊开间画法）	无纹饰（找头部被包袱挤占（极小的特殊开间画法）	无纹饰（找头部被包袱挤占（极小的特殊开间画法）	清晚期苏画	根据彩画遗存，见图 4-4-7(14)
18	无纹饰，找头部被特殊画法的烟云盒子挤占（极小特殊开间画法）	无纹饰，找头部被特殊画法的烟云盒子挤占（极小特殊开间画法）	无纹饰，找头部被特殊画法的烟云盒子挤占（极小特殊开间画法）	清晚期苏画	根据彩画遗存，见图 4-4-7(15)

第五节　苏画的细部纹饰

苏画某些重点部位的细部纹饰，包括苏画的箍头、找头卡子、找头聚锦、找头等部位的团花、各种锦纹、垫板平板枋等部位的池子、柱头及柁头等部位的各种纹饰。

上述这些部位的纹饰，因彩画的时期及作者的不同，可谓基本上都不是相同的，在某些同一性的里面，如卡子与卡子之间，无论其造型、尺度各方面又都有所不同，卡子的画法如此，其它部位的画法也如此。很难用简单的文字叙述清楚这方面变化，因此仅能以有代表性的纹饰形像做些说明（见图4-5-1～图4-5-11）。

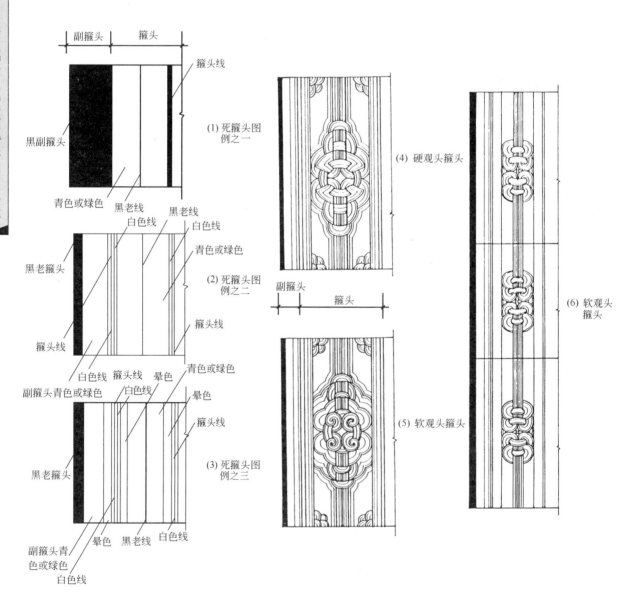

图4-5-1　苏画箍头画法图例(1～30)(一)

(7) 万寿字、双珠连带箍头

(8) 卡子、汉瓦、单连珠带箍头

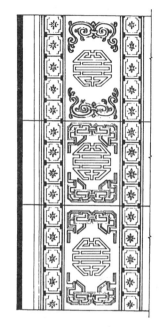
(9) 卡子、寿字、灯笼锦箍头

(10) 福(蝠)寿(寿字)、双连珠带箍头

(11) 锦纹、折垛葫芦箍头

(12) 卡子、汉瓦、灯笼锦箍头

(13) 卡子、四合云、丁字锦箍头

图 4-5-1 苏画箍头画法图例(1～30)(二)

第五节 苏画的细部纹饰

(14) 攒退西番莲卷草花、灯笼锦箍头

(15) 攒退卷草花、灯笼锦箍头

(16) 片金西番莲、灯笼锦箍头

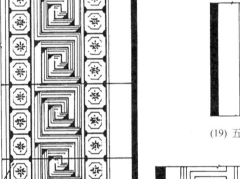
灯笼锦纹
(18) 七道倒切回纹、灯笼锦画法

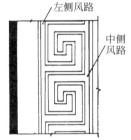
左侧风路
中侧风路
(19) 五道片金回纹箍头画法

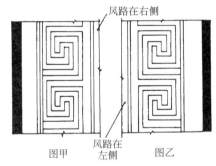
风路在右侧
图甲　风路在左侧　图乙
(20) 一间苏画的左侧、右侧回纹箍头不同写法示意：
图甲　左侧箍头的写法示意
图乙　右侧箍头的写法示意

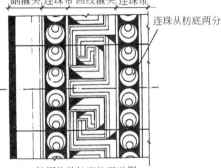
连珠纹
(17) 五道倒切回纹、双连珠带箍头画法
副箍头，连珠带 回纹箍头，连珠带

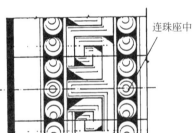
连珠从枋底两分
(21) 较厚构件枋底的五道倒切回纹、连珠带纹饰画法

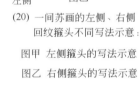
连珠座中
(22) 较薄构件枋底的五道倒切回纹、连珠带纹饰画法

图 4-5-1　苏画箍头画法图例 (1～30)(三)

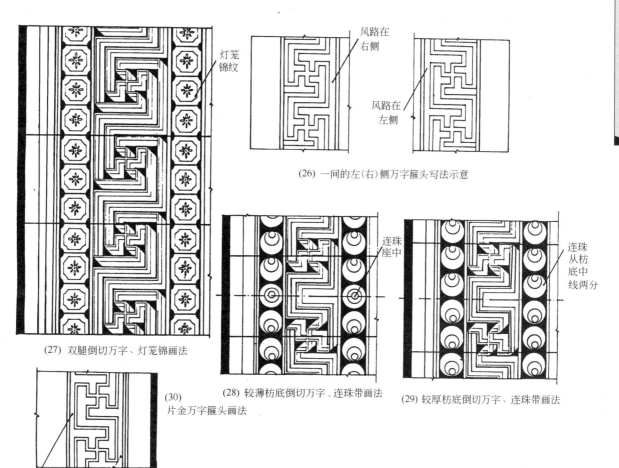

图 4-5-1 苏画箍头画法图例(1~30)(四)

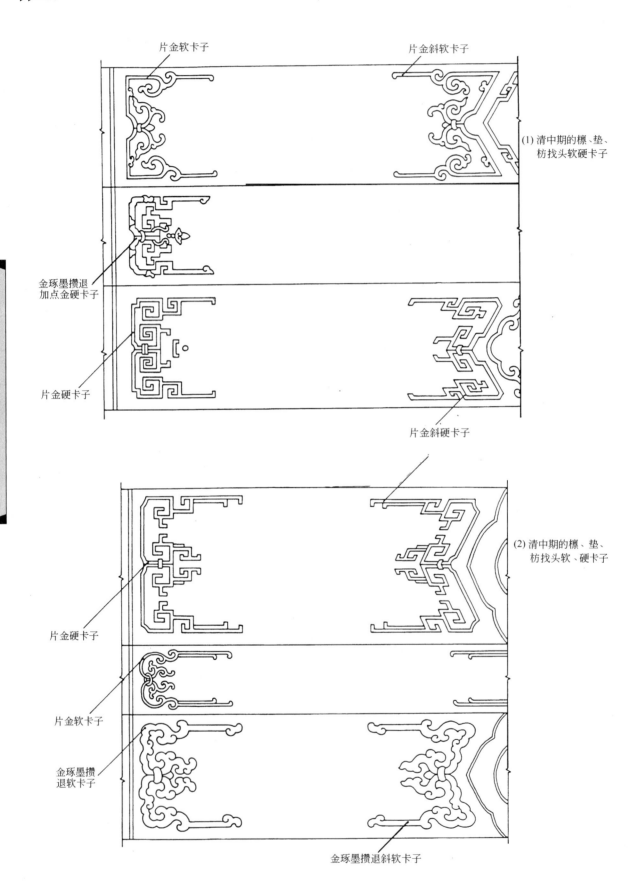

图 4-5-2 苏画卡子的各种画法图例(1～24)(一)

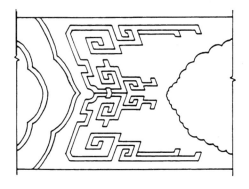
(3) 清中期找头片金斜硬卡子

(4) 清中期垫板玉做加点金

(5) 清中期垫板玉做软卡子

(6) 清中期找头玉做斜硬卡子

(7) 清中期找头玉做软卡子

(8) 清中期找头玉做软卡子

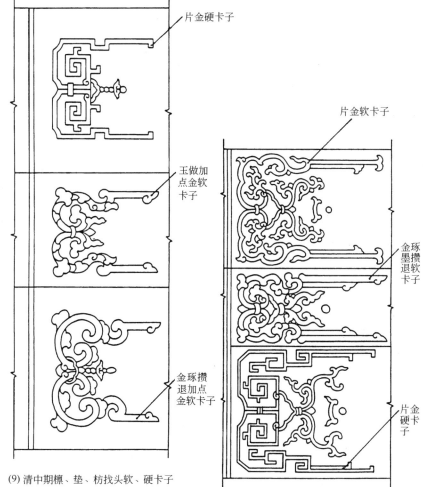

(9) 清中期檩、垫、枋找头软、硬卡子

(10) 清中期末檩、垫、枋找头软硬卡子

图 4-5-2　苏画卡子的各种画法图例(1～24)(二)

第五节　苏画的细部纹饰

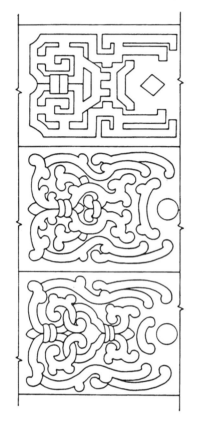
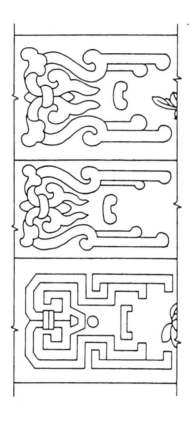
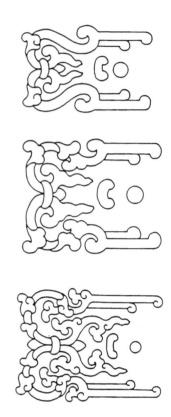

(11) 清晚期檩、垫、枋找头软、硬、玉做卡子　　(12) 清晚期檩、垫、枋软、硬玉做卡子　　(13) 清晚期玉做软卡子

(14) 清晚期抱头梁玉做软卡子　　(16) 清晚期抱头梁筋斗粉攒退软卡子

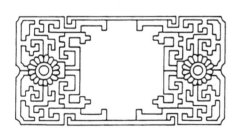
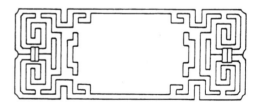

(15) 清晚期穿插枋玉做硬卡子　　(17) 清晚期穿插枋筋斗粉攒退硬卡子

图 4-5-2　苏画卡子的各种画法图例(1～24)(三)

(18) 清晚期片金卷草软卡子

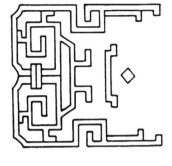

(19) 清晚期片金硬卡子

(20) 清晚期片金卷草软卡子

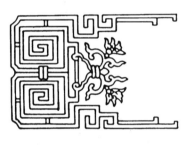

(21) 清晚期片金硬卡子

(22) 清晚期片金卷草夹汉瓦软卡子

(23) 清晚期片金西番莲软卡子

(24) 清晚期片金夔龙软卡子

图 4-5-2　苏画卡子的各种画法图例(1～24)(四)

第五节　苏画的细部纹饰

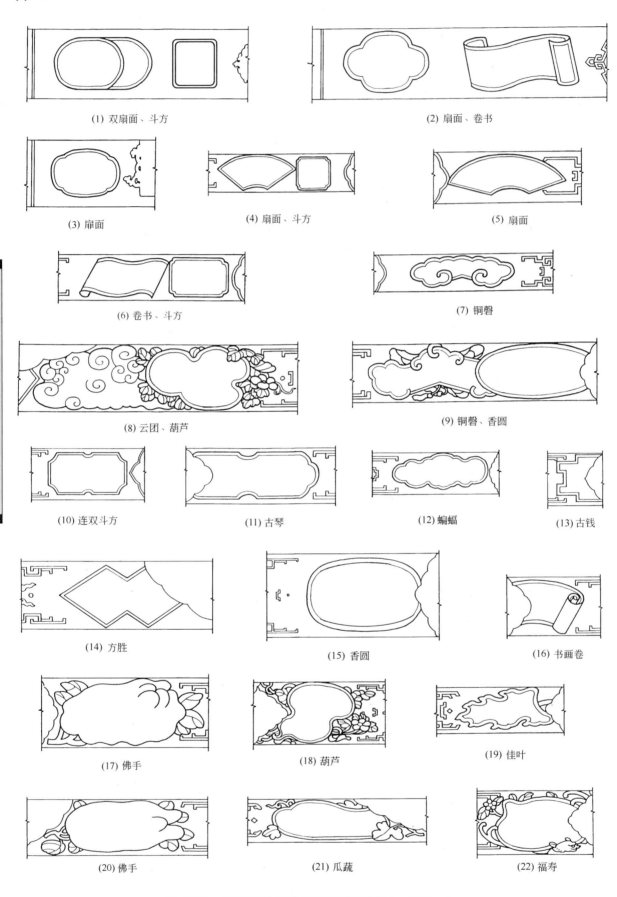

图 4-5-3 苏画聚锦各种造型画法图例(1~43)(一)

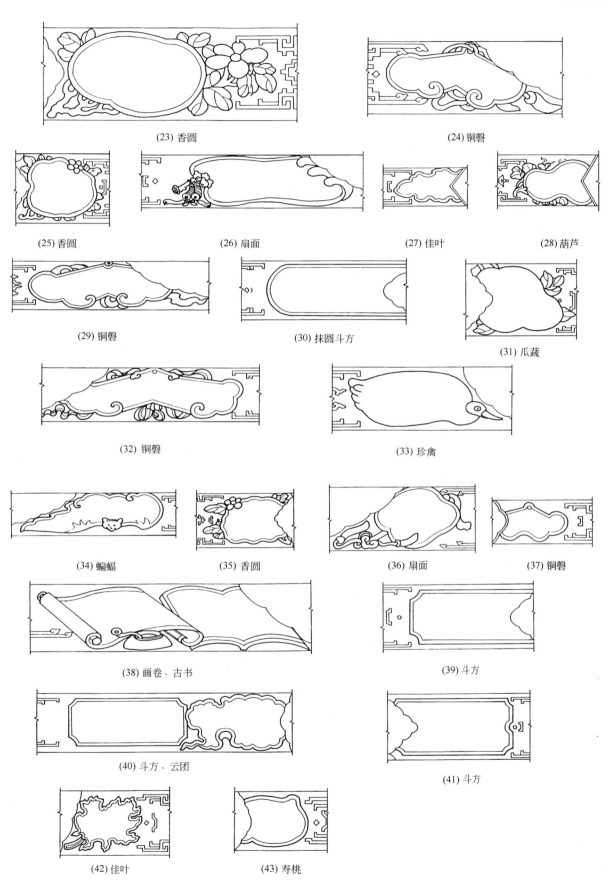

图 4-5-3 苏画聚锦各种造型画法图例(1~43)(二)

第五节 苏画的细部纹饰

(1) 夔龙团
（见于清中期）

(2) 夔龙团
（见于清中期）

(3) 夔龙团
（见于清中期）

(4) 夔龙寿字团
（见于清中期）

(5) 夔龙团
（见于清中期）

(6) 夔龙团
（见于清中期）

(7) 夔蝠团
（见于清中期）

(8) 夔凤团
（见于清中期）

(9) 夔凤团
（见于清中期）

(10) 夔蝠团
（见于清中期）

(11) 夔蝠团
（见于清晚期）

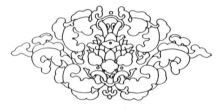
(12) 西番莲花团
（见于清中期）

(13) 寿山福海团
（见于清中期）

(14) 万福流云团
（见于清晚期）

(15) 西蕃莲花团
（见于清晚期）

(16) 寿山福海团
（见清晚期）

(17) 宝石草团
（见于清中期）

(18) 卷草团
（见清中期）

(19) 灵仙竹寿团
（见于清晚期）

图 4-5-4　苏画团花纹饰画法图例（1~19）

(1) 画意锦(方格锦)

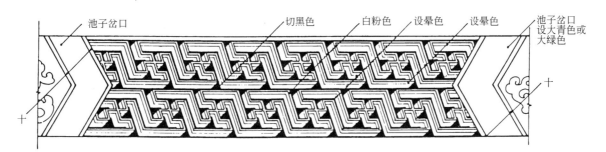

(2) 画意锦(万字锦)

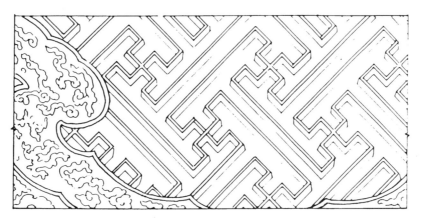

(3) 画意锦(万字锦)

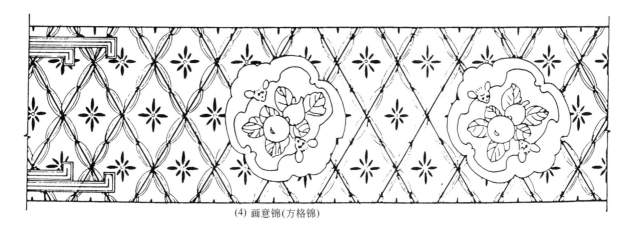

(4) 画意锦(方格锦)

图 4-5-5 苏画锦纹各种画法图例(1～14)(一)

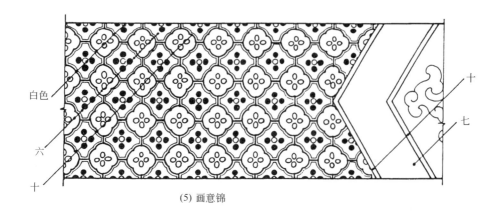

(5) 画意锦

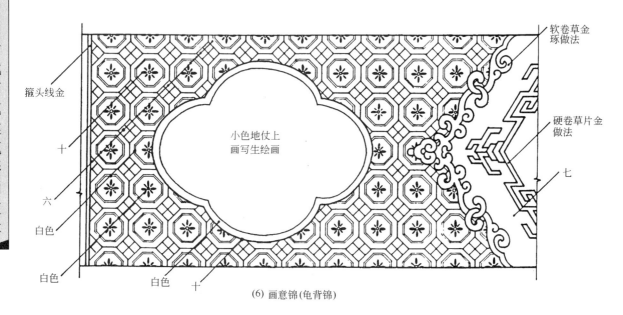

(6) 画意锦(龟背锦)

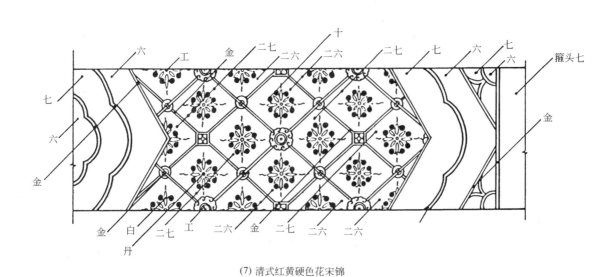

(7) 清式红黄硬色花宋锦

图 4-5-5　苏画锦纹各种画法图例(1～14)(二)

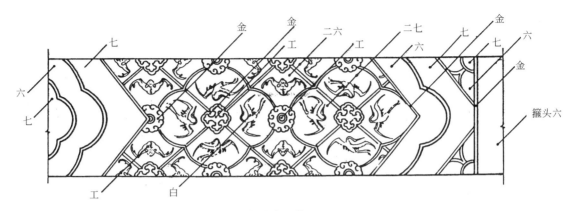

(8) 清式仙鹤宋锦

(以上7、8图二宋锦纹饰，按构件找头交替运用)

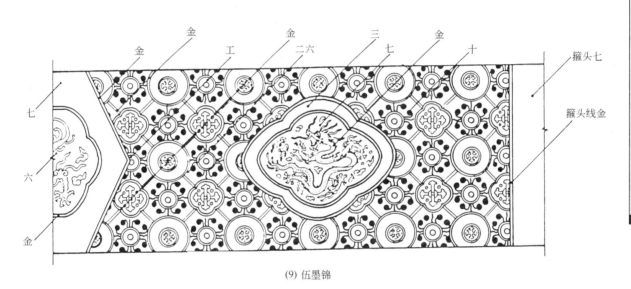

(9) 伍墨锦

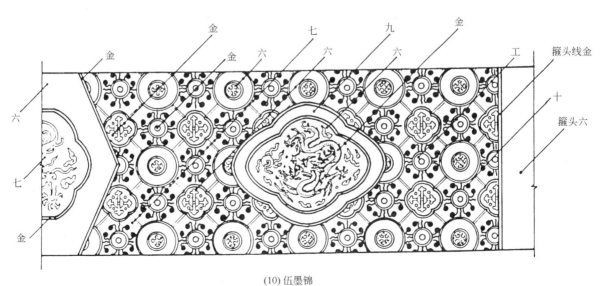

(10) 伍墨锦

图 4-5-5　苏画锦纹各种画法图例(1~14)(三)

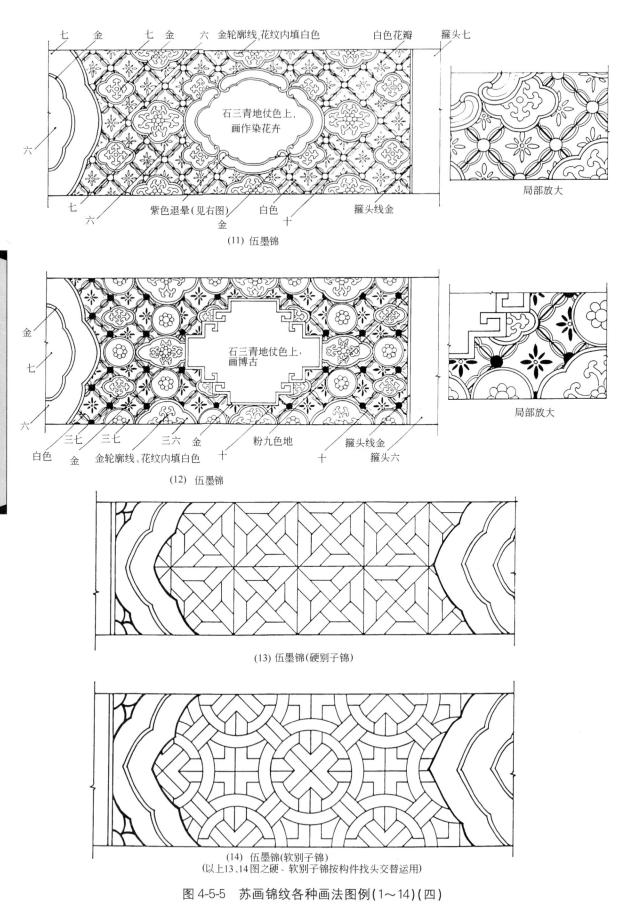

图 4-5-5 苏画锦纹各种画法图例（1～14）（四）

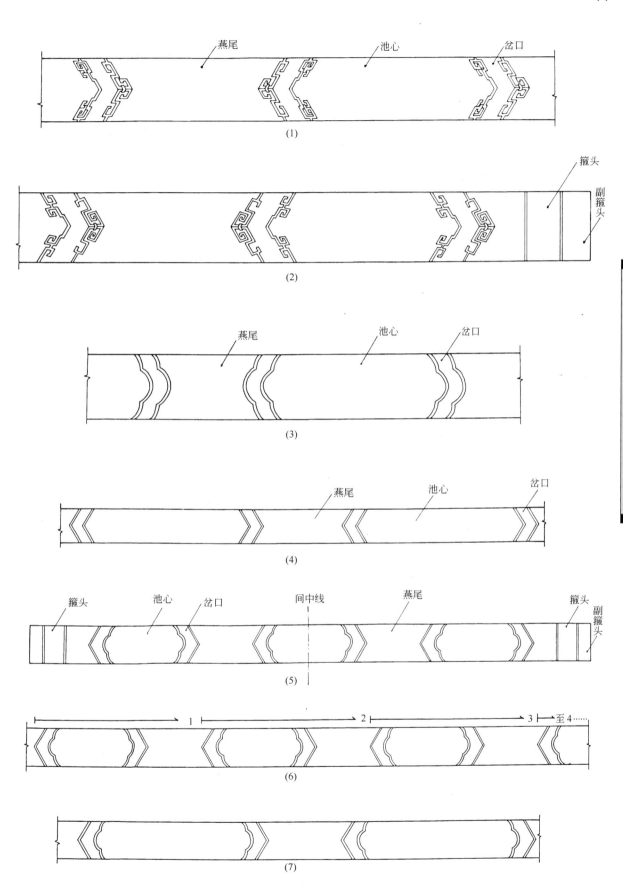

图 4-5-6 苏画池子造型各种画法图例(1~12)(一)

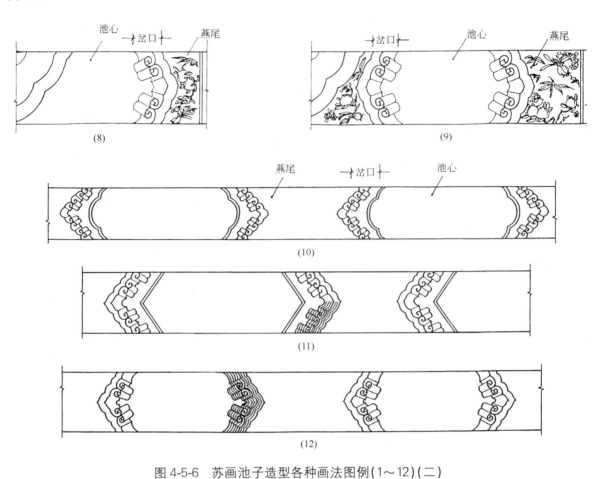

图 4-5-6 苏画池子造型各种画法图例(1～12)(二)

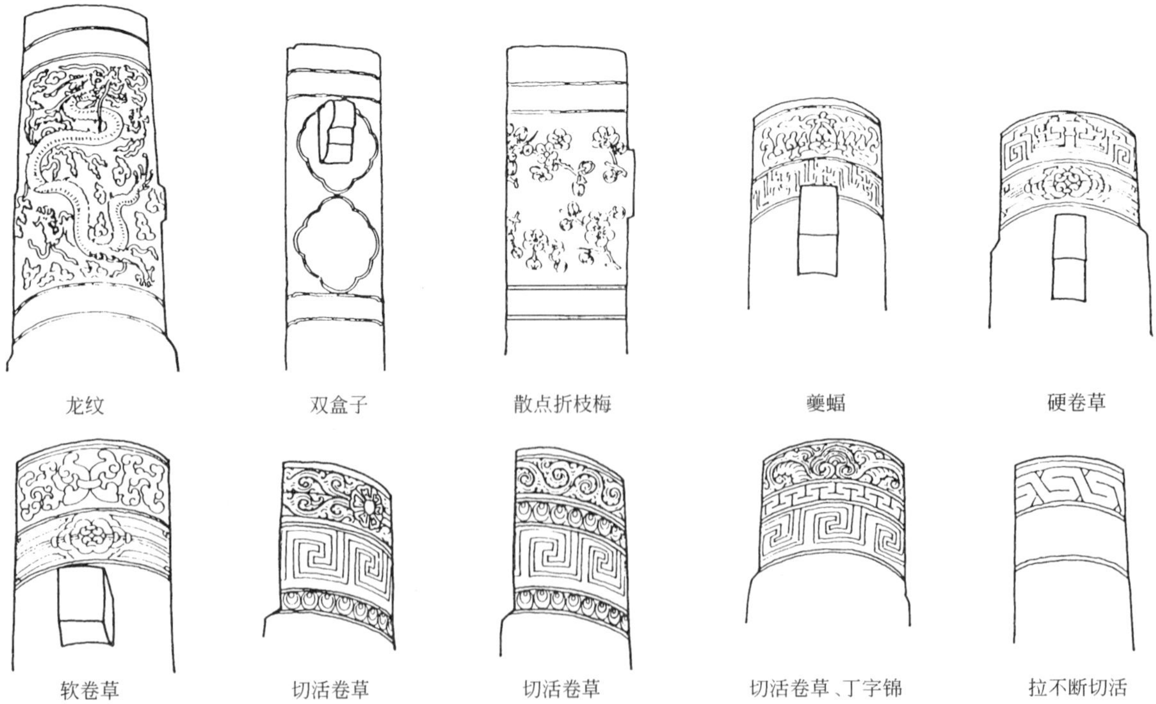

图 4-5-7 苏画柱头各种纹饰画法图例

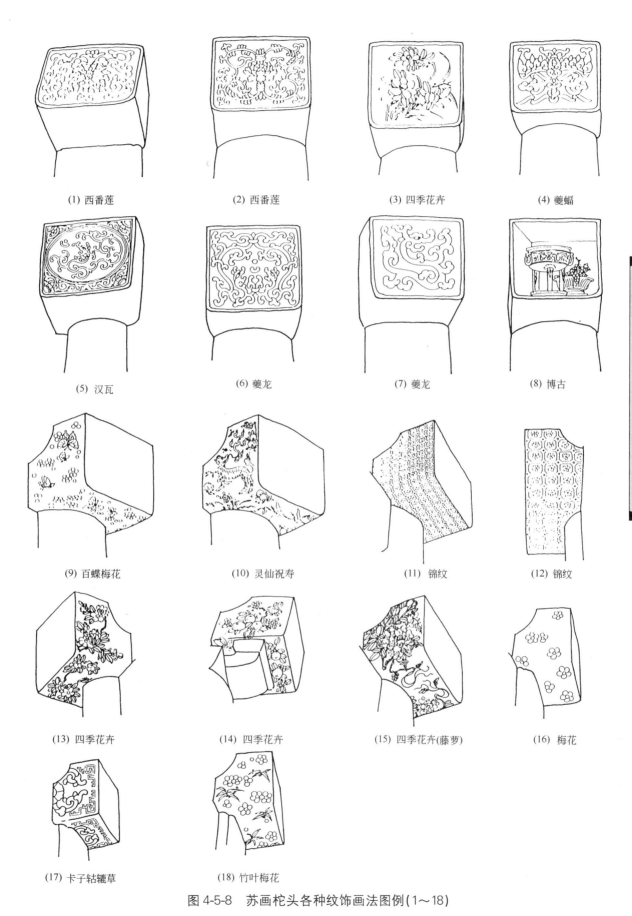

图 4-5-8 苏画柁头各种纹饰画法图例(1～18)

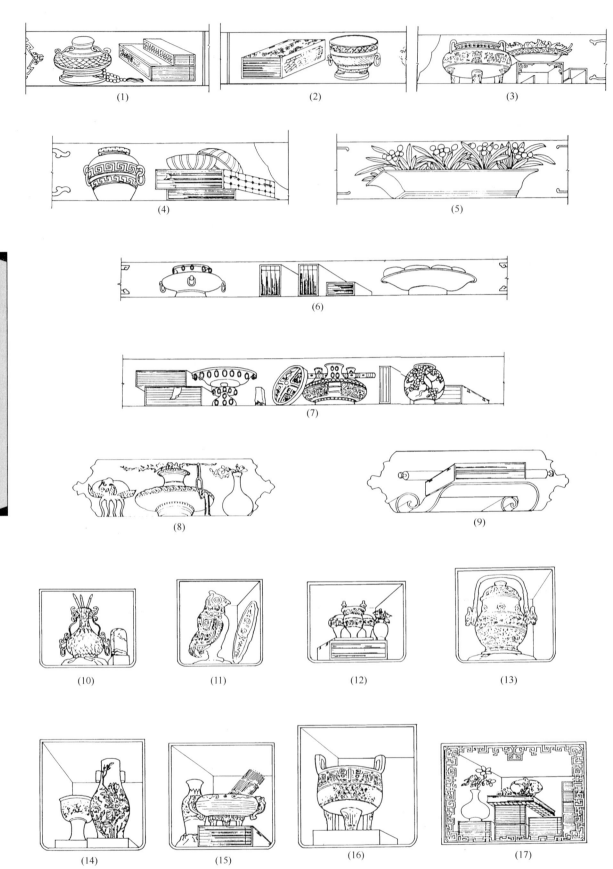

图 4-5-9 苏画博古各种画法图例(1～17)

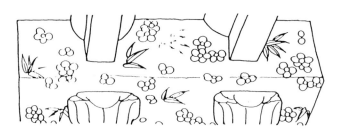

月梁饰竹叶梅

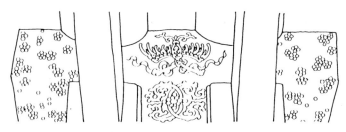

月梁饰散点梅花及夔蝠庆团花

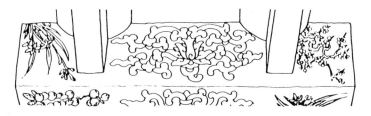

月梁饰花卉图案及西番莲团花

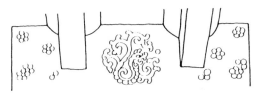

月梁饰散点梅花及夔龙团花

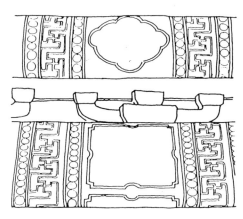

两种画法盒子按构件交替运用

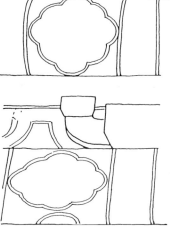

构件盒子统一用一种画法的盒子

图 4-5-10　月梁苏画及苏画盒子画法图例

第五节　苏画的细部纹饰

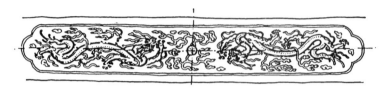

枋底方心龙纹

枋底方心凤纹

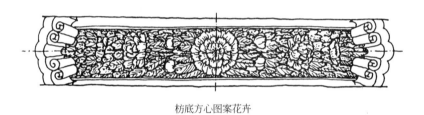

枋底方心图案花卉

包袱纹饰于枋底处理之一及枋底方心花卉表现

包袱纹饰于枋底处理之二及枋底方心花卉表现

枋底聚锦花鸟的表现

图 4-5-11　枋底苏画纹饰某些特殊画法图例（一）

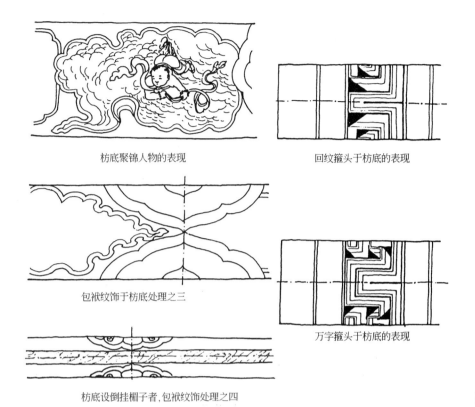

枋底聚锦人物的表现

回纹箍头于枋底的表现

包袱纹饰于枋底处理之三

万字箍头于枋底的表现

枋底设倒挂楣子者,包袱纹饰处理之四

图 4-5-11　枋底苏画纹饰某些特殊画法图例(二)

第六节　苏画的基底设色

苏式彩画各部位的基底设色,与旋子、和玺两类彩画相比较,也是以青色、绿色为主色的,但同时,还在许多特定部位,用了较多的"间色",如香色、紫色、三青、三绿等类颜色。这不但是苏画设色的一个特点,而且也是苏画细部各种纹饰内容表现所需要的。为了形象说明这方面的做法,以下通过标色示意的方式加以说明(见图4-6-1)。

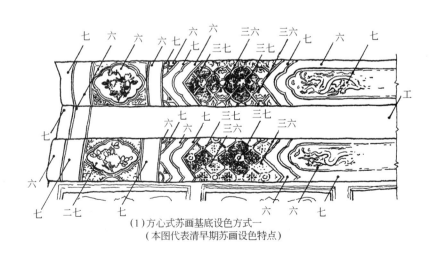

(1)方心式苏画基底设色方式一
(本图代表清早期苏画设色特点)

图 4-6-1　各种形式苏画的部位基底设色示意图(1～24)(一)

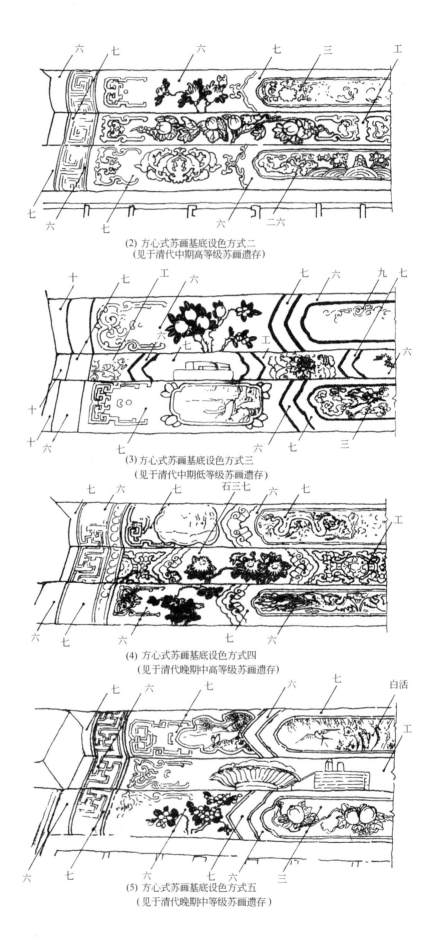

(2) 方心式苏画基底设色方式二
(见于清代中期高等级苏画遗存)

(3) 方心式苏画基底设色方式三
(见于清代中期低等级苏画遗存)

(4) 方心式苏画基底设色方式四
(见于清代晚期中高等级苏画遗存)

(5) 方心式苏画基底设色方式五
(见于清代晚期中等级苏画遗存)

图4-6-1 各种形式苏画的部位基底设色示意图(1~24)(二)

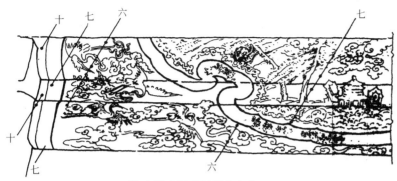

(6) 包袱式苏画基底设色方式一
（见于清代早期低等级苏画遗存）

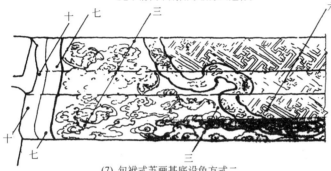

(7) 包袱式苏画基底设色方式二
（见于清代早期低等级苏画遗存）

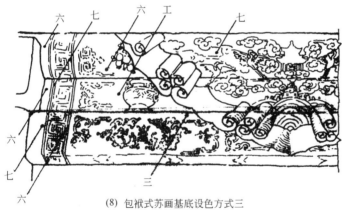

(8) 包袱式苏画基底设色方式三
（见于清代中期高等级苏画遗存）

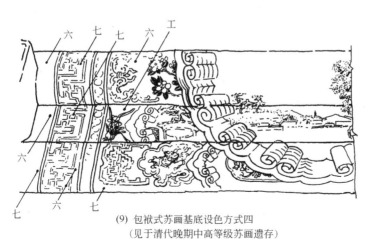

(9) 包袱式苏画基底设色方式四
（见于清代晚期中高等级苏画遗存）

图4-6-1　各种形式苏画的部位基底设色示意图(1~24)（三）

第六节　苏画的基底设色

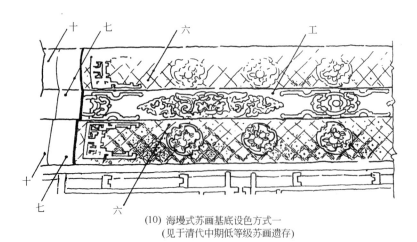

(10) 海墁式苏画基底设色方式一
（见于清代中期低等级苏画遗存）

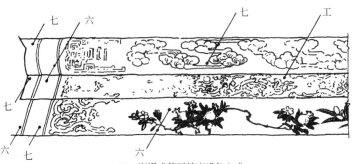

(11) 海墁式苏画基底设色方式二
（见于清代中期中高等级苏画遗存）

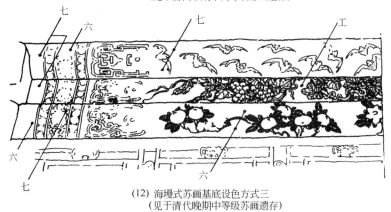

(12) 海墁式苏画基底设色方式三
（见于清代晚期中等级苏画遗存）

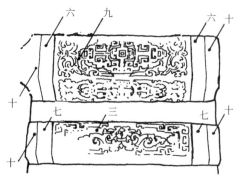

(13) 海墁式苏画基底设色方式四
（见于清代早期低等级苏画遗存）

图 4-6-1　各种形式苏画的部位基底设色示意图 (1～24)（四）

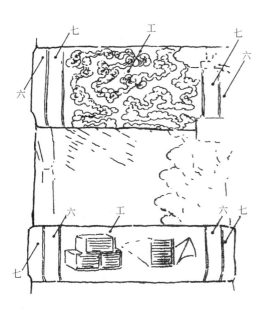

(14) 海墁式苏画基底设色方式五
（见于清代中期沿袭清代早期高等级苏画做法的遗存）

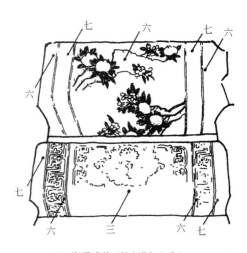

(15) 海墁式苏画基底设色方式六
（见于清代中期高等级苏画遗存）

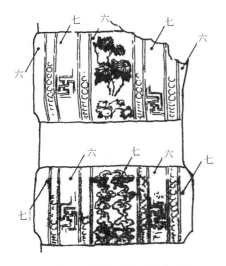

(16) 海墁式苏画基底设色方式七
（见于清代中期高等级苏画遗存）

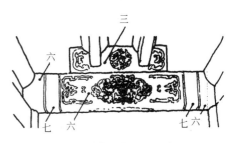

(17) 海墁式苏画基底设色方式八
（见于清代中期高等级苏画遗存）

(18) 海墁式苏画基底设色方式九
（见于清代晚期中等级苏画遗存）

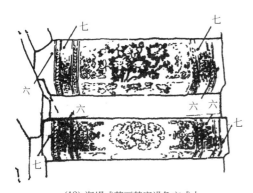

(19) 海墁式苏画基底设色方式十
（见于清代晚期中高等级苏画遗存）

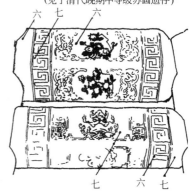

(20) 海墁式苏画基底设色方式十一
（见于清代晚期高等级苏画遗存）

图 4-6-1　各种形式苏画的部位基底设色示意图(1～24)（五）

第六节　苏画的基底设色

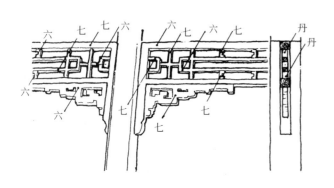

(21) 倒挂楣子彩画设色方式一
（见于清代早、中期彩画）

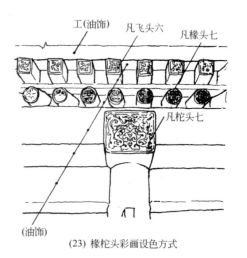

(23) 椽柁头彩画设色方式

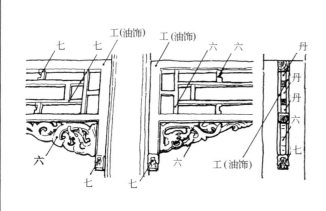

(22) 倒挂楣子彩画设色方式二

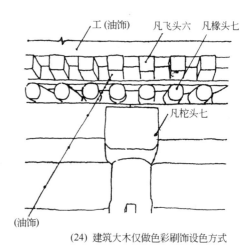

(24) 建筑大木仅做色彩刷饰设色方式

图 4-6-1 各种形式苏画的部位基底设色示意图(1~24)（六）

第七节 苏式彩画的等级划分及细部写实性绘画

一、等级划分

相对于其它官式彩画苏式彩画的做法是比较自由的，因而其等级的划分就比较困难。依据有关文献及现存清代彩画两个方面分析，清代早中期苏式彩画大致可分为两个品级：

（1）高等级苏式彩画的主体线路为金线，龙纹、凤纹、花团、锦纹、卡子等细部纹饰为片金或金琢墨攒退做法；

（2）低等级的苏式彩画的主体线路为墨线，卡子、蝠磬、卷草等细部纹饰基本为烟琢墨攒退做法，有时也在局部点缀一些金色。

晚期苏式彩画大致可划分为三个品级：

（1）高等级苏式彩画的主体线路为金线，箍头、卡子等细部纹饰为金墨攒退做法，方心、包袱、聚锦、池子内的写生画以楼阁山水、金地花鸟为主；

(2) 中等级的苏式彩画的主体线路为金线，箍头、卡子等细部纹饰多为片金或烟琢墨攒退做法。方心、包袱内的写生画相应降低；

(3) 低等级的苏式彩画的主体线路为黄线，箍头多为素箍头，卡子等纹饰均为烟琢墨攒退做法。方心、包袱内的写生画进一步降低[17]。

二、细部写实性绘画的基本绘法

苏式彩画细部的各种写实性绘画，集中地表现在方心、包袱、找头聚锦、盒子、池子、迎风板等重要部位，这些写实性绘画内容的绘制方法基本分为五种：

(1) 硬抹实开绘法；

(2) 落墨搭色绘法；

(3) 作染绘法；

(4) 洋抹绘法；

(5) 拆垛绘法。

上述五种基本绘法的绘制方法和程序等，另见本书第七章的有关内容。

第五章

其它类别的彩画

清代官式彩画，除了上述的旋子彩画、和玺彩画及苏式彩画三类外，还有两类不常见的风格独特的彩画，分别为"宝珠吉祥草彩画"和"海墁彩画"。以下分别对这两类彩画做些简要说明。

第一节　宝珠吉祥草彩画

宝珠吉祥草彩画，简称吉祥草彩画，是以宝珠与吉祥草做为主题纹饰的一类彩画。这类彩画用于清代早期的宫禁城门及帝后陵墓建筑。这类彩画无论构图设色都含有浓重的满、蒙民族的艺术特征，彩画主色或用朱红色或用丹色，将两种极暖的颜色，用做彩画的基底色，而青绿等冷色，只用于占少量面积的细部花纹，这个设色特点与满、蒙民族地区彩画的设色风格是非常一致的。由于宝珠吉祥草彩画运用的主色是暖色，所以彩画的总体色彩呈现为暖色调，给人以红火热烈、兴盛吉庆的强烈感受。明显地有别于清代其它各种以青绿为主色的彩画。

清工部《工程做法则例》卷五十八画作用料所载的"烟琢墨西番莲草三宝珠伍墨……"、"西番草三宝珠金琢墨……"及画作用工（卷七十二）所载的"金琢墨吉祥草彩画"、"烟琢墨吉祥草彩画"都是指的这类彩画。现存的古建筑中，如北京故宫的午门、沈阳故宫的凤凰楼及福陵、昭陵仍保存着多处宝珠吉祥草彩画的遗迹。

一、纹饰的运用及构成

宝珠吉祥草彩画纹饰构图简练舒朗、气势壮阔，其细部主题纹饰的构成仍沿袭着唐宋时期彩画的整团科纹及半团科纹图案（即团花图案）的形式，但无论图案的细部画法乃至构图，已经有了明显的变化。唐宋时期的团花，一般画的个头都较小，整团花基本成圆形，花纹纤细繁缛，图案成连续式的相间排列。而宝珠吉祥草的团花造型硕大，整团花一般呈椭圆形，卷草粗壮简练洒脱，构图只采用了传统构图的部分片段，如撷其一整形式成图，特意地放大了团花及其周围的空地，使得画面的地子开阔，从而对花纹的表现更为从容，主题更加突出。

宝珠吉祥草彩画在横向构件的两端也设箍头副箍头，但都运用素箍头形式。彩画的主题纹饰在构件的两端箍头以里，依据具体构件的长广尺寸，或运用一整两破团花，或只运用一整团花，按如下方式表现：

（一）梁枋三个看面的宝珠吉祥草构图

对于可看到一底两侧共三个面的构件，泛称为三裹柁式构件。宝珠吉祥草彩画在这类构件的构图方法多数为，将构件的三个看面统一为一个展开面处理纹饰，无论其设置的整、破团花及团花的宝珠都坐正于构件底面的中分线上，团花的卷草自宝珠旁侧出，向构件的两侧面成对称延伸到适度位置。

1. 大开间较长宽构件的构图

凡长且较宽构件的构图，在构件的长广中心部位设整团花，团花的横向长度约占到构件横长的1/2左右。团花的中心部位设三个宝珠，画法为一整两破，成正宝珠坐中，正向宝珠叠压侧向宝珠的形式，吉祥草自宝珠旁侧出，构成整团花形。与中心部位的整团花拉开一定距离做为空地，在两侧箍头以里并与箍头线相连接画四组适应于四个角的相互对称的卷草纹。

凡长且较窄构件的构图，一般均与上述构件的构图相同，不同的只是在两侧箍头以里并与箍头线相连接处对称画两组破式团花。

2. 小开间较短构件的构图

在构件两端箍头以里的中心部位画一整团花，团花长广大小，以占据其空地适度为准，在团花中心通常只画一个正向宝珠。

（二）单看面檩枋宝珠吉祥草构图

单看面构件指建筑的檩枋及上层额枋等构件。其构图道理与三看面梁枋是相同的，不同的只是将宝珠吉祥草团花在一个立面上表现而已。

二、纹饰做法

宝珠吉祥草彩画分为两个等级，高等级做法为"金琢墨吉祥草彩画"，低等级做法为"烟琢墨吉祥草彩画"。

金琢墨吉祥草彩画做法特点为，在彩画的箍头及细部主题花纹的某些部位有沥粉贴金，大草宝珠做攒退晕；烟琢墨吉祥草彩画做法特点为，彩画无金，一律由颜料做成，彩画的箍头等花纹的外轮廓线用墨色勾勒，大草宝珠做攒退晕。

下面以北京故宫午门正楼的金琢墨宝珠吉祥草彩画为例，做些概要论述：

（一）大木彩画

凡檩枋梁的箍头、副箍头，均按构件做青色与绿色相间式设色。箍头线沥粉贴金，在两条箍头线内侧拉饰白粉线。在箍头的中部压拉黑老线。在副箍头内侧靠箍头线一端拉白粉线，在副箍头外侧尽端刷黑老箍头。

檩枋梁两端箍头以里、细部主题纹以外的地子通刷朱红基底色。细部主题纹宝珠吉祥草，做青色与绿色相间式设色；宝珠的外缘花纹沥粉贴金，宝珠内心圆光贴金并退晕；吉祥草的贴金，只贴在特定的包瓣。其余大多卷草瓣由颜色做成，分别由青色、香色、绿色、紫色岔齐颜色，其中凡成双并行构成的卷草，均严格遵循"青靠香色绿靠紫"的设色口诀。凡卷草不贴金由颜色做的部分，都通过攒退完成。

（二）柱头彩画

较宽短的柱头，做双如意四块云活盒子，较窄高的柱头做半宝珠吉祥草柱头，其做法与大木吉祥草做法基本相同。

（三）椽头彩画

飞头设大绿基底色，沥粉片金万字；圆形椽头青绿相间设色，退晕沥粉贴金龙眼。

（四）挑檐枋彩画

烟琢墨做法大青基底色，上端做压黑老，下端做墨边框并拉饰白粉线。

（五）斗栱彩画

图 5-1-4　沈阳地区的宝珠吉祥草彩画纹饰
（本三图引自《紫禁城建筑研究与保护》）

沈阳故宫凤凰楼三架梁三宝珠吉祥草彩画

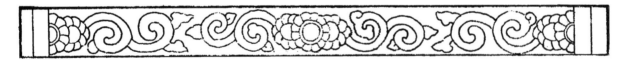

沈阳福陵东南角楼抹角梁宝珠吉祥草彩画

沈阳昭陵西配殿五架梁宝珠吉祥草搭袱子彩画

烟琢墨做法。垫栱板做朱红色油饰的空垫栱板。

（六）平板枋彩画

做相当于墨线大点金等级的降魔云。

（七）桃尖梁头、穿插枋头、霸王拳、角梁彩画

烟琢墨做法。各部件的基底色为大绿色、黑色边框并拉饰大粉，在造型中部压黑老。角梁仔角梁的底面做青色退晕肚弦；角梁的宝瓶刷丹色做切活。

（八）雀替彩画

老金边平贴金；立面的木雕卷草由青色、香色、绿色、紫色四色岔齐颜色，全部花纹采用玉做，花纹以外的地子，做朱红色油饰；仰面的各节段的造型，包括升、翘，按规矩做青、绿相间设色，烟琢墨做法。

有关宝珠吉祥草彩画见彩图5-1-1～彩图5-1-3和图5-1-4。

第二节　海墁彩画

海墁彩画并不是指苏式彩画类中的"海墁式苏画"，而是因为这类彩画在装饰木构件的范围以及表现形式与清代其它彩画有着明显的不同，从而被命名。从北京地区遗存的实例及其分布情况分析，这类彩画约产生于清代晚期，应用范围非常有限，一般只用于皇宫、皇家园林及王公大臣府第花园中部分建筑的装饰。

清代一般的彩画大都局限在上架的檩枋梁、椽飞、斗栱、天花等部位，下架的柱框等部位做油饰。海墁彩画的特点是，无论建筑的上、下架，凡可看到的构造部位几乎都要做彩画。

海墁彩画大致可分为海墁斑竹纹彩画及海墁彩画两个主要品种：

一、海墁斑竹纹彩画做法

海墁斑竹纹彩画，俗称斑竹座彩画，主要是以斑竹纹做题材来装饰建筑，给人一种天然质朴、宛若置身于竹子建筑当中的雅致感受。

海墁斑竹纹彩画主要有两种表现形式：一是彩画绝大部分做成暖色的老斑竹纹，惟有飞头、椽头等少量部位做些常见的重彩彩画；二是彩画同时运用冷、暖色相间搭配的老、嫩斑竹纹，通过它们之间的色差对比，不仅体现整体斑竹纹彩画，还通过斑竹条块的分隔与组合，体现出苏式彩画的箍头、卡子、团花等纹饰，使彩画纹饰更具有趣味性。在某些特定部位，如飞头、椽头、花板等部位亦巧妙地点缀性地做些常见的重彩彩画，以使整体更具装饰韵味。

(一) 斑竹纹彩画的调色、用胶及罩油

斑竹纹彩画的调色，分为用油调色与用胶调色两种基本做法，油调色，是运用传统光油做为粘结胶所调制的颜色；胶调色即用水胶(动物质皮骨胶液)所调制的颜色。一般油调色用于外檐彩画，胶调色用于内檐彩画。无论用油调色或胶调色所做的彩画，当彩画全部绘完后，在彩画表面都要通罩透明净光油，以起到反映竹子的光亮质感及保护彩画的双重作用。

(二) 斑竹纹彩画绘制的基本工艺程序

1. 首先在做老斑竹的部位涂刷浅米色底色，在做嫩斑竹的部位涂刷三绿底色(注：油调色斑竹纹做法，待油色干至七八成时，必须对底色部位通呛青粉或大白粉一遍，以利下道工序的着色)。

2. 拍谱子。

3. 用细墨线拉出斑竹条块的外轮廓线。

4. 胶调色做法者，在做斑竹纹的地方，通过胶矾水一遍(注：油调色做法者则免去本道工序)。

5. 按斑竹的条块，在特定一侧渲染与底色相同色相的较深较透明的颜色，使之产生立体感效果，其中老斑竹渲染赭墨色，嫩斑竹渲染深草绿色。

6. 区别老、嫩斑竹，分别点与斑竹色相吻合的深色斑点。

7. 在斑竹彩画面通罩光油成活。

二、海墁彩画做法

海墁彩画，一般指做在建筑内檐柱子、墙面、天棚等部位的，运用写实手法遍绘藤罗等花卉、山石、建筑及树木等景物的一种彩画做法。

海墁彩画做法没有什么固定法式规则的限制，在纹饰内容运用及构图方面，可谓是因地制宜、自由多样。例如，在柱子上遍涂绿色或淡青色油皮做为空间色彩，柱根部画形状各异玲珑剔透的太湖石，藤罗在柱根部位出，不拘形式地缠绕于各个柱身，使柱子表面变为理想的画面，巧妙地改变柱子的单一做油饰的模式。又如，把建筑的柱子、墙壁、天棚，通过画藤罗架使之连成一体，在墙壁上通过透视画法，表现建筑、树木、天空等景物，使得在有限的空间范围内，产生出无限宽阔深远的艺术效果。

在纹饰的画法方面，可谓中西画法兼容并蓄，力求表现景物具有真实感、立体感及空间感，追求使所绘景物与实际存在的建筑物形成为完美统一的结合。例如用我国传统的硬抹实开画法画中国古建筑，而建筑背后则采用洋抹的办法接天地；画藤罗及藤罗的老本、枝条、叶子用洋抹画法，而藤罗花则采用传统的拆垛画法；画斑竹藤罗架用我国传统的作染画法，而作染所极力追求的则是西画

通常所表现的物体的立体感效果。

海墁彩画无论纹饰的取材、构图及做法的宗旨在于，通过写实性绘画在建筑室内的各部位，营造出一种新颖理想的自然景观效果氛围。

有关海墁彩画见彩图 5-2-1～彩图 5-2-4。

第六章

檩枋梁大木彩画与其它部位彩画的相互匹配运用关系

本文所指的建筑的其它构造部位，主要指与檩枋梁大木之外的椽头椽望、斗栱、角梁、梁枋头、宝瓶、天花、雀替及楣子、花板、柱子、墙边等建筑构造部位。这些部位的彩画，无论其纹饰内容以及做法等级等，也都是严格按着清代官式建筑彩画统一的法式规矩完成的，都是与同建筑的大木彩画相协调统一的。

第一节 椽头椽望彩画

一、椽头彩画

椽头彩画包括飞檐椽头（简称飞头）和檐椽头两个构造部位。飞椽头一般为方形。檐椽头的形状分为两种，大式建筑多为圆形；小式建筑有圆形也有方形，以方形为多见，建筑的规模不同，椽头的大小也不相同。

（一）椽头彩画基本纹饰的运用

飞头彩画形式主要有：万字、金井玉栏杆、十字别、栀花、菱杵等；檐椽头彩画形式主要有：寿字、龙眼宝珠、栀花、柿子花、福字、福寿、福庆、福在眼前、百花图、六字正言等纹饰。至于清《工程做法则例》所载述的苏式五墨锦、彩做十瓣莲花、大色锦、夔龙椽头彩画，因早已失传，故不做具体介绍。

（二）椽头彩画与檩枋梁大木彩画相互匹配运用的基本形式

1. 飞头绿地，片金边框，内做片金万字。方或圆形檐椽头，青地，片金边框，内做片金寿字，多运用于和玺彩画及高等级苏画。

2. 飞头绿地，片金边框，内做片金万字。圆形檐椽头，椽头做成青、绿相间排列，退晕金龙眼宝珠，用于和玺彩画、旋子彩画、苏画等中高等级彩画。

3. 飞头绿地，片金边框，内做片金万字。圆或方形椽头，青地，片金边框，内或做朱红寿字或朱红福字，或彩做柿子花，或彩做福（蝙蝠）寿（寿桃），或彩做福（蝙蝠）磬，或彩做百花图等含有吉祥寓意的纹饰，多用于中高等级苏画。

4. 飞头绿地，片金边框，内做片金万字。方形檐椽头，片金边框，内做成金花心金菱角地，青、绿相间式排列的墨栀花，用于中高等级的旋子彩画。

5. 飞头绿地，片金边框，内做片金万字。方形檐椽头，墨边框，内做金花心、金菱角地，青、绿相间式设色排列的墨栀花。运用于中等级旋子彩画。

6. 飞头绿地，片金边框，内做片金万字。圆形檐椽头，片金边框，朱红地，内做片金寿字，用于藏传佛教建筑的和玺彩画、旋子彩画。

7. 飞头绿地，片金边框，内做片金万字。圆形檐椽头，青地，片金边框，内做片金六字正言，用于藏传佛教建筑的和玺彩画、旋子彩画。

8. 飞头绿地，片金边框，内做片金万字。圆形檐椽头，朱红地，片金边框，内做片金寿字，用于藏传佛教建筑的和玺彩画。

9. 飞头二绿地，墨边框，内做墨万字。方形檐椽头，墨边框，内做成青、绿相间排列的墨栀花。用于低等级旋子彩画及低等级苏画。

10. 飞头二绿地，墨边框，内做墨万字。圆形檐椽头，做成青、绿相间排列退晕墨龙眼宝珠。用于低等级旋子彩及低等级苏画。

11. 飞头绿阴阳万字，方形檐椽头，青地，墨边框，内彩做福（蝙蝠）在眼前（中间带有方孔的古铜钱币）等类含有吉祥寓意的纹饰，用于低等级苏画。

12. 飞头绿地，片金边框，内做菱杵。圆形檐缘头，青地，片金边框，内按椽头，一椽头一字，做六字正言。用于藏传佛教建筑高等级旋子彩画。

13. 飞头绿地，片金边框，内做片金栀花。圆形檐缘头，做成青、绿相间排列并退晕金龙眼宝珠。用于佛教建筑中高等级旋子彩画。

14. 飞头绿地，片金边框，内做片金栀花。方形檐椽头，青地，片金边框，内做百花图或福寿等有吉祥寓意的纹饰相，用于中高等级苏画。

15. 飞头二绿地，片金边框，内做花心片金墨栀花。方形檐椽头，青地，片金边框，内做福寿等有吉祥寓意的纹饰。用于中高等级苏画。

16. 飞头绿地，片金边框，边框以里做拉饰白线及晕色的金井玉拦杆。圆形檐椽头，做青、绿相间排列内做退晕金龙眼宝珠，用于帝后陵园建筑及皇宫建筑的中高等级旋子彩画。

17. 飞头绿地，片金边框，边框以里做拉饰白线及晕色的金井玉拦杆。圆形檐椽头，青地，片金边框，内做片金寿字。用于皇宫建筑高等级苏画。

18. 飞头绿地，片金边框，内做墨十字别。方形檐椽头，青地，片金边框，内做彩柿子花。用于中等级苏画。

19. 飞头二绿地，墨边框，内做墨十字别。方形檐椽头，青地，墨边框，内做彩柿子花。用于低等级苏画。

20. 建筑不彩画，只做刷饰者，飞头平涂绿色，檐椽头平涂青色。

二、椽望彩画

椽望彩画，指做在椽子和望板上面的彩画。清代官式建筑的椽望，绝大部分为"红帮绿底"油彩刷饰做法。只是在非常重要的殿堂建筑，与高等级和玺彩画相配，才做椽望彩画。

椽望彩画颜色的用胶，一般都是运用光油调制的，可防雨其细部花纹沥粉，按花纹部位的不同分贴两色金箔，细部花纹以外平涂基底大色。

椽望彩画，分为飞椽、檐椽、望板三个不同部位：

1. 飞椽身在方形椽身侧面下端约一半面积内做彩画，其上端的一半面积随望板刷饰色彩。飞椽外端设两条素箍头，外端箍头设大青色，内侧箍头设大绿色。内侧箍头以里至椽根的基底色设大青，其内按飞椽的不同长度，画一朵或多朵卷草式叶梗灵芝花纹。

2. 檐椽身，在圆形檐椽身底面及侧面约占一半面积内做彩画纹饰，其余一半面积随望板刷饰色彩。檐椽外端亦设两条素箍头，外端箍头设大绿色，内侧箍头设大青色，内侧箍头以里至椽根的基底色设大绿，按檐椽的不同长度，画两朵乃多朵卷草式叶梗宝祥花（亦称宝相花、西番莲）花纹。

3. 望板，基底设二朱红，其上画适应其长度的流云纹。

椽头、椽望彩画见彩图6-1-1～彩图6-1-3。

第二节 斗栱彩画

斗栱彩画的范围包括斗栱、挑檐枋及垫栱板彩画。

一、斗栱彩画

斗栱彩画分为浑金斗栱、金琢墨斗栱和烟琢墨斗栱三种不同等级。

（一）浑金斗栱彩画

浑金斗栱彩画是斗栱彩画中等级最高而且做法较为特殊的一种。该做法在斗栱上满贴金箔，不施其它任何颜料色。浑金斗栱彩画的装饰效果浑厚凝重、雍荣华贵，仅适用于浑金和玺、浑金旋子彩画的斗栱以及藻井和某些特定部位的斗栱。

（二）金琢墨斗栱彩画

金琢墨斗栱彩画，以斗栱构件轮廓边框全部贴片金为特点。

1. 斗栱的基底设色

运用大青、大绿按斗栱的不同构件分别进行设色。具体设色规则：就一攒斗栱而言，将构件分为两个部分，升、斗做为一部分如果设成青色，则翘、昂、蚂蚱头、麻叶云等做为另一部分设成绿色，以此做成青、绿相间的设色。就整座建筑各攒斗栱的设色规则而言，是按一个开间的斗栱由两端柱头科做为第一攒斗栱，其升、斗必须设为青，昂、翘必须设为绿，其相邻的斗栱，其升、斗则改设为绿，昂、翘则改设为青，再向内，又重复地再现柱头科斗栱的设色。不管开间斗栱多少，都按上述设色的规律以此类推做成青、绿相间的设色。在此须说明，按如此的设色方式，凡斗栱攒数为偶数者，

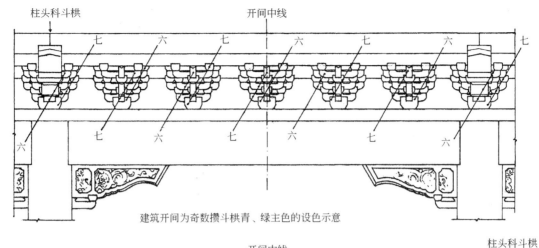

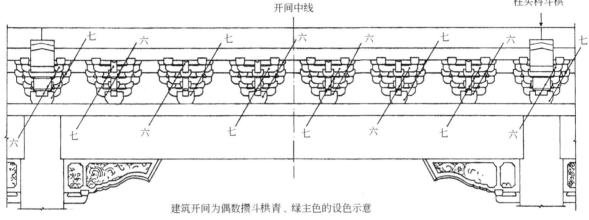

至一间当中两攒斗栱必然会出现相同设色；凡斗栱攒数为奇数者，至一间当中，不会出现相同设色。见图6-2-1。

2. 斗栱细部纹饰做法

在斗栱构件的边缘做平贴金片金边框，在金边框以里拉饰"斗口粉"（较粗的白色线），用以起到醒目齐金的作用。在斗栱构件居中处，随具体构件的外造型缩画随形黑老，亦俗称压黑老。

3. 金琢墨斗栱彩画的匹配运用

金琢墨斗栱彩画，是清代斗栱彩画的一种常见的高等级做法。该彩画效果金碧辉煌，此种斗栱彩画可与各种和玺彩画墨线大点金以上等级的旋子彩画（含部分墨线大点金等级）、中等级以上苏画（含中等线苏画）以及其它中高等级彩画相匹配运用。

（三）烟琢墨斗栱彩画

烟琢墨斗栱彩画，以斗栱构件造型边框全部做成墨色为特点。该斗栱彩画的基底设色、细部纹饰做法均与上述金琢墨斗栱彩画做法相同。

烟琢墨斗栱彩画，是清代斗栱彩画的一种常见的低等级做法，彩画效果安静素雅，适用于自墨线大点金等级以下（含部分墨线大点金等级做法）及低等级苏画的斗栱以及其它类别低等级彩画的斗栱。

图6-2-1 斗栱彩画青、绿主色设色规则方法示意图

二、挑檐枋等枋彩画

斗栱构造不同，做在其上的枋构件纵向层数亦各不相同。如一斗三升斗栱的上方只有正心枋一层，而五踩斗栱外拽的上方则有挑檐枋、拽枋、正心枋三层。

（一）等枋构件的基底的设色

1. 不出踩斗栱正心枋立面的基底设色

有两种设色做法：其一，正心枋立面基底设大青色，这种设色普遍用于清代各种彩画。其二，正心枋立面基底设朱红色，这种设色仅用于某些苏画。

2. 出踩斗栱枋构件的基底设色

无论外檐斗栱或内檐斗栱，斗栱上方枋件不论有多少层，都必须将最外的第一层枋立面设为大青色，第二层枋立面设为大绿色，第三层枋立面又设大青，第四层枋又设大绿色的青、绿相间式设色，直至正心枋止。例如，五踩斗栱外拽各枋，挑檐枋立面设大青色，拽枋设大绿色，正心枋又设大青色（见图6-2-2）。

3. 斗栱各枋底的设色

无论斗栱有多少层枋件，也无论这些枋的立面基底色设为什么色，所有这些枋件的底面都一律设为大绿色。

（二）挑檐枋等纹饰的运用及做法

挑檐枋等彩画纹饰的运用有两类，一类是，全部枋构件彩画素做，只在立面的下方做边框，于上方做黑老；另一类是只在最外层挑檐枋或井口枋（不出踩斗栱者于正心枋）做工王云、流云等纹饰，其余的拽枋等全部素做。各种具体做法如下：

1. 挑檐枋等的下方边缘全部做片金边，金边框以里拉饰大粉（有的做法还要拉饰晕色），于枋的上部边缘全部拉较宽的黑老，这种做法普遍运用于清代各类高等级彩画。

2. 挑檐枋等下方边缘全部做墨边，墨边框以里拉饰大粉（白色），枋上部边缘全部拉较宽的黑老，这种做法普遍运用于清代各类低等级彩画。

3. 仅在最外层挑檐枋或井口枋（不出踩斗栱为正心枋）的下方边

图6-2-2 与斗栱相匹配挑檐枋等彩画青、绿主色设色规则方法示意图

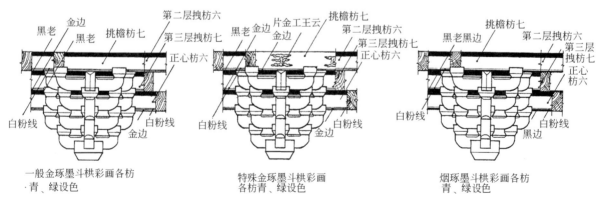

一般金琢墨斗栱彩画各枋 青、绿设色　　　特殊金琢墨斗栱彩画各枋青、绿设色　　　烟琢墨斗栱彩画各枋青、绿设色

缘做片金边，金边以里做细齐金白粉线，在枋地内做片金工王云。其余拽枋等枋则全按在枋的下方边缘做片金边，金边以里拉大粉，在枋的上部边缘拉较宽的黑老，这种做法普遍用于各种和玺彩画。

4. 仅在最外层挑檐枋下方边缘做片金边，金边以里做细齐金白粉线，于枋地内做片金流云。其余则全按在枋的下方边缘做片金边，金边以里拉饰大粉，在枋的上部边缘拉较宽的黑老，这种做法，仅见运用于草龙和玺彩画。

5. 在正心枋的下方边缘做片金边，金边以里做细齐金白粉线，在枋的朱红地上做作染五彩流云飞蝠的，见于某些高等级苏画。

6. 仅在最外层挑檐枋的下方边缘做片金边，金边以里做细齐金白线，在枋地内或做片金佛八宝或片金寿字及玉做飘带，其余拽枋做金边压黑，这种做法仅见于藏传佛教建筑的某些和玺彩画、旋子彩画。

三、垫栱板彩画

垫栱板，画匠俗称灶火门。垫栱板彩画做法，在垫栱板的左、上、右靠斗栱的三面做绿色大边，大边以里做朱红色（一般用朱红油）心，在朱红心与绿大边之间做灶火门大线。该大线，高等级彩画做片金线，金线以外靠大线有的拉饰大粉，有的不仅拉饰大粉还要拉饰晕色，低等彩画做墨线，墨线外靠大线拉饰大粉。垫栱板心各种主题纹饰、内容大致有如下几种：

（一）坐龙垫栱板彩画

主题纹为片金坐龙，灶火门大线做片金。此做法用于龙和玺彩画的垫栱板。

（二）夔龙垫栱板彩画

主题纹做片金夔龙，其中有的用坐夔龙；有的用升夔龙，灶火门大线做片金。此做法用于某些龙和玺、龙凤和玺彩画的垫栱板。

（三）坐龙与升凤同用垫栱板彩画

设置方法为，一块垫栱板做片金坐龙，另一块垫栱板做片金升凤，凡灶火门大线都做片金，两种主题纹按垫栱板做连续排别。见于某些龙凤和玺彩画的垫栱彩画。

（四）三宝珠火焰垫栱板彩画

主题纹做三宝珠火焰（特殊小的垫栱板，亦有做成单宝珠火焰者），其中火焰做片金、三宝珠做成青、绿相间退晕、灶火门大线做片金。广泛用于清代各类中高级的垫栱板。

（五）片金西番莲垫栱板彩画

主题纹做片金西番莲、灶火门大线做片金。用于中、高等级苏画和清早期某些龙和玺彩画的垫栱板。

（六）玉做西番莲垫栱板彩画

主题纹西番莲玉做、灶火门大线墨线。用于清中期墨线苏画的垫栱板彩画。

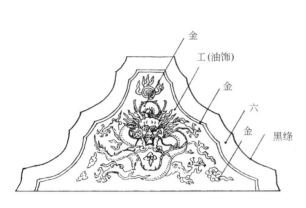
(1) 片金坐龙垫栱板（一般用于和玺类彩画）

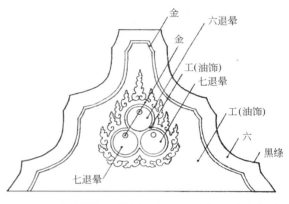
(2) 退晕三宝珠垫栱板（一般用于和玺、旋子等类中高等级彩画）

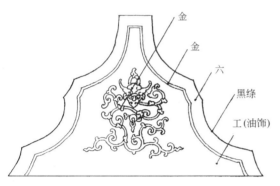
(3) 片金坐夔龙垫栱板（仅见于和玺类彩画的低于坐龙垫栱板的彩画）

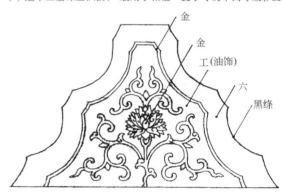
(4) 片金西番莲垫栱板（用于高等级苏画及其它类别的中高等级彩画）

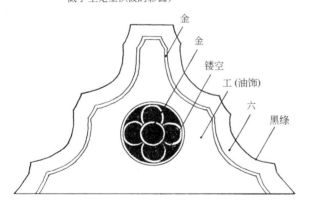
(5) 菱花眼钱垫栱板（见用于陵寝建筑的中高等级旋子彩画）

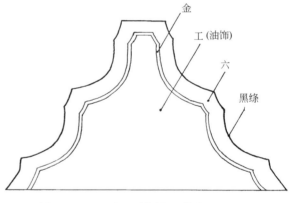
(6) 空垫栱板（一般用于中低等级的旋子彩画）

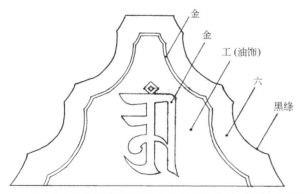
(7) 片金梵纹垫栱板（仅限用于藏传佛教建筑的和玺、旋子高等级彩画）

图 6-2-3　垫栱板彩画各种纹饰做法图例（1～7）

(七) 片金灵芝垫栱板彩画

主题纹做片金灵芝、灶火门大线做片金。仅见于清早期某龙和玺彩画的某些特定部位垫栱板。

(八) 空垫栱板彩画

其中,高等级做法,灶火门大线做片金,朱红地内不做任何纹饰;低等级做法,灶火门大线做墨色,朱红地内不做任何纹饰。广泛用于除和玺彩画外的其它各类高(特指清代陵寝高等级旋子彩画)、中、低彩画的垫栱板。

(九) 梵纹垫栱板彩画

主题纹做片金梵纹,灶火门大线做片金。见于藏传佛教建筑金线大点金旋子彩画的垫栱板。

(十) 菱花眼钱垫栱板彩画

主题纹菱花眼钱,纹饰的轮廓做片金,灶火门大线做片金。用于建筑做有菱花眼钱的高等级彩画的垫栱板。

垫栱板彩画各种纹饰做法图例(1~7)见图 6-2-3。

第三节 角梁、梁枋头及宝瓶彩画

一、角梁彩画

建筑角梁分为大式(仔角梁头做套兽)和小式(角梁头做三岔头)两种形式,因角梁构造形式不同,角梁彩画的做法亦有所不同。

(一) 大式角梁彩画的五种基本做法

1. 金边框龙纹角梁

在老角梁全部、仔角梁两侧面基底色设大绿;角梁的边框轮廓做片金;老角梁底面做把式龙,两侧面做片金流云;仔角梁底面做金琢墨退晕肚弦。这种角梁彩画为特殊高等级做法,见于特殊讲究的龙和玺彩画的角梁。

2. 金边框、西番莲纹角梁

老角梁全部、仔角梁两侧面的基底设大绿;角梁的边框轮廓做片金;老角梁底面及正立面的地内做片金西番莲;老角梁及仔角梁两侧面金边框以里有的仅拉饰大粉(清中、早期做法),有的不仅要拉饰大粉,还要拉饰晕色(清中、晚期做法);仔角梁底面做金琢墨退晕肚弦。这种角梁彩画亦为较特殊高等级做法,见于特殊讲究的龙凤和玺彩画的角梁。

3. 金边框、金老角梁

老角梁全部、仔角梁两侧面的基底设大绿;角梁的边框轮廓做片金;老角梁底面及正面的居中部位做片金老,金老外做齐金黑缘;在老角梁及仔角梁两侧面金边框以里有的仅拉饰大粉(清中、早期做法),有的不仅要拉饰大粉,还要拉饰晕色(见于清中、晚期做法）；仔角梁底面做金琢墨退晕肚弦。这种角梁彩画为高等级做法，广泛用于各种和玺彩画、金线大点金以上等级的旋子彩画、金线苏画以上等级苏画的角梁。

4. 金边框、墨老角梁

老角梁全部、仔角梁两侧面的基底设大绿；角梁的边框做片金；老角梁底面及正面的居中部位做墨老；老角梁及仔角梁两侧面金边框以里有的仅拉饰大粉（清中、早期做法），有的不仅要拉饰大粉，还要拉饰晕色（见于清中、晚期做法）；仔角梁底面的地内做金琢墨退晕肚弦。这种角梁彩画亦属于高等级范畴，见于某些龙和玺彩画、烟琢墨石碾玉旋子彩画。

5. 墨边框、墨老角梁

老角梁全部、仔角梁两侧面的基底设大绿；角梁的边框轮廓做墨色；老角梁底面及正立面的居中部位做墨老；老角梁及仔角梁两侧面墨边框仅拉饰大粉；仔角梁底面的地内做烟琢墨退晕肚弦。这种角梁彩画为低等级做法，用于墨线大点金以下各等级旋子彩画、墨线苏画、吉祥草彩画等。

（二）小式角梁的三种基本做法

1. 金边框、金老角梁

角梁全部基底色设大绿；角梁的边框轮廓做片金，金边框以里靠边框有的仅拉饰大粉（清中、早期），有的不但拉饰大粉，还拉饰晕色（清中、晚期）；角梁底面、正面的各居中部位做片金老，金老外做齐金黑绦。这种角梁彩画为高等级做法，多见用于高等级苏画及某些高等级旋子彩画的角梁。

2. 金边框、墨老角梁

角梁全部基底色设大绿；角梁的边框轮廓做片金，金边框以里靠边框有的仅拉饰大粉（清中、早期），有的不但拉饰大粉，还拉饰晕色（清中、晚期）；角梁底面、正面的各居中的部位做墨老。这种角梁彩画亦为高等级做法，多用于高等级苏画及某些高等级旋子彩画的角梁。

3. 墨边框、墨老角梁

角梁全部基底设大绿；角梁的边框轮廓做墨色，墨边框以里靠边框拉饰大粉；角梁底面、正面的各居中的部位做墨老。这种角梁彩画为低等级做法，用于墨线（或黄线）苏画及某些低等级旋子彩画的角梁。

角梁彩画做法见图6-3-1、彩图6-3-2。

二、梁枋头彩画

建筑构造不同，梁枋头的造型亦不相同。总的说，梁头包括桃尖梁头、丁头栱梁头、方形梁头（分别参见旋子彩画、和玺彩画、苏式彩画的有关部分）、云栱梁头；枋头包括霸王拳枋头、三岔头枋头及穿插枋枋头。

挑尖梁等梁头，霸王拳头等枋头的基底一律都为大绿色。

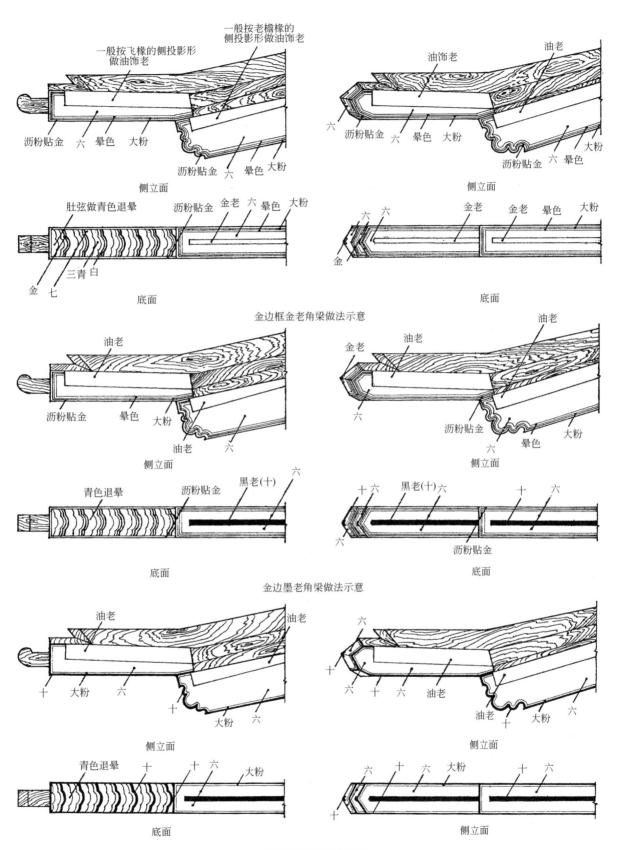

图 6-3-1　角梁彩画做法示意图

第三节　角梁、梁枋头及宝瓶彩画

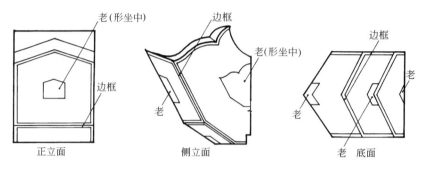

图6-3-4 桃尖梁头彩画做边框、随形老纹饰造型画法示意图

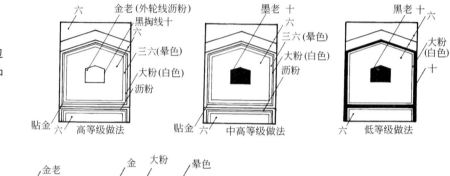

图6-3-5 桃尖梁头做边框、随形老彩画的三种不同等级做法示意图

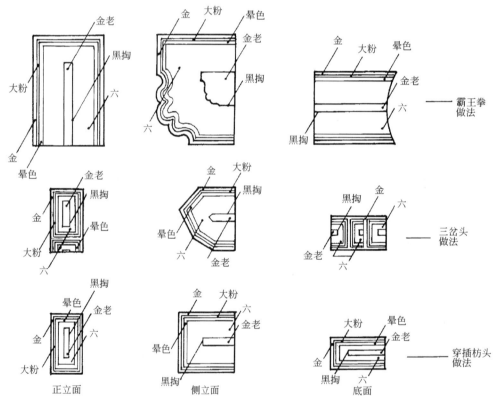

图6-3-6 霸王拳、三岔头、穿插枋头彩画金边框、金老、大粉晕色做法示意图

1. 桃尖梁头、丁头栱梁头、霸王拳枋头彩画从高级至低级的做法依次如下：

（1）边框轮廓做片金，各个造型地内做片金西番莲草。本做法运用于各种和玺彩画（桃尖梁头正面地内做片金梵字的，仅用某些藏传佛教建筑的梵纹龙和玺彩画的桃尖梁头）。

（2）边框轮廓做片金，金边框以里有的只拉大粉（多见于清中、早期），有的不仅拉大粉还拉晕色（多见于清中、晚期）；各个造型地的中央部位做片金老，金老外做黑缘线。本做法用于清各类高等级彩画。

(3) 边框轮廓做片金，金边框以里有的只拉大粉（多见于清中、早期），有的不但拉大粉还拉晕色（多见于清中、晚期）；各个造型地的中央部位做墨老。本做法用于清各类相对较高等级彩画。

(4) 边框轮廓做墨色，墨边框以里拉大粉；各个造型地的中央部位做墨老。本做法用于和玺类彩画以外的其它各类低等级彩画。

2. 云栱梁头、三岔头枋头、穿插枋头彩画从高级至低的做法依次如下：

(1) 边框轮廓做片金，金边框以里有的只拉大粉（多见于清中、早期彩画），有的不仅拉大粉还拉晕色（多见于清中、晚期彩画）；各个造型地的中央部位做片金老，金老外做黑缘线。本做法用于清各类高等级彩画。

(2) 边框轮廓做片金，金边框以里有的只拉大粉（多见于清中、早期彩画），有的不但拉大粉还拉晕色（多见于清中、晚期）；于各个造型地的中央部位做墨老。本做法用于清各类较高等级彩画。

(3) 边框轮廓做墨色，墨边框以里拉大粉；各个造型地的中央部位做墨老。本做法用于和玺彩画以外的其它各类低等级彩画。

梁枋头彩画做法分别见图 6-3-4～图 6-3-6 和彩图 6-3-3、彩图 6-3-7～彩图 6-3-10。

三、宝瓶彩画

宝瓶彩画有如下两种等级做法：

1. 浑金宝瓶彩画

在宝瓶上做西番莲卷草、八达码、宝珠纹沥粉，宝瓶满贴金。此为高等级做法，广泛用于各类中、高等级彩画的宝瓶。

2. 丹地切活宝瓶彩画

宝瓶满刷章丹做基底色，在丹地用黑烟子切出西番莲卷草、八达码、宝珠等纹。此为低等级做法，广泛用于清各类中、低等级彩画的宝瓶（参见图 2-4-5 宝瓶切活纹饰）。

第四节 天花彩画

清代官式建筑的天花彩画做法品种繁多，因具体建筑功能的不同，至少不下 40 余种。根据天花彩画主题纹饰的不同，大体分为龙天花、龙凤天花、凤天花、夔龙天花、西番莲天花、金莲水草天花、红莲水草天花、宝仙天花、六字正言（亦名六字真言）天花、鲜花天花（亦名百花图天花、四季花天花）、云鹤（双鹤）天花、团鹤（单鹤）天花、五福捧寿天花、四合云宝珠吉祥草天花、阿拉伯文西番莲天花等不同类别。各种天花彩画的具体做法，见表 6-4-1。

天花彩画各部位纹饰名称见图 6-4-1。

中国清代官式建筑彩画技术

清代天花彩画做法一览表　　　表 6-4-1

顺序号	天花彩画部位做法及匹配运用彩画天花彩画主题 / 内容形式名称	天花方光线圆光线做法	天花圆光心做法	天花方光心岔角纹做法	天花大边(亦称老金边)设色	支条井口窝角线做法	支条做法	支条纵横相交部位纹饰做法	匹配运用建筑彩画	备注
1	正面龙天花之一（正面龙亦称坐龙以下正面龙均同）	片金（红金）	天大青基底色；龙身片金(红金)；宝珠火焰，散云片金(黄金)	三绿基底色；金（红金）琢墨攒退岔角云	平涂大绿色	贴红金	平涂大绿色	轱辘及燕尾云片金(红金、黄金)	特殊高等级龙和玺彩画	见图6-4-2
2	正面龙天花之二	片金（红金）	天大青基底色；龙身、宝珠、火焰、散云片金(红金)	三青基底色；片金(黄金)岔角云	平涂大绿色	贴红金	平涂大绿色	轱辘及燕尾云片金(黄金)	特殊高等级龙和玺彩画	
3	正面龙天花之三	片金（红金）	天大青基底色；龙身、宝珠、火焰片金(红金)；散云金(红金)琢墨攒退	三绿基底色；金（红金）琢墨攒退岔角云	平涂大绿色	贴红金	平涂大绿色	轱辘片金(红金)。燕尾云片金(黄金)	龙方心，西番莲、灵芝找头和玺彩画	见彩图6-4-3
4	正面龙天花之四	片金（红金）	洋青基底色；龙身片金（黄金）；宝珠、火焰、散云片金(红金)	三绿基底色；金（红金）琢墨攒退岔角云	平涂大绿色	贴红金	平涂大绿色	轱辘片金(红金)。金(红金)琢墨攒退燕尾云	墨线大点金旋子彩画	见彩图6-4-4
5	正面龙天花之五	其中方光线朱红色，圆光线片金(红金)	天大青基底色；龙身片金(黄金)；宝珠、火焰及散云片金(红金)	三绿基底色；烟琢墨攒退岔角云	平涂大绿色	贴红金	平涂大绿色	轱辘及燕尾云玉做	于组群建筑龙和玺彩画的排列中，运用于等级相对较低建筑龙和玺彩画	
6	烟琢墨正面龙五彩天花		螺青圆光（即圆光心基底色设螺青）内做五彩正面龙	三绿岔角						本天花彩画已无遗存实物。上述说明依据《工程做法则例》
7	升降龙天花之一	片金（红金）	天大青基底色；龙身片金(黄金)；宝珠、火焰、散云片金(红金)	三青基底色；金（红金）琢墨攒退岔角云	平涂大绿色	贴红金	平涂大绿色	轱辘片金(红金)。金(红金)琢墨攒退燕尾云	一般龙和玺彩画	见彩图6-4-5
8	升降龙天花之二	圆光线片金（红金）不设方光线	洋青基底色；龙散云宝珠片金(红金)	三绿基底色；把子草片金(黄金)		贴红金	平涂大绿色	轱辘烟琢墨攒退；燕尾云玉做	龙凤方心，西番莲、灵芝找头和玺彩画	本做法为海墁软作天花，见彩图6-4-6

第六章　檩枋梁大木彩画与其它部位彩画的相互匹配运用关系

续表

顺序号	天花彩画部位做法及匹配运用彩画天花彩画主题 内容形式名称	天花方光线圆光线做法	天花圆光心做法	天花方光心岔角纹做法	天花大边(亦称老金边)设色	支条井口窝角线做法	支条做法	支条纵横相交部位纹饰做法	匹配运用建筑彩画	备注
9	龙凤片金天花之一	片金(红金)	洋青基底色；龙凤、宝珠、火焰及散云片金(红金)	螺青基底色；金(红金)琢墨攒退岔角云	平涂大绿色	贴红金	平涂大绿色	铧铲片金(红金)；烟琢墨攒退燕尾云	龙凤和玺彩画	
10	龙凤片金天花之二	片金(红金)	天大青绿基底色；龙凤身片金(黄金)；宝珠、火焰及散云片金(红金)	三绿基底色；金(红金)琢墨攒退岔角云	平涂大绿色	贴红金	平涂大绿色	铧铲片金(红金)；卷草片金(黄金)	龙凤和玺彩画	见图6-4-7
11	龙凤片金天花之三	片金(红金)	洋青基底色；龙凤片金(黄金)	三绿基底色；烟琢墨攒退岔角云	平涂大绿色	贴红金	平涂大绿色	铧铲片金(红金)；烟琢墨攒退燕尾云	龙凤和玺彩画	
12	双凤天花之一	圆光线片金(红金)；不设方光线	天大青基底色；双凤、宝珠、火焰片金(黄金)	三青基底色；岔角宝珠朱红，吉祥片金(黄金)		贴红金	平涂大绿色	铧铲片金(红金)间朱红；窝金(黄红金相间)地上做烟琢墨攒退燕尾云	龙凤和玺彩画	本做法为海墁软作天花
13	双凤天花之二	方光线朱红色圆光线片金	洋青基底色；双凤平贴红金勒朱红线纹；散卷草垛三绿；梅花垛朱红色开白粉	粉三青基底色；岔角把子草玉做	平涂大绿色	朱红色	平涂大绿色		墨线大点金旋子彩画	见图6-4-8
14	西番莲天花之一	片金(黄金)	天大青基底色；西番莲花头、枝片金黄(黄金)；叶卷草金黄金琢墨攒退	三绿基底色；岔角西番莲花头片金(黄金)；卷草枝叶金(黄金)琢墨攒退	平涂大绿色	贴红金	平涂大绿色	铧铲心片金(黄金)，其余烟琢墨攒退；卷草片金(红金)	墨线大点金旋子彩画	见图6-4-9
15	西番莲天花之二	片金(红金)	三绿基底色；西番莲花头、枝叶运用各色平涂，开以黄白粉	洋青基底色；岔角云玉做	平涂大绿色	贴红金	朱红基底色上做锦纹	铧铲片金(红金)；燕尾云玉做	金线大点金旋子粉画	
16	西番莲天花之三		米色圆光内做西番莲	三青岔角						本天花彩画已无遗存实物。上述说明依据《工程做法则例》

第四节 天花彩画

续表

顺序号	天花彩画部位做法及匹配运用彩画天花彩画主题 / 内容形式名称	天花方光线圆光线做法	天花圆光心做法	天花方光心岔角纹做法	天花大边(亦称老金边)设色	支条井口窝角线做法	支条做法	支条纵横相交部位纹饰做法	匹配运用建筑彩画	备注
17	金莲水草天花之一	沥粉浑金(红金)	金莲水草沥粉浑金(红金)	岔角云沥粉浑金(红金)	贴红金	贴浑金(红金)	贴浑金(红金)	轱辘及燕尾云沥粉浑金(红金)	浑金旋子彩画	
18	金莲水草天花之二	片金(红金)	上部做接天，下部做硬抹实开海水江牙，莲花头片金(黄金)，叶梗硬抹实开	洋青基底色；莲花头片金(黄金)；其余纹饰亦做硬抹实开	平涂大绿色	贴红金	平涂大绿色	轱辘片金(红金)；小软卡子玉做	运用于清中、早期高等级苏画	
19	金莲水草天花之三	片金(红金)	天大青基底色；其中莲花头片金(黄金)；水草三绿	三青基底色；金(红金)琢墨攒退岔角云	平涂大绿色	贴红金	平涂大绿色	轱辘片金(红金)；金(红金)琢墨攒退燕尾云	陵园建筑中高等级旋子彩画	圆光心基底色亦见有用洋青色见图6-4-10
20	金莲水草天花之四	方光线圆光线片金(红金)	天大青基底色；其中莲花头片金(黄金)；水草三绿	三绿基底色；烟琢攒退岔角云	平涂深色大绿色	涂朱红色	平涂大绿色	轱辘及燕尾云全部玉做	宗庙建筑中高等级旋子彩画	见彩图6-4-11
21	红莲水草天花之一	其中圆光线朱红退晕；方光线白色	天大青基底色；写意抹画朱红色莲花头，三绿色水草	三绿基底色；岔角云烟琢墨攒退，与岔角云相连的把子草用浅香色抹画	朱红色。靠白色方光线拉粉红晕色	平涂大绿色	平涂大绿色		墨线大点金旋子彩画	
22	红莲水草天花之二	片金(红金)	天大青基底色；莲花头朱红色玉做；五个圆点片金(红金)；水草三绿色	三绿基底色；烟琢墨攒退岔角云	平涂大绿色	朱红	平涂大绿色	轱辘平涂丹色开粉；燕尾云烟琢墨攒退	金线大点金旋子彩画	
23	宝仙天花青粉地纹		大青圆光内做宝仙花	三绿岔角						本天花彩画已无遗存实物。上述说明依据《工程做法则例》

第六章 檩枋梁大木彩画与其它部位彩画的相互匹配运用关系

续表

顺序号	天花彩画部位做法及匹配运用彩画天花彩画主题 内容形式名称	天花方光线圆光线做法	天花圆光心做法	天花方光心岔角纹做法	天花大边(亦称老金边)设色	支条井口窝角线做法	支条做法	支条纵横相交部位纹饰做法	匹配运用建筑彩画	备注
24	玉做双夔龙寿字天花	沥粉罩涂朱红色	浅香色基底色；夔龙寿字青色玉做	三绿基底色；玉做把子草	平涂三青色	涂朱红色	平涂大绿色	轱辘平涂浅香色开墨，玉做燕尾云	低等级旋子彩画	见图6-4-12
25	六字正言(亦称六字真言。以下六字正言天花均同)之一	沥粉涂泥金(红金)	六字正言，莲花、火焰等沥粉泥金(黄金)	岔角云沥粉涂泥金(黄金)	沥粉涂泥金(红金)	涂泥金(红金)	平涂深香色油	金刚宝杵沥粉，涂泥金(红金)	仅见于藏传佛教建筑龙草和玺的重点部位天花彩画	
26	六字正言天花之二	片金(黄金)	见彩图6-4-13	三青基底色。金(黄金)琢墨攒退岔角云	平涂大绿色	贴红金	平涂大绿色	金刚宝杵金(黄金)琢墨攒退	仅见于藏传佛教建筑和玺、旋子彩画天花	
27	六字正言天花之三	包括小圆光线片金(红金)	另见详图标图说明	三青基底色。金(红金)琢墨攒退岔云	平涂大绿色	涂朱红色	平涂大绿色	金刚宝杵金(红金)琢墨攒退	仅见于藏传佛教建筑和玺、旋子彩画天花	本做法为海墁软作天花
28	鲜花天花之一(亦称百花图天花、四季花天花等，以下鲜花天花均同)	片金(红金)	洋青基底色；一般一块天花一样花卉，鲜花作染	三绿基底色；烟琢墨攒退间点金(红金)岔角云	朱红色，靠方光金线拉饰粉红晕色	贴红金	平涂大绿色	轱辘片金(红金)；燕尾云烟琢墨攒退	中、高等级苏画	见彩图6-4-14
29	鲜花天花之二	片金(红金)	洋青基底色；鲜花作染	仿石三青基底色；烟琢墨攒退间点金(红金)岔角云	平涂大绿色	贴黄金	平涂大绿色	轱辘片金(红金)；燕尾云烟琢墨攒退	中、高等级苏画	见彩图6-4-15
30	鲜花天花之三	片金(黄金)	洋青基底色；鲜花作染	仿石三青基底色；岔角鲜花作染	平涂大绿色	贴红金	朱红基底色上做锦纹	轱辘片金(黄金)；燕尾云烟琢墨攒退	中、高等级苏画	见彩图6-4-16
31	双鹤天花		墨绿基底色；双鹤及散云作染	只平涂三绿基底色		贴红金	平涂大绿色	轱辘基底色天大青色，边框及夔龙片金(红金)；燕尾夔龙片金(黄金)	高等级苏画	本做法为海墁软作天花

续表

顺序号	天花彩画部位做法及匹配运用彩画天花彩画主题 内容形式名称	天花方光线圆光线做法	天花圆光心做法	天花方光心岔角纹做法	天花大边(亦称老金边)设色	支条井口窝角线做法	支条做法	支条纵横相交部位纹饰做法	匹配运用建筑彩画	备注
32	团鹤天花之一	墨色	洋青基底色；团鹤、寿桃、灵芝作染	三绿基底色；岔角把子草玉做	平涂大绿色	涂墨色	平涂大绿色	轱辘及燕尾云烟琢墨攒退	苏式彩画	
33	团鹤天花之二	朱红色	洋青基底色；团鹤、寿桃、灵芝作染	三绿基底色；岔角把子草玉做	平涂大绿色	涂丹色	平涂大绿色	轱辘及燕尾云玉做	龙和玺彩画	本做法为海墁软作天花见彩图6-4-17
34	五福捧寿天花之一	片金(黄金)	洋青基底色；蝙蝠平涂朱红色开白粉；圆寿字片金(黄金)	三绿基底色；岔角把子草玉做	平涂大绿色	贴黄金	平涂大绿色	轱辘片金(黄金)烟琢墨攒退燕尾云	金线苏画	
35	五福捧寿天花之二	片金(红金)	石三青基底色；蝙蝠子涂朱红等色，开白粉；圆万寿字片金(红金)	天二青基底色；岔角做作染仙鹤寿桃	平涂大绿色	贴黄金	平涂大绿色	轱辘片金(红金)烟琢墨攒退燕尾云	龙和玺彩画	
36	四合云宝珠吉祥草天花	方光线朱红色退晕；圆光线片金(黄金)	天大青基底色；四合云烟琢墨攒退；宝珠金(黄金)琢墨退晕；吉祥草片金(黄金)	三绿基底色；烟琢墨攒退岔角云	平涂大绿色	贴黄金	平涂大绿色	轱辘片金(黄金)；烟琢墨攒退燕尾云	高等级宝珠吉祥草彩云	见图6-4-18
37	阿拉伯文西番莲天花	青、丹、绿、朱红四色圆光。不设方光线	洋青基底色；西番莲玉做，中心小圆光轮廓及阿拉伯纹片金(红金)	三绿基底色；烟琢墨攒退岔角云	平涂大绿色	涂朱红色	平涂大绿色	轱辘丹色开墨；燕尾云烟琢墨攒退	仅见运用于清真寺墨线大点金旋子彩画	见彩图6-4-19

注：1. 本表凡提法为"片金"做法者，其做法程序均先沥粉然后贴金。
   2. 对本表涉及的各术语名词及颜料方面的名词若有不解者，可另参见本书"第八章"的有关内容及本书最后的附录名词术语解释。

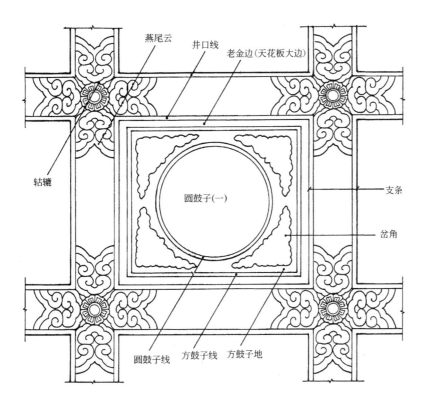

图 6-4-1 天花彩画各部位纹饰名称图

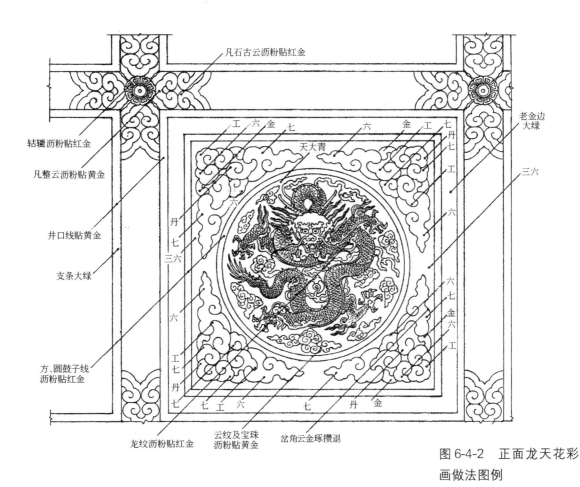

图 6-4-2 正面龙天花彩画做法图例

第四节 天花彩画

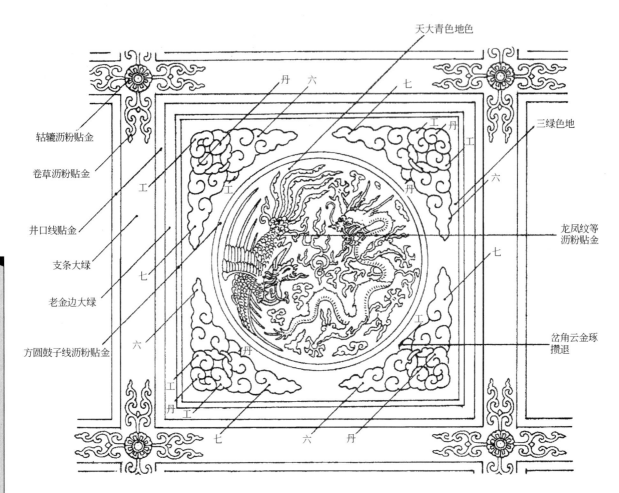

图 6-4-7 龙凤天花彩画做法图例

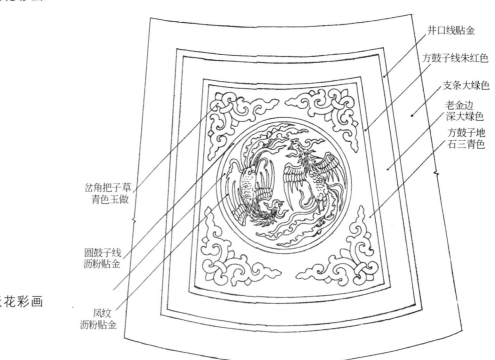

图 6-4-8 双凤天花彩画做法图例

图 6-4-9 西番莲天花彩画做法图例

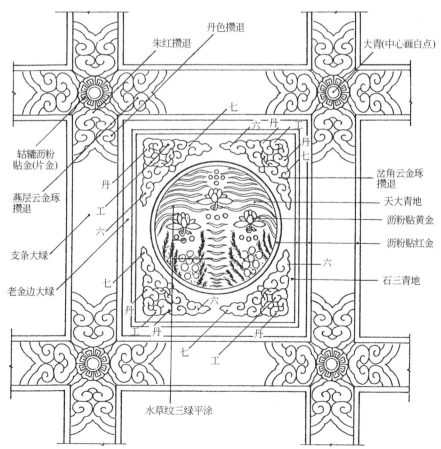

图 6-4-10 金莲水草天花彩画做法图例

第四节 天花彩画

图 6-4-12 玉做双夔龙寿字天花彩画做法图例

图 6-4-18 四合云宝珠吉祥草天花彩画做法图例

第五节　雀替及花板彩画

雀替与花板为木雕刻构件，雀替为浮雕，花板大多为镂空透雕，其彩画是按花纹的造型进行绘制的。

一、雀替彩画

雀替彩画分为如下几种基本做法：

（一）浑金龙做法

雀替两立面的老金边贴红金（简称贴金以下均同），池心内的龙及云纹贴金，龙云纹之外的空地做朱红色的油饰；雀替底面按建筑开间做成青、绿相间设色；两侧的老金边做齐金白粉线；正中的两柱香线贴金线外做齐金黑缘线。

本等级雀替，仅用于特殊高级的龙和玺彩画。

（二）金琢墨攒退卷草做法

以常见的雀替为例：雀替两立面的老金边贴金。池心内的卷草在花纹的外弧阳面轮廓线边沥粉贴金，卷草瓣分别由青、香、绿、紫色构成并做攒退。凡雀替雕有山石者，无论各种等级，山石都一律为青色，细部做法随该雀替大草做法。卷草花纹之外的空地做朱红色的油饰；雀替的翘一律设为绿色，升斗一律设为青色。雀替底面的曲面，靠升的第一段设绿、第二段设青、第三段又绿，分段多者均按此法成青、绿相间式设色。翘、升轮廓线及雀替底面各分段线均沥粉贴金，在金大线以里做大粉、晕色，在各部位的中部做墨老。

本等级雀替，一般用于各类高等级彩画。

（三）玉做卷草做法

雀替各部位大部分与上述"金琢墨攒退卷草雀替做法"相同，只是将雀替池心内卷草外弧阳面的轮廓线由沥粉贴金改为勾勒白粉线。

本等级雀替，一般用于各类中等偏上的彩画。

（四）老金边贴金、烟琢墨攒退卷草做法

雀替只老金边贴金。雀替的翘、升斗及其底曲面各段的轮廓线为墨线，免去其中的晕色做法。其余各部位的设色等，均与上述"中上等级玉做卷草雀替做法"相同。

本等级雀替，一般用于各类中等级偏下的彩画。

（五）烟琢墨攒退或纠粉卷草雀替

雀替老金边的做法或做墨色（多见于清中、早期）或做黄色（多见于清晚期）。

池心卷草设色一般仅以青、绿二色做相间式设色（讲究的做法，亦有做成青、香、绿、紫四色），卷草细部大多为纠粉，少量讲究做法或为玉做或为烟琢墨攒退。其余各部位的设色均与上述"玉做卷草雀替做法"相同。

本等级雀替，一般用于各类低等级彩画。

雀替彩画常见等级做法见彩图6-5-1。

二、花板彩画

花板多用于牌楼、垂花门等建筑。大型花板用于牌楼，花板的上下左右有枋及高栱柱等构件；小型花板见于各种建筑，花板的上下左右有折柱等构件。花板由大边、花板大线、花板心（镂空花纹）构成。

花板雕刻的主题纹样有龙纹、龙凤纹、卷草纹、云纹、如意云纹等，其中以龙纹、龙凤纹、卷草纹为多见。

（一）浑金花板做法

花板大线及其主题纹饰龙、龙凤或其它花纹的迎面贴浑金（一般贴红金，下同），花纹的侧面掏刷丹色；花板大边有两种做法：一是大型花板大边，一般做朱红色油饰；二是小型花板大边，按花板块做成一青一绿的相间式设色。靠花板金大线，有的只做齐金黑绿；有的只做齐金大粉；有的做法不但拉大粉，同时还要拉晕色；花板外的折柱，其基底一般为朱红色，迎面纹饰一般为片金做法。

本等级花板彩画，一般仅用于各种和玺彩画。

（二）金琢墨攒退花板做法

以小型卷草花板为例：池心卷草迎面做金琢墨攒退（大型花板主题花纹做法亦同），卷草侧面掏刷丹色；花板大线贴金；大边按块做成一青一绿的相间式设色。靠花板金大线，有的只做齐金黑绿线，有的只做齐金大粉；有的不但拉大粉同时还要拉晕色；花板以外折柱的做法，因各种需要不同，做法有多种，或只做朱红色油饰，或做锦纹等纹饰。

本等级花板彩画，一般用于除浑金花板以外的各类高级彩画的花板。

（三）烟琢墨攒退或玉做花板

以小型卷草花板为例：池心卷草迎面或做烟琢墨攒退或玉做（大型花板主题花纹做法亦同）。依据实际需要，在花纹的某些特定部位，还往往间做局部贴金。卷草的侧面、花板大线、花板大边做法，与上述"金琢墨攒退花板做法"相同。

本等级花板彩画，一般用于清各类中等级彩画的花板。

（四）纠粉间局部贴金花板

大型龙凤花板彩画做法：池心的龙身设青色，龙头纠粉，龙鳞片烟琢墨攒退，龙发毛设绿色纠粉，龙角、脊刺贴金；池心的凤身设绿色，羽毛烟琢墨攒退，凤头纠粉，凤嘴及翅上部的外轮廓贴金，凤腿爪设香色开墨，凤尾设多色开墨；池心宝珠贴金；火焰设浅香色纠粉；池心云纹设青、绿二色纠粉；花板大线贴金；花板大边做朱红色油饰。

小型龙凤花板彩画做法：龙纹花板，龙身设青色纠粉，龙角、宝珠贴金，云纹青、绿色纠粉；凤纹花板，凤身绿色纠粉，凤嘴及宝珠贴金，凤腿爪浅香色开墨，云纹青、绿色纠粉；花板大线贴金；花板大边按花板块做成一青一绿相间式设色，靠花板金大线拉饰晕色、大粉。

本花板彩画做法实例，见于北京雍和宫牌楼（金线大点金龙锦方心旋子彩画）的花板。

（五）纠粉花板做法

以小型卷草花板为例：池心卷草迎面多以青、绿二色做相间式设色，卷草的外孤阳面做渲染纠粉，卷草的侧面里掏刷丹色；花板大线墨色（清代晚期彩画亦有做成黄色者）；花板大边，按花板块做成一青一绿的相间式设色。靠花板墨大线，有的做法拉饰大粉，有的不做。

本等级花板彩画，一般用于清各类低等级彩画的花板。花板彩画做法实物图例见彩图6-5-2。

第六节 倒挂楣子彩画

倒挂楣子由楣子边框、棂条及花牙子构成。

一、楣子边框彩画做法

1. 楣子边框按建筑开间刷饰成一间青一间绿的青、绿相间式颜色，颜色由光油调制。这做法见于清中、早期彩画。

2. 楣子的边框都刷成朱红色的做法见于清代各个时期。

二、楣子棂条彩画做法

1. 在棂条迎面，按棂条的具体部位，做有规律的青、绿相间式设色并玉做，棂条的侧面（里儿）通常掏刷丹色，亦有掏刷粉紫色者，但仅见于清中、早期彩画。

2. 在棂条迎面，按棂条的部位，成有规律的青、绿相间设色，只在棂条迎面的正中拉饰细白色线，棂条侧面大多掏刷丹色，少量做法掏刷粉紫色。

三、花牙子彩画做法

花牙子纹饰的内容，常见的有夔龙、松竹梅、卷草、牡丹花等。花牙子彩画的设色因纹饰内容的不同而异，如夔龙牙子设色就比较单一，而松竹梅牙子则比较复杂。

花牙子彩画在涂刷基底色基础上，有两种做法，其一，玉做，仅见于硬馨龙花牙子。其二，纠粉。大多花牙子彩画为素做。某些中高等级彩画，在花牙子有大边时，要在大边等部位做局部贴金。

第七节　浑金柱、片金柱彩画及墙边彩画

一、浑金柱彩画及片金柱彩画

一般建筑内外檐柱子的装饰普遍为油饰做法，而非常重要的殿堂其内檐中央区域的四棵柱子（名龙井柱），往往通过运用豪华凝重的浑金彩画，或运用华贵亮丽的朱红油地片金彩画进行特殊装饰，不但体现出该建筑特殊的重要性，还可以鲜明地标示出建筑内檐中心位置的作用。这种装饰手段，对帝王宝座、神龛等重要设施起到有效地烘托渲染作用。

在这两种柱子彩画中，浑金柱彩画高于朱红油地片金柱彩画。

（一）浑金柱彩画

浑金柱彩画主题纹常见有两种：

1. 浑金龙抱柱，柱子主题纹饰为龙，在每棵柱上画一条巨大的龙，龙头置于柱子的上方，龙呈升势，缠绕着柱子的绝大部分。龙头上方置宝珠火焰于柱与梁枋的搭接处；柱根部位画海水江牙纹；柱子的所有纹饰都用较粗壮的沥粉体现；柱子的贴金，龙身、云纹、海水江牙贴红金，所有空地贴黄金（见彩图6-7-1）。

2. 浑金西番莲柱彩画：柱子主题纹为西番莲，柱根部绘海水江牙纹。西蕃莲纹自寿山石出，围绕柱身向上做连续式的排列到与梁枋的搭接处。柱子的全部纹饰沥粗壮的大粉。柱子的贴金，海水江牙、西番莲贴红金；所有空地贴黄金。

（二）朱红油地片金柱彩画

主题纹用西番莲，柱子下端一般画海水江牙，西番莲纹由海水江牙出，围绕柱身向上做成连续式排列到与梁枋柱搭接的部位。全部纹饰皆沥粗粉，凡纹饰贴一色红金，纹饰以外的空地做朱红油地（见彩图6-7-2）。

二、墙边彩画

墙边彩画，指在建筑内檐墙面做包金土色（近似于浅黄褐色），墙面边做有纹饰的彩画。

墙边彩画有三个不同档次的做法：

（一）画描墙边衬二绿做法

墙边涂刷二绿，绿边宽度一般约在120mm左右，内画卷草或卷草西番莲等纹饰。花纹二绿色，全部开细墨线。花纹以外之地儿有的做广靛花色、有的做石青色做为托衬色。绿色花饰大边以里大边界拉约8mm宽的朱红色大线一圈，向里相隔约一线宽左右，再

拉饰约 8mm 宽的白色线一圈。

（二）刷大绿界拉红、白线做法

墙边涂刷大绿，绿边宽度一般约 120mm 左右。在绿大边以里，靠边界拉约 8mm 宽的朱红大线一圈，向里相隔约一线宽左右，再拉约 8mm 宽的白色线一圈。

（三）刷大绿界拉黑、白线做法

做法基本同上述"刷大绿界拉红、白线墙边做法"，所不同的只是改朱红线为黑线而已。

墙边彩画做法图例见彩图 6-7-3。

第七章

清代官式建筑彩画主要绘制工艺及操作要求

清式彩画的绘制，要涉及到多种不同的工艺，而每项具体的工艺，都是按着清代彩画的规范要求、操作规程、程序，通过技术或艺术的表现方法完成的。为能具体地说明这些问题，以下就各具体工艺所涉及到的主要方面做些集中简要的阐述。

一、拓描或刮擦旧彩画

在彩画的设计与施工中，为了保留或按原样恢复某些旧彩画，对于有沥粉纹饰的旧彩画取样，有拓描和刮擦两种方法。

（一）拓描旧彩画

分两个步骤：首先是拓，拓即捶拓，方法与传统的捶拓碑文基本相同。彩画拓片用纸一般运用高丽纸，拓前须将高丽纸略加喷湿，使其具有柔软性。

捶拓用色，在黑烟子中加入适量胶液，如需要缓干还要加入少量蜂蜜。

捶拓工具须备两个包有棉花的布包，一为净棉花包，专用做捶卧纸用，另一包为专用做沾色捶拓用。

捶拓方法，将拓纸蒙于旧彩画表面并加以固定，先用净包对纸面进行反复拍打，将纸卧实，使旧彩画的沥粉纹凸起于纸面，然后再用含色的布包反复捶拍，沥粉花纹便显现于纸面，取下则成为旧彩画拓片。

其次是描，所谓描，指真描及踏描。真描，指对拓片上不清晰的线纹做加重的复描。踏描是指运用透明或半透明纸，蒙在无沥粉的旧彩画的纹饰上面，按纹饰原样如实地过描。

（二）刮擦旧彩画

用高丽纸稍加喷湿，蒙于有沥粉的旧彩画表面，后用较软的小皮子对纸面做反复轻刮，使纸面卧实并凸显出沥粉纹，再用包有黑烟子粉的布包反复轻擦，沥粉纹亦可较清楚的显现于纸面，取下亦可做为旧彩画的样片。

无论拓描或刮擦旧彩画，都要求以不损坏、不脏污原旧彩画，样片纹饰清晰、准确、记录详细为准则。

二、丈量

运用长度计量工具，对要施工的彩画构件的长度、宽度做实际测量记录。

三、配纸

亦名拼接谱子纸。按实际需要的尺寸，运用拉力较强的牛皮纸，经剪裁粘接为彩画施工起扎谱子进行备纸。

配纸要求做到粘结牢固、平整，位置、尺寸适度，在纸的端头用墨笔标出具体构件或构件部位的名称、尺寸等。

四、起扎谱子

起谱子在清早、中期称为"朽样"，后渐称为起谱子。起谱子在彩画工程中属于施工范畴的工作，一般说来，做为一个彩画工程，如果有彩画设计，其谱子纹饰的绘制必须严格按照并体现设计要求。如果无彩画设计，其谱子纹饰的绘制，则应符合彩画传统的规范要求或时代特征要求。起谱子是一项相对独立的工作，要在其相关的配纸上，先画标准样式线描图。彩画工程是以谱子为本，谱子起的正确与否，将直接决定该工程质量的优劣，故起谱子是一项技术要求非常高并具有决定性作用的关键工艺，为历来的彩画施工所重视。

彩画施工中，凡同构件同纹饰在彩画中重复出现两次以上的，都要求起谱子，谱子的纹饰、形象、尺度、风格应与设计或与旧彩画相一致。

扎谱子，是用针按照谱子的纹饰，扎成均匀的孔洞，以通过拍谱子显现出谱子的纹饰。

扎谱子时针孔不得偏离谱子纹饰，要求针孔端正、孔距均匀，一般要求主体轮廓大线孔距不超过 6mm，细部花纹孔距不超过 2mm。

五、磨生、过水

磨生，又称磨生油地，即用砂纸打磨钻过生桐油并已干透的油灰地仗表层。磨生的作用一是磨去即将施工的彩画地仗表层的浮灰、生油流痕或生油挂甲等瑕疵；二是使地仗表面形成细微的麻面，以利于彩画的沥粉、着色等。

过水，即用净水布擦拭磨过的生油地的表面，使之彻底去掉浮尘。

无论磨生、过水，都要求做到不遗漏。

六、合操

合操是油灰地仗磨生过水后的下一道工序。是用较稀的胶矾水加少许深色(一般为黑色或深蓝色)均匀地涂刷在地仗表面。其作用有二：一，使得经磨生过水已经变浅的地仗色，再由浅返深，利于拍谱子时花纹的显示。二，防止下层地仗的油气上咬，利于保持及体现彩画颜色的干净鲜艳。

七、分中

分中，即在构件上面标画出中分线。一般多做在水平大木构件，把水平构件的上下两条边线取中点并连线，此线即为该构件的中分线。同开间立面，长度大体相同的各个构件(如檩、垫、枋三件)的分中，以最上端构件的分中线为准，向其下做垂直线，为该间各构件的分中线。

构件的分中线，即彩画纹饰左右对称的轴线，该线是专用为拍谱子标示所必须依的位置线，一经刷色便不复存在。

分中线必须准确、端正、直顺、对称无偏差。

八、拍谱子

亦名打谱子，即将谱子纸铺实于构件表面，用能透漏土粉的薄布，包装土粉或大白粉，对谱子反复拍打，使粉包中的土粉透过谱子的针孔将谱子的纹饰印在构件表面的一项工作。

对拍谱子的要求是，使用谱子正确、纹饰放置端正、主体线路衔接直顺连贯、花纹粉迹清晰。

九、描红墨与摊找活

描红墨是清早中期拍谱子后的一道工序。该工序是运用小捻子(画工自制画刷)蘸入胶的红土子色，描画校正补画拍在构件上的不端正、不清晰或少量漏的纹饰。描画出不起谱子的花纹，如挑尖梁头、穿插坊头、三岔头、霸王拳、宝瓶、角梁等构件上的纹饰。这道工序，清代晚期以来逐渐被"摊找活"所取代了。

摊找活，是清晚期以来拍谱后的一道工序，其方法及作用，与上述描红墨基本相同，不同的只是改红墨为用白色粉笔描绘纹饰。

无论描红墨与摊找活，凡有谱子部分。应与谱子一致，无谱子的部位，应与设计、标样或与传统法式相一致，要求纹饰清晰准确、齐整美观、线路平直。

十、号色

是在彩画施工涂刷颜色前，按彩画色彩的做法制度，预先对设计图、彩画谱子或对彩画纹饰的各个具体部位，运用彩画专用的颜色代号，做出具体颜色的标识，用以指导彩画施工的刷色。

十一、沥粉

沥粉，是我国传统古建彩画做法的一种独特的工艺，清式各类彩画凡贴金处绝大部分都先进行沥粉。沥粉是通过沥粉工具，经手的挤压，使粉袋内的半流体状粉浆经过粉尖子出口，按谱子的纹饰，附着于彩画作业面上的一种特殊作业方式，各种纹饰一经沥粉，则成为凸起的半浮雕纹饰，通过这种工艺，不但可以体现花纹的立体质感，同时还可以有效地衬托这些花纹上所贴金箔的光泽效果。

清式彩画沥粉的粉条粗细一般分为三种，粉条最粗者称大粉，稍细者称二路粉，最细者称小粉。大粉普遍用做彩画的主体轮廓大线；二路粉和小粉，分别用来表现彩画的细部花纹。

沥大小粉的程序是，先沥大粉，后沥二路粉及小粉。

沥粉应严格按照谱子的粉迹纹饰，全面准确地体现出谱子纹饰的特征，不得随意发挥个人的风格。沥粉应做到气运连贯一致，粉条表面光滑圆润，粉条凸起度饱满（一般要求达到近似半圆程度），粉条干燥后坚固结实，沥粉无断条、无明显接头及错茬、无瘪粉、无风窝麻面、飞刺等各种疵病。

直线沥粉要求必须依直尺操作，不允许徒手沥粉。直线沥粉的竖线条应做到垂直，横线条做到平直，倾斜线条做到斜度一致。纹饰端正、对称、线条宽度一致，边线宽度及纹饰间的风路宽度一致。

曲线沥粉，纹饰亦应做到端正、对称、弯曲转折自然流畅，线条宽度、边线宽度及纹饰间隔宽度一致。

细部彩画的沥小粉（包括曲线沥小粉），线条应做到利落清晰，准确体现出谱子纹饰应有的神韵。不得出现并条、沥乱、错沥、漏沥等现象。

十二、刷色

即平涂各种颜色。包括刷大色、二色、三色、抹小色、剔填色、掏刷色。

刷色程序应先刷各种大色，后刷各种小色。刷青绿主大色，应先刷绿色后刷青色，因洋绿色性质成细颗粒状，入胶后易沉淀，又因其遮盖力稍差，用做涂刷基底大色时，一般要求涂刷两遍成活。

银朱色性质呈半透明、遮盖力较差，用做涂刷基底大色时，必须先在底层垫刷章丹色，再在面层罩刷银朱色。

刷各种颜色，有彩画设计者，必须符合设计要求。无设计者，要做到符合传统彩画的设色制度或符合标样。

刷色应做到均匀平整，严到饱满，不透地虚花，无刷痕及颜色坠流痕，无漏刷，颜色干后结实，手触摸不落色粉，颜色干燥后在刷色面上再重叠涂刷它色时，两色之间不混色。刷色边缘直线直顺、曲线圆润、衔接处自然美观。

十三、包黄胶

简称包胶。包黄胶的用料包括用包黄色色胶（清代传统彩画的包黄胶由黄色加水胶调成)和包黄色油胶(现代直接运用黄色树脂漆或黄色酚醛漆)两种黄胶。

包黄胶的作用,一是为彩画的贴金奠定基础,通过包黄胶,可阻止下层的颜色对上层金胶油的吸吮,利于金胶油的饱满,有效地衬托贴金的光泽;二是向贴金者标示出打金胶及贴金的准确位置范围。

包黄胶应符合设计要求,做到用色纯正,位置范围准确,包严包到。要求包至沥粉的外缘,涂刷整齐平整,无流坠,无起皱,无漏包,不沾污其它画面。

十四、拉大黑、拉晕色、拉大粉

(一) 拉大黑

即在彩画施工中,以较粗的画刷,用黑烟子色画较粗的直、曲形线条。这些粗黑线,主要用做中、低等级彩画的主体轮廓大线边框大线。

(二) 拉晕色

晕色,是对彩画的各种晕色的总称,晕色是色相上基本相同,而色度有明显差别的颜色。凡晕色,其颜色明度必须浅于与这种晕色相关的深色,例如,三青做为一种浅青色,与大青色相相同,则可以做为大青色的晕色。粉红做为一种浅红与朱红色相基本相同,则粉红可以做为色度较深的朱红的晕色,如此等等。

所谓拉晕色,是指画主体大线旁侧或造型边框以里与大青色、大绿色相关连的三青色(或粉三青色)及三绿色(或粉三绿色)的浅色带。

在彩画中,晕色可起到对深色的晕染艺术效果的作用。而对整体彩画而言,则可起到丰富彩画的层次,使纹饰的表现更加细腻、提高整体色彩的明度、降低各种色彩间的强烈对比,使整体色彩效果趋向柔和统一等各种作用。

(三) 拉大粉

拉大粉是用画刷在彩画中画较粗的白色曲、直线条。这些白色线条,拉饰在彩画的黑色、金色、黄色的主体轮廓大线的一侧或两侧。白色在色彩中为极色,色彩明度最高,故在上述大线旁拉饰大粉可使这些大线更为醒目,同时也起晕色作用,使彩画增强色彩感染力。若在金色大线旁拉大粉,不仅能起到上述作用,还可以起到齐金的作用。

由于大粉是依附在各色大线旁的,所以拉大粉必须在大黑线、金线或黄线完成以后才可进行。另外,凡在金线旁做晕色的,必须待金线及晕色两项工艺完成后才可拉大粉。

无论拉大黑、拉晕色、拉大粉,凡直线都要求依直尺操作(弧形构件,必须依弧形直尺),禁止徒手进行。直线条,要做到直顺无偏斜、宽度一致。曲形线条弧度一致、对称、转折处自然美观。凡各种颜色的着色要结实，手触摸不落色粉，均匀饱满，整齐美观，无虚花透地，无明显接头，无起翘脱落，无遗漏，无不同色彩间的相互污染等各种疵病。

十五、拘黑

拘黑，是指用中、小型的捻子，按旋子彩画纹饰的法式规矩，圈画出细部旋花的黑色轮廓线。

拘黑工艺应当在彩画主体纹饰框架大线完成之后进行。有金旋子彩画应当在贴金工序完成以后进行。拘黑起到两个作用，一是勾勒出旋花等花纹的轮廓线。二是对有金彩画起到齐金作用。

文物建筑旋子彩画的施工，还要求在拘黑前必须第二次套拍谱子，拘黑按谱子粉迹纹饰完成。

拘黑，要求做到符合设计要求或传统法式规矩，线条宽度一致，直线平整，斜度一致，旋花瓣等纹饰体量和弧度一致，纹饰工整对称，不落色。

十六、拉黑绦

拉黑绦(亦称拉黑掏)，是指在彩画的某些特定部位拉饰较细的黑色线。当彩画工程主要工序已经完成，在打点活工序前，在如下主要部位一般都要拉黑绦：

1. 在两个相连接构件相交的秧角处(如檩与垫板、大额枋与由额垫板、檩与随檩枋、柁与随柁枋等两构件相交的秧角处)，在自构件内侧箍头线之间一般要拉黑绦(包袱式苏画的黑绦线须隔开包袱拉饰)。

2. 彩画的主体轮廓大线为金线者，和玺彩画在线光心金线的外侧、圭线光金线在白色线的另一侧、找头圭线及岔口金线在金线的内侧做拉黑绦；金琢墨石辗玉旋子彩画的旋花部位，在两端轮廓大线的外侧、金琢墨石辗玉、烟琢石辗玉、金线大点金岔口的金线，在金线白粉线的内侧做拉黑绦；金线苏式彩画，在方心岔口金线内侧、找头金圭线内侧、池子岔口金线(池子外的圭线)内侧做拉墨绦。

3. 角梁、霸王拳、穿插枋头、挑尖梁头、三岔头等构件做金老者，方心、雀替做金老者，均在各金老外圈画黑绦。

4. 青、绿相间退晕金龙眼椽头，在金龙眼外圈画黑绦。

清式彩画表现形式多样复杂，关于应拉黑绦的范围，仅选择了主要部分予以叙述，其它不再赘述。

彩画的拉饰黑绦，目的主要是起到齐色，齐金，增加色彩表现层次，使得彩画效果更加细腻、齐正、稳重、美观等作用。

拉黑绦应做到位置准确，完整，宽度一致，不污染其它颜色。

十七、压黑老

"老",又称随形老。在彩画的方心、箍头、角梁、斗栱、挑尖梁头、霸王拳、穿插枋头等部位,按着这些部位的外形在中央缩画的图形称为"老"。其中凡用黑色画的称为黑老;用沥粉贴金表现的称为金老。

压黑老工序多在彩画基本完成以后进行。压黑老要做到黑老居中、直顺、造型、力度及宽窄适度、颜色足实。

十八、平金开墨

平金开墨,泛指在平贴金的地子面上,运用黑色或朱红色以勾线方式,描画出各种花纹,该工艺一般由描金专业人员完成。随着时间的推移,逐渐被画作所取代。对所勾描花纹要求做到利落、清晰、准确。

十九、切活

"切活",清代早中期称为"描机",以后逐渐改称切活。

切活工艺广泛地运用于清式各类彩画中,尤其多用于旋子彩画中。如做在活盒子岔角上的切活、枋底以及池子心上的切活、宝瓶上的切活等。

切活亦称为"反切",即于青色或绿色丹色的地子上,通过用黑色进行勾线平填,使地子色变成为花纹图形,所勾填的黑色却转变成地子色的一种表现纹饰的工艺做法。

彩画切活,一般不起谱子,要求做到一切而就。由于切活用的是黑色,一旦切错不易修改,因此完成好切活的前提是,要求作者对各种图案的构成画法必须十分纯熟。切较为复杂的图案时,可以做些简单的摊稿工作再进行切活。大多数简单的切活,都是凭作者的技能,直接切出各种纹饰造型。

清式彩画活盒子岔角的切活规则要求,凡三青底色者,必须切卷草纹;凡三绿底色者,必须切水牙纹。

彩画的切活,应先涂刷基底色,后做切活。切活要做到符合设计要求或文物建筑的法式规定,底色深浅适度,纹饰端正对称,主线和子线宽窄适度,勾填黑色匀称,线条挺拔,花纹美观(另参见第二章,第四节"旋子彩画切活")。

二十、吃小晕

又名吃小月。用细毛笔或较细软的捻子在旋花瓣等纹饰的轮廓线里侧,依照纹饰走向,画出细白色线纹。由于该白线较细,色彩明度又最高,可使整体花纹产生醒目提神的作用,同样也起到晕色作用,故名为吃小晕。

彩画行业中，历来有"丑黑俊粉"的说法。是说施工中所抅的黑色花纹不一定都是规范的、美的，但通过吃小晕，对不规范的"丑黑"部分可以有所纠正，使之达到圆、直俊美。

吃小晕应做到线条宽度一致，直线平正，曲线圆润自然，颜色洁白饱满，无明显接头、毛刺。

二十一、行粉

亦名开白粉。泛指在彩画攒退活中画较细白色线道的工艺，其用笔、用色、作用、要求等，基本与上述"吃小晕"相同。

二十二、纠粉

纠粉，是在基底色花纹上渲染白色的一种做法。多用于木雕刻构件，如花板、雀替、花牙子、三福云、垂头、荷叶墩、净瓶等。

木雕刻花纹做纠粉前，都要按设色规矩先垫刷各种重彩地子色，如大青、大绿、深香、紫色等色，之后用毛笔(一般用两支毛笔，一支专用抹白色，另支笔专用做搭清水渲染)，沿花纹的边缘，做白粉渲染，经渲染使着白粉的边缘由白过渡为虚白，由虚白过滤到基底色的效果。由于纠粉是用白色对深色做渲染的做法，故通过纠粉木雕花纹，可产生轮廓清晰醒目，单纯素雅的装饰效果。

纠粉要做到渲染白色不兜起基底色，对白色要纠的开，白色与基底色之间色彩过渡自然美观，无白色流痕，不同颜色间不相互污染。

二十三、浑金、片金、平金、点金、描金

（一）浑金

在彩画的全部或彩画某些特定部位的全部都贴饰金箔的一种彩画做法。清式彩画中常见的有：大木沥粉浑金彩画、柱子沥粉浑金彩画、木雕花板及雀替浑金彩画、斗栱浑金彩画、宝瓶沥粉浑金彩画等。

以沥粉贴两色金的浑金蟠龙柱为例，其操作程序为：拍谱子、摊找活、沥大小粉、垫光米色油、打金胶贴赤金、打金胶贴库金、贴赤全部位罩光油。

浑金彩画，可产生豪华浑厚、高级凝重的装饰效果。

（二）片金

片金，是使金活成片儿样为特征。它是清式彩画纹饰表现的基本做法之一，如片金龙、凤，片金卡子、片金西番莲等。

片金做法，是相对于其它做法而言的，是一种比较粗放的做法，其工艺程序为沥粉、包黄胶、打金胶、贴金。由于金色纹饰在光的作用下非常显著，在彩画中多被用于主体大线、部位构件造型的边框线、金老及各种花纹造型的表现。

片金花纹图案在整体彩画中不是独立存在的，它是在各种颜色背地的衬托下，共同用于彩画装饰的。这种彩画可产生金碧辉煌的效果，清代各种中高等级彩画普遍采用。

（三）平金

亦称平贴金。多用于斗栱各部件彩画的边框轮廓贴金及雀替彩画的金边贴金。

平金的做法、作用、效果等基本同上述的片金，只是在做法上免去了沥粉工序，等级略低于片金。

（四）点金

在花纹的某些局部做有规律的撒花式的贴金，而其余大部分纹饰及地子用其它颜色表现称为点金。

点金的做法、效果基本同片金，由于点贴金的用金量有限，又为分散的装点形式，这种彩画在光的作用下，可产生平实中见高级和繁星闪耀的效果感受。

（五）描金

用细毛笔，运用泥金做颜色，在重彩画法的人物画或彩画的特殊部位勾画较细的衣纹或图案轮廓等金色线条的操作工艺称为描金。

彩画图案或重彩人物画一经描金，便会产生较精致高级的装饰效果。

以上所述的浑金、片金、平金、点金，一般都要求做到金胶油纯净无杂物，打金胶整齐光亮、无流坠无起皱、无漏打现象。贴金面饱满，平整洁净，色泽光亮一致，两色金做法金色分布准确，无遗漏，无鏊口，无崩秧，贴金面罩光油严到，光亮一致，无流坠起皱。

描金线纹遒劲准确，符合纹理规范，颜色饱满光亮。

二十四、贴两色金

贴两色金，即按花纹、部位分贴红金箔（相当于库金箔）及黄金箔（相当于赤金箔）的一种贴金做法，多用于清代中早期高等级的和玺彩画、旋子彩画、苏式彩画等。因彩画种类、纹饰构成的不同，具体贴两色金的做法是不拘一格的。具有共性的一点是，彩画的主体框架大线（箍头线、皮条线、岔口线、方心线、盒子线、天花井口线及其方圆鼓子线等）及构件造型的边框轮廓线（椽柁头、挑尖梁头、穿插枋头、角梁、斗栱等）一般多普遍贴库金，而其它各细部纹饰，有的可与大线一样贴库金，有的则贴赤金，使得不同色彩的贴金与不同色彩的运用一样，能产生色彩对比的效果。

贴两色金要做到做法正确，打金胶油必须整齐、光亮、线路直顺，不得有流坠、起皱或漏打，金箔粘贴饱满，无遗漏，无鏊口，色泽一致，线路整齐洁净，两色金分布准确。凡贴赤金的部位必须通罩光油，其质量要求同于打金胶。

二十五、攒退活

攒退活，是清式彩画细部图案做法的统称。包括金琢墨攒退、烟琢墨攒退、烟琢墨攒退间点金、玉做、玉做间点金等。

攒退活的"攒"，主要指图案的着色结果，是多层次颜色的积聚重叠（其中主要指同色相的多层次的晕色）。"退"，指图案的绘制方法，是向表层按工序的移退式操作方法。

攒退活，可分为三种常见的等级性做法，它们依次是金琢墨攒退、烟琢墨攒退及玉做。除上述三种常见的做法外，还有两种不太常见的做法，一种是烟琢墨攒退间点金；另一种是玉做间点金。

用于攒退活的主要颜色是各种小色，攒退活用的小色，彩画等级高的，一般由多种小色（如三青、三绿、粉紫或粉红、黄色、浅香色等）岔齐颜色。彩画等级较低的，一般由两种小色（常见为三青、三绿）岔齐颜色，有的甚至只用一种小色。

做在某种小色中间、中央或一侧的同色相的深色称为"色老"，色老在操作中被称为"攒色"或"压色老"。

攒退活图案边缘轮廓色的做法，因做法及等级的不同，或为沥粉贴金，并在金线以里描白粉线或圈描墨线，并在墨线以里描白粉线，或只描白粉线。

攒退活描白粉的方法不同，其名称也不同。凡在图案的两侧描白粉线，两白粉线之间留晕，晕色的中间攒深色的做法，称为"双夹粉攒退"；凡在图案的一面描白粉，另一面攒深色，中间留晕色的做法，称为"筋斗粉攒退"。

（一）金琢墨攒退

图案的外轮廓线以做沥粉贴金为特点。其操作程序为沥粉、抹小色、包黄胶、打金胶贴金、行白粉、攒色完成。此种做法的效果是高级华贵、工整细腻。

（二）烟琢墨攒退

图案的外轮廓线以圈描黑色线为特点。其操作程序为抹小色、圈描黑色外轮廓线、行白粉、攒色完成。此种做法的效果是工整、稳定。

（三）玉做

图案的轮廓线以圈描白色线为特征。其操作程序为抹小色、圈描白色轮廓线、攒色完成。此种做法的效果是工整、单纯、素雅。

以上各种攒退活的操作，要求必须符合设计要求。各种攒退活做法中所涉及的沥粉、抹小色、包黄胶、打金胶贴金、行白粉等工艺内容的具体要求，参见本章相关工艺的有关内容。

攒退的开墨要求做到线条宽度一致、流畅圆润、纹饰端正、对称；攒色要求做到色度适度、足实、宽度适当、整齐一致。

二十六、接天地

接天地是彩画白活涂刷基底色工艺的统称。彩画的白活,如硬抹实开线法、洋抹山水、硬抹实开花卉、硬抹实开或洋抹金鱼等类的绘画,都要先接天地。

接天地,主要用白色(中国铅粉)及浅蓝色(浅群青色或普兰加白色合成的浅普兰色)涂刷基底色,在两色未干时,经涂刷润合,使两色间形成搭接自然相互过渡的色彩效果。将浅蓝色置于画面上端,白色置于下端称为接天;相反称为接地。

还有一种不大常见的做法,将浅蓝色用于画面的上下两端,白色用于画面的中部,这种较特殊做法,用于某些方心或池子画花卉。

接天地有两个明显的作用,一是,使画面形成一定的空间感;二是,与不接天地全部刷成白基地色的画面产生色调对比,使彩画的色彩排列富于变化不感到雷同。

接天地的刷色要求,原则同上述的"刷色"。同时还要求做到,刷色所运用的浅蓝色应深浅适度,白色与浅蓝色的衔接润合自然、不骤深骤浅、无明显刷痕、色彩洁净。

二十七、过胶矾水

过胶矾水,是在已涂刷了颜色的地子表面,涂刷由动物质胶、白矾及清水合成的透明溶液,使之充分地浸透饱和地子色的一项工艺。地子色一经过胶矾水并干燥后,当在其上面再重复地做渲染时,原地子色不再容易吸收水分,从而起到封护地子色及利于再做渲染的作用。

过胶矾水,要求每涂刷一遍颜色或每渲染一遍颜色后,只要该色遍以后仍需要再做渲染,则都须过胶矾水一遍。

二十八、硬抹实开

硬抹实开是彩画白活的一种画法,一般多用来画花卉、线法、人物等。称为"硬抹实开花卉"、"硬抹实开线法"等。

硬抹实开画法有如下几个基本特点:

1. 为达到写实的白活绘画效果,在涂刷基底色时一般要做接天地的技术处理。

2. 对所摊的画稿,先满平涂各种颜色——即所谓"硬抹"成形着色。

3. 对造型的轮廓线,要通过勾线加以肯定,根据需要,有的要勾墨线,有的要勾其它色线。

4. 绘画内容的着色,是通过平涂、垫染、分染、著色、嵌浅色等多道工序完成的。

硬抹实开画法工细考究,一般又多采用矿物质颜料,题材造型是通过勾线及多道次的润色渲染完成的。经这种画法所绘制的作品，艺术效果写实逼真，画的保持年代则也更延年持久。

运用硬抹实开画法无论绘制什么题材，其立意、章法、绘法、设色均应符合彩画白活表现传统。花卉形象准确生动，具有神韵，勾线具有力度，色彩渲染层次鲜明，表现工整细腻美观。画线法，建筑造型要准确，要符合透视原理，线条直顺，曲线转折自然，布景具有深远空间感，色彩渲染层次鲜明，工细美观。

二十九、作染

作染是对包括花卉、流云、博古、人物等写实性题材渲染技法的一种泛称。古建彩画通常指作染花卉、作染流云、作染博古等类绘画。

以常见的作染花卉为例，一般又多指绘于某些彩画（主要是苏画）某些特定部位的，在大青、大绿、三绿、石三青、紫色、朱红等色地上，绘制作染花卉基本同硬抹实开花卉的画法程序，不同之处是，其基底做平涂刷饰，不强调花卉造型的轮廓普遍要勾线（参见"硬抹实开"的有关内容）。

绘制作染花卉、作染流云等各种题材绘画，其表现风格、构图章法、画法应符合传统，绘画具有神韵，自然，色彩艳丽美观。

三十、落墨搭色

落墨搭色是写实性白活的一种绘法，一般多用做画山水、异兽、翎毛花卉、人物、博古等。该画法特点，一般都先落墨勾线做为造型的墨骨，在墨骨的基础上，画地坡、山石、山水树木等类题材，还要按需要，采取皴、擦、点、染等技法，表现题材的质感。这些凡施墨色的，都属于落墨的范畴。

在落墨基础上着染其它色彩，只染透明清淡的色彩，故名"搭色"，所搭染之色，既达到着色目的，又能显现底层之墨骨墨气。

落墨搭色画法无论画什么题材，主要是运用墨色表现绘画形象。其它着色，只是辅助手段。所以该画法所绘之画，能给人以书画气的感受。落墨搭色做为一种基本画法，为彩画白活长期运用至今。

落墨搭色画法是经涂刷白色基底色、摊活、落墨、过胶矾水、着染其它彩色几个主要程序完成的。要求立意、章法、设色等符合彩画白活的传统，落墨线条具有力度神韵，墨气足实，着色明晰，造型自然生动美观。

三十一、洋抹

洋抹，顾名思义，应为西洋画法，它是我国古建彩画吸收国外绘画技法而形成的一种画法，约兴起于清代中期，盛行于清代晚期，多用来画山水、花卉、金鱼、博古等题材。

洋抹画法，涂刷基底色时也接天地，作画一般不起稿都是凭着作者纯熟的造型功力，直接用颜色抹出所要绘制的形象，表现形象一般不勾线，绘制效果以追求写实逼真、具有深远感、质感为目标。

对各种洋抹画的一般要求为，构图布局合理，造形准确生动，符合透视原理，色彩稳重，真实美观。

三十二、拆垛

拆垛是彩画纹饰表现的一种画法，此种画法，是在苏画特定部位上，绘散点式的落地梅、桃花、百蝶梅、皮袄花以及藤罗花、葫芦、牵牛花、香瓜、葡萄等小型花卉。某些低等级苏画的白活中，有时也画一些较大型的花鸟画。

拆垛，术语称为"一笔两色"。特点是用笔锋很短的圆头毛笔或捻子，先饱蘸白色，然后在笔端再蘸所需的深色，在调色板上经轻轻按压，使笔内所含白色与深色，形成相互润合过渡的色彩，再凭作者作画的造型功力，在画面作各种花卉。其中凡较小圆点花瓣，只需经按点；较大面积的图形，除运用按点方法外，有的还要采用抹画方法成形；长条形图形（如长条形叶片、花卉枝框等）一般要用侧锋拖笔画成。出于形象表现的需要，对有些部位，往往还要运用深色做些勾线和点绘。

拆垛用色不同，对只用白色与蓝色的拆垛画法称为"三蓝拆垛"或"拆三蓝"；对用白色与其它各种颜色进行的拆垛画法，称为"拆垛"或"多彩拆垛"。

拆垛应符合彩画传统，章法有聚有散，布局合理，造型生动美观，色彩鲜明。

三十三、退烟云

烟云用于指苏画包袱的边框、方心及池子岔口等部位，其纹饰成由浅至深，由多道色阶线条构成的一种独特表现形式。通过退烟云工艺，能产生出一种很强的立体空间效果，以烟云做为彩画重点部位的装饰边框，能有效地衬托起中心部位所表现的主题。

早期苏画包袱的烟云，多为单层式的软烟云，烟云的色阶道数多者可达九道，烟云的用色还比较单一，一般只用黑色或蓝色。清晚期苏画的烟云，无论画法设色都发生了明显变化，画法方面出现了既用软烟云，同时兼用硬烟云的画法。凡烟云普遍都由烟云筒和烟云托子两部分构成。烟云筒的色阶道数可分为三、五、七、九及十一道，其中以五道和七道的画法为常见；烟云托子色阶道数为三道或五道，其中以用三道为多见。一般说来，烟云色阶道数多的用于中高等级的苏画，反之用于低等级的苏画。

清晚期（尤其在清末期）苏画烟云的色彩运用面大大地拓宽了，

烟云主要部分的烟云筒，在仍运用早期的黑色、蓝色的同时，还兼运用红色(朱红色)、紫色(用银硃与群青合成的紫色)、绿色(洋绿)等色做为烟云颜色。这个时期，包袱或方心池子的烟云，烟云筒与烟云托子的配色是有规矩的：一般黑烟云筒配(深浅)红托子；蓝烟云筒配(浅黄、杏黄)托子；绿烟筒配(深浅)粉紫托子；紫烟云筒配(深浅)绿托子；红烟筒配(深浅)绿或深浅蓝托子。

退烟云，即绘制烟云。退各种形式的烟云，都必须先垫刷白色，当退第二道色阶时，首先留出白色阶，再按从浅至深的顺序，每退下道色时，必须留出适宜宽度，并叠压前道色阶多填出的部分，循序渐进地绘制。

硬烟云筒的色阶必须分成横面与竖面"错色退或倒色退"，退时两个面之间必须错开一个色阶，直至退完两个面的全部色阶。如烟云筒横面的第一色阶用白色，则竖面的第一色阶就不能也用白色，必须用深于白色的第二道阶色做竖面的第一道色，竖面的第二道色阶要用第三道色阶色……依此类推。

硬烟云托子退法分两种：一，完全与上述退法相同。二，不分横面竖面，其色阶均自白色起，自浅至深退成，只是色阶的横竖线道都必须随顺外轮廓线的走向。

退硬烟云，要求依直尺操作，以保证线条的横平竖直。无论软、硬烟云，都要求做到色彩色变运用准确，符合规矩，色阶层次清晰分明，过渡自然，不骤深骤浅，宽度、角度恰当、整齐美观。

三十四、捻联珠

联珠是一种在条带形地子内的圆形成连续式排列的图案。该图案见于清式各类彩画，尤其常见于清中、晚期苏画箍头的联珠带纹饰。

所谓捻联珠，即用无笔锋的圆头毛笔或捻子画联珠。捻联珠虽然比较简单，但都是按一定的规范完成的，下面以苏画箍头联珠带的规范画法为例做些说明：

（一）联珠带的基底设色

各种颜色珠子的联珠带基底色都一律设成黑色。

（二）单个珠子的色彩层次

单个珠子的色彩构成，一般由白色高光点、圆形晕色及圆形老色三道晕构成。

（三）联珠带珠子的设色与其相连主箍头设色的关系

凡构件主箍头为青色的，则其侧联珠带的珠子必须做成香色退晕；凡构件主箍头为绿色的，则其侧联珠带的珠子必须做成紫色退晕。

（四）联珠在联珠带内的放置及画法

捻联珠前，应首先根据构件位置统筹规划并确定珠子间的风路距离，珠子的数量及大小，珠子在枋底的放置形式，珠子如何避开构件棱角及秧角。

珠子的放置方向为，无论构件为横向或竖向，其联珠带的珠子都必须捻成侧投影式的朝向上端方向（即珠子的白色高光点和晕色置于珠子的上端，老色置于珠子的下端）。枋底联珠带，必须置一个坐中珠子。所谓坐中珠子，即珠子的白色光点、晕色和老色圆形成俯视正投影。

（五）捻联珠达到的基本标准

珠子要求捻圆，珠子的直径及间距一致，相同长度宽度的联珠带，珠子的数量对称一致，珠子不吃压旁侧的大线，颜色足实，色度层次清晰。

三十五、阴阳倒切、金墨倒里倒切万字箍头或回纹箍头

阴阳倒切或金墨倒里倒切万字箍头或回纹箍头，是苏式彩画活箍头的两种不同等级的做法，其中金墨倒里倒切箍头等级高于阴阳倒切箍头。

（一）阴阳倒切万字箍头或回纹箍头做法

纹饰的轮廓线用白粉线勾勒，纹饰的着色统一用同色相但色度不同的颜色表现，经切黑、拉白粉完成。其纹饰做法程序为，涂刷基底色，用晕色写（画）万字或回纹，切黑，拉白粉。这种箍头，一般用于金线苏画以下等级的各种苏画。

（二）金琢墨倒里倒切万字箍头或回纹箍头做法

纹饰的轮廓线用沥粉贴金线勾勒，靠金线以里拉白粉，纹饰的着色分为里色与面色，其中面色或为青色或为绿色，凡为青面色者，其基底色为大青，晕色为三青。其里的基底色则为丹，晕色为黄色；凡为绿面色者，其基底色为大绿，晕色为三绿，其里的基底色为朱红，晕色为粉红。其纹饰的做法程序为沥粉，涂刷基底色，包黄胶，拉白粉，切黑。这种箍头，一般只用于最高等级的金琢苏画。

做阴阳倒切的万字箍头或回纹箍头，或做金琢墨倒里倒切万字箍头或回纹箍头要求做到：写纹饰的晕色深浅适度，花纹宽度一致，纹饰端正对称，棱角齐整；万字、回纹的切黑法正确，方向正确，线条宽窄适度、直顺，切角斜度一致、对称；拉白粉线的方向正确，宽度一致，线条平直，棱角齐整，颜色足实。（注：本项目中涉及到的沥粉、刷色、包黄胶等内容的要求，参见本章上述相关内容）。

三十六、软作天花用纸的上墙及过胶矾水

彩画软天花，一般采用具有一定厚度和拉力的手抄高丽纸，因历来市场供应的高丽纸都为生纸故不能直接运用，要把生纸变成熟

纸，需对用纸过胶矾水。

对高丽纸过胶矾水，需将纸张上墙或上板，先用胶水粘实一面纸口，然后用排笔通刷胶矾水，待纸约干至七八成时，再用胶水封粘纸张的其余三面纸口，充分干透后即可采用。

高丽纸过胶矾水，应矾到、矾透，所矾高丽纸以手感不脆硬，着色时不洇、不漏色为准。

三十七、裱糊软天花

裱糊软天花，是把做在纸上的天花彩画粘贴到天棚上去的工作。粘贴时，既要在天花的背面刷胶，也要在被粘贴天花的面上刷胶，胶要刷严刷到，但不宜过厚。裱糊天花要求做到端正，接缝一致，老金边宽度一致，不脏污画面，严实整齐牢固。

三十八、打点活

打点活，即收拾找补已基本完成的彩画。打点活是彩画绘制工程的最后一道工序，十分重要。通过该工序，要对已施工彩画的所有内容，如纹饰的画法、做法、设色的质量，是否全面实现了设计要求，是否符合各项制度及规范要求，是否达到了各项质量标准等进行一次认真全面的检查，对检查中发现的各种问题，一一做修改补正，以使彩画的绘制工作全部达到工程验收的水平。

第八章

清代官式建筑彩画的颜材料成分、调配技术及颜色代号的运用

第一节 清代官式建筑彩画的颜材料成分及沿革

我国古建筑彩画所运用的颜色，是青、黄、赤、白、黑五色俱全的，在鲜艳色彩的对比调和方面形成了自己民族的特点，在建筑上施色彩，"最初是为了实用，为了适应木结构上防腐防蠹的实际需要，普遍地用矿物原料的丹或朱，以及黑漆桐油等涂料敷饰在木结构上；后来逐渐和美术上的要求统一起来，变得复杂丰富，成为中国建筑装饰艺术中特有的一种方法。"（引自林徽因先生为《中国建筑彩画图案》所写的序。）

清代晚期以前，彩画所用的颜材料绝大部分为国产，这些颜料中，又以天然矿物颜料为主要颜料。到了清代晚期，由于国外产品进入中国等原因，在继续延用部分传统颜料的同时，还采用了一些进口的化工颜料。

清代彩画，大体可以分为：矿物颜料、植物颜料、近代化工颜料、虫胶类颜料及金属颜料，还涉及到某些矿产干粉、动物质粘结胶，某些树脂油等。

为便于介绍清代彩画颜材料成分的名称、产地、性质及用途等，现列表8-1-1。

清式彩画主要颜材料及沿革表 表8-1-1

系列	颜材料名称	产地、质量及性质等	于彩画的主要用途	约于彩画运用时期
青蓝色系列	天大青	其主要成分为国产天然矿物颜料的石青（铜化物）研成的细颗粒状。与天二青、天三青相比较，颗粒较大，明度较低。彩度较低，颜色柔和。与其它种颜色相重叠或相混合涂刷，相互间不易起化学变化。颜色经久延年不易褪色，具有较强的覆盖力	从清《工程做法》则例载述情况分析系与广靛花相配合主要做为涂刷彩画的大片地子的大色，其次做为青色攒退活的深色等	运用于清晚以前的各种彩画，清晚期来的某些彩画仍有沿用，但逐渐被群青色代替（天大青运用已脱档）
	天二青（亦名石二青、二青）	其它基本同天大青，只是颗粒小于天大青，明度高于天大青	用做彩画青色的晕色及涂刷某些特定部位较小面积的地子色等	于彩画运用时期等，同于上述天大青

续表

系列	颜材料名称	产地、质量及性质等	于彩画的主要用途	约于彩画运用时期
红褐色系列	天三青（亦名石三青、三青）	其它基本同天大青，只是颗粒小于天二青，明度高于天二青	同于上栏	同于上栏
	南梅花青	清代彩画曾运用过的一种颜料，已失传。估计也为矿物颜料，亦属于天然铜化物，颜料性质基本与上述天三青相同，但色彩有别于天三青	同于上栏	同于上栏
	洋青（亦名佛青、云青、群青等）	清代早期从国外进口，20世纪后期我国已自行生产，属近代化工颜料。颜料成细颗粒状，色彩明度中等，鲜艳，呈深蓝色，彩度较高，耐碱、耐高温，不耐酸，呈半透明，颜色持久性远不如天大青	清早、中期用于较低等级无金苏画的大色及调配某些小色。清晚以来的各种彩画，较普遍地代替天大青用做大色调配小色等	同于左栏
	广靛花	已失传。估计产于两广地区，系属植物颜料，性质与色彩等与当今国画色的花青色及靛蓝基本相同。宋代《营造法式》载述的"合青花"与清代《工程做法则例》载述的"广靛花"，分析是同一种颜料	从清《工程做法则例》的载述情况分析，其运用 1. 与天大青相配合，做为大色涂刷。2. 单独做为一种蓝色，做为某些低等级彩画（如雅伍墨）的大色涂刷。3. 用做彩画白活绘色	清代各个时期彩画（运用已脱档）
	石青	国产天然矿物颜料，天然铜化物，因颗粒大小的区别颜色的色度各有不同，颗粒大者称头青，其次称二青，再次称三青或石三青，再再次称青华，但都统称为石青。石青性质同上述天大青之重要成分的石青。（参见上述的相关部分）	古建彩画运用纯石青（无论头青三青等），从史料载述及清代彩画遗存两方面看，是非常有限的，仅见用于涂刷某些特定部位的小片地色、白活绘画等用色	清代各个时期彩画
	普蓝（亦名毛蓝）	清代主要从国外进口，以后已有国产，化工（无机）颜料。深蓝色粉末，不溶于水和已醇，色泽鲜艳，着色力强，半透明，遮盖力较差，耐光，耐气候，耐酸，极不耐碱，颜色持久不易褪色	用做彩画白活绘画色及与其它颜色调配后做为小色等用	清晚期以来的彩画

第一节　清代官式建筑彩画的颜材料成分及沿革

续表

系列	颜材料名称	产地、质量及性质等	于彩画的主要用途	约于彩画运用时期
绿色系列	大绿	主要成分为国产天然矿物颜料的石绿(铜化物)研成的细颗粒状。与二绿三绿相对比较，颗粒较大，明度较低。彩度较低颜色柔和。与其它种颜色相重叠相混合涂刷，不易产生化学变化，不易褪色，具有较强的覆盖力	从清《工程做法则例》所载述情况分析，系与锅巴绿相配合，主要用做彩画涂刷大片地子的大色，其次做为绿色攒退活的深色等	清代各个时期的彩画。自从洋绿进口以来，洋绿逐渐取代了大绿(大绿运用已脱档)
绿色系列	锅巴绿	已失传。估计为国产，系由人工以铜做为基本原料，通过与其它物质产生化学反应而取得的一种铜化物(即俗称的铜绿)，颜色明度低于石绿，彩度较高，与其它颜色相重叠或相混合涂刷，极易产生化学反应，不易褪色，具有较强的覆盖力	从清《工程做法则例》所载述情况分析，系与大绿相配合，主要用做彩画涂刷大片地子的大色等	清代各个时期的彩画。自洋绿进口以来，洋绿逐渐取代了锅巴绿(锅巴绿运用已脱档)
绿色系列	二绿	基本同于上述大绿，只是颗粒小于大绿，明度高于大绿	用做彩画绿色的晕色及涂刷某些特定部位较小面积的地子色等	清代各个时期彩画
绿色系列	三绿	基本同于上述大绿，只是颗粒小于二绿，明度高于二绿	同于上栏	同于上栏
绿色系列	洋绿	由国外进口的近代化工颜料。品种较多，细颗粒状，产品不同，相互间的色彩各有差别。彩画运用洋绿，最早崇尚德国产"鸡牌绿"，以后主要改为了德国产"巴黎绿"。洋绿的彩度明度都较高，色彩艳丽耐久，不易褪色，覆盖力中。洋绿(其中特别是鸡牌绿)与"立德粉"相重叠或相混合涂刷易产生化学变化	代替传统大绿，主要用做彩画的大色，及用做调配晕色、小色等	多见运用于清晚期末的彩画
绿色系列	石绿	国产天然矿物颜料，天然铜化物，因人工研制加工颗粒大小的不同，颜色色度各有不同，颗粒大者称头绿或首绿，其次称二绿，再次称三绿，再再次称绿华，但都统称为石绿。性质同于上述大绿主要成分中的石绿(参见上述的相关部分)。	古建彩画运用纯石绿(无论头绿三绿等)，从史料载述及清代彩画遗存两方面看，是非常有限的，仅见用于涂刷某些特定部位的小片地子色、白活绘画等角色	清代各个时期彩画
红褐色系列	银朱	国产化工颜料。品种有佛山银朱(亦称广银朱)、山东银朱。银朱的学名硫化汞，粉末状，颜色明度彩度都较高，色彩鲜艳，半透明，有较强的着色力，耐酸、碱，颜色较为耐久	主要用做彩画大色，其次用做调配小色及攒退活等。因银朱色呈半透明，涂刷较大面积银朱色时，必须先垫刷章丹色，后罩刷银朱色。清代彩画主要崇尚运用广银朱	清代各个时期彩画主要运用国产广银朱
红褐色系列	洋银朱	古建彩画一度曾主要运用从德国进口的"和合银朱"牌洋银朱。洋银朱的各种性质，基本与我国现代产品的上海银朱相同，但颜色相对更鲜艳、更耐久	同上栏	清代晚期末的彩画曾有所运用(运用已脱档)

第八章 清代官式建筑彩画的颜材料成分、调配技术及颜色代号的运用

续表

系列	颜材料名称	产地、质量及性质等	于彩画的主要用途	约于彩画运用时期
红褐色系列	黄丹(亦名章丹、红丹粉)	国产化工颜料，桔红色粉末，颜色遮盖力强，耐高温，耐腐蚀，不耐酸，易与硫化氢作用变为硫化铅，若暴露于空气中有生成碳酸铅变白现象	主要用做彩画朱红天色的垫刷，其次还用做彩画某些特定部位(如倒挂楣子里、宝瓶等)的基底色及攒退活色等	清代各个时期彩画
	南片红土(亦名红土子、广红土、土红)	国产天然氧化铁红，因清代彩画崇尚运用我国南方地区生产的红土，故于清《工程做法则例》中称为南片红土。细颗粒状，颜色的明度彩度都较低，色彩柔和，具有耐高温、耐光、耐大气影响、耐碱等多种优良性能，颜色经久不易褪色	用做彩画某些特定部位的基底色等，因红土色相具有紫色味特征，故彩画有时以其代替紫色运用	清代各个时期彩画
	赭石(亦名土朱)	国产天然赤铁矿物，块状，须经手工研制后使用，颜色半透明，与其它颜色相重叠运用不起化学变化，颜色经久不变	于彩画用做白活绘画等	清代各个时期彩画
	胭脂(亦名燕脂)	国产植物颜料。"古代制胭脂之方，以紫铆染绵者为最好，以红花叶、山榴花汁制造者为次品，注引自《建筑材料手册》"。颜色透明鲜艳、不耐日晒、不耐大气影响、不耐久	用做彩画的白活绘画等	清代各个时期彩画
	土子	已失传。当今古建油作仍在运用的土子，分析为国产天然矿物颜料，色彩如深栗子皮色(褐色)，经加工研磨成粉末状，不褪色，与其它颜色相重叠或相混合运用不起化学变化，具有较强覆盖力	估计曾做为彩画小色运用，例如与其它色相混合调配香色等用	从有关史料的记述情况分析，主要用于清代早、中期的某些苏画
黄色系列	彩黄	已失传，估计为国产天然颜料，粉末状，色彩半透明，明度彩度都较高，遮盖力较差	据传，主要用于贴金彩画的包黄胶	清代各个时期彩画
	土黄	国产天然颜料。细颗粒状，颜色的明度相对低于彩黄，色彩柔和，遮盖力较强，与其它颜色相重叠或相混合运用不易起化学变化，耐日晒，耐大气影响，颜色经久不易变色	用于"土黄三色伍墨空方心"(即现称的"雄黄玉")旋子彩画等	清代各个时期彩画
	石黄(亦名雄黄，雌黄)	国产天然颜料，学名三硫化砷。"因成分纯杂不同，颜色也随之有深浅。古人称颜色发红而结晶者为雄黄，其色正黄而不甚结晶者为雌黄。"(注引自《建筑材料手册》)颜色明度高，彩度中，色彩柔和，与其它颜色相重叠或相混合涂刷不易起化学变化，颜色经久不易褪色	用做某些彩画的主体轮廓线、攒退活色及白活绘画条等	清代各个时期彩画

第一节 清代官式建筑彩画的颜材料成分及沿革

续表

系列	颜材料名称	产地、质量及性质等	于彩画的主要用途	约于彩画运用时期
黄色系列	洋石黄	由国外进口，近代化工颜料。洋石黄的性质大体上同上述国产石黄	同于上栏	清代晚期以来的彩画曾有限运用(运用已脱档)
黄色系列	藤黄	"藤黄料。为常绿小乔木，分布于印度、泰国等地。树皮被刺后可渗出黄色树脂，名曰藤黄，有毒"(注·引自《建筑材料手册》)，我国古代运用藤黄，主要从上述等国进口。藤黄为植物颜料，颜色透明，不耐日光，不耐久	用于白活绘画等	清代各个时期彩画
白色系列	定粉(亦名中国粉、白铅粉、铅白粉)	国产化工颜料。"学名碱式碳酸铅"(引自《建筑材料手册》)。古建彩画最基本的白色颜料。细颗粒状，密度较重，覆盖力强，与其它颜色相重叠或相混合运用不易变色、颜色耐久	用做某些彩画某些特定部位的地子色，调配晕色，拉饰粗细白粉线等	清代各个时期彩画
白色系列	青粉	国产天然颜料。成极细粉末状(与当今普遍运用的大白粉、滑石粉近似)，颜色白中带有蓝色味，密度较轻，覆盖力差，颜色耐久。(古建彩画曾用做颜料，亦用做沥粉的填充料)	以青粉为主，土粉为辅相混合，用做某些彩画的基底色(如清《工程做法则例》例举的"冰裂梅青粉地仗"彩画)	约运用于清代早、中期彩画(运用已脱档)
白色系列	土粉(亦名土粉子)	国产天然颜料。细颗粒状，密度较重，覆盖力强，不与其它任何颜色相互间起化学变化，颜色经久不变。(古建彩画曾用做颜料，亦用做沥粉的填充料)	同于上栏	约运用于清代早、中期彩画(运用已脱档)
黑色系列	南烟子(亦名黑烟子、松烟)	国产。因清代彩画崇尚运用我国南方地区生产的烟子，故当时名"南烟子"，由木材经燃烧后而产生的无机黑色颜料，细粉状，密度很轻，覆盖力极强，与其任何颜色混合或相重叠运用不起化学变化，颜色经久不变不褪色	运用于清代各类彩画的某些特定部位的基底色及某些彩画的轮廓线等	清代各个时期彩画
黑色系列	香墨	国产。系由黑烟子经深加工入胶后做成的块状产品。颜色性质与上述的南烟子基本相同，参见上栏	须经研磨后用于彩画的白活绘画等	清代各个时期彩画
金属光泽色系列	见方三寸红金	国产。清代的原规格质量的产品早已脱档，以后一般改用了国产库金箔(特指九八金箔)。库金箔含金98%，含银2%，长宽规格93.3mm×93.3mm。库金箔的光泽色彩，黄中透红，色度偏深，经久不易褪失光泽	做为光泽颜色，按清代彩画法式做法，贴饰于各种中、高等级的彩画	清代各个时期彩画

续表

系列	颜材料名称	产地、质量及性质等	于彩画的主要用途	约于彩画运用时期
金属光泽色系列	见方三寸黄金	国产。清代的原规格质量产品早已脱档，以后改用了国产赤金箔（此仅特指74金箔）。赤金箔含金74%，含银26%，长宽规格83.3mm×83.3mm。赤金箔的光泽色黄中透青白，与库金箔相对比较，色度偏浅，暴露于自然环境中易褪失光泽	做为光泽颜色，按清代彩画法式做法，贴饰于各种中、高等级的彩画。运用时，凡贴赤金表面，一般须通罩净光油加以保护	清代各个时期彩画
金属光泽色系列	泥　金	国产。以库金箔、白芨块茎汁（做胶），经手工反复泥制而成。泥金经涂或描后，亦具有一定的光泽效果，但与贴金的光泽效果相比较则相差甚远	多用于某些壁画的描金等	清代各个时期彩画
其它材料	土　粉	产地及性质等与上述的土粉同一（参见上述相关名称栏目说明）	以土粉为主，以青粉为辅做为调制沥粉的填充料	清代各个时期彩画
其它材料	青　粉	产地及性质等与上述青粉同一（参见上述相关名称栏目说明）	同于上栏	清代各个时期彩画
其它材料	水胶（亦名广胶、骨胶）	国产。由动物皮骨熬制的粘结胶。古建彩画曾长期崇尚运用透明清澈，粘性好的小条广胶，后改用了块状广胶，此两种水胶已于上世纪70年代左右脱档。再后则又改用了颗粒状骨胶。水胶经加水熬制后，成较透明的浅褐黄色	传统古建彩画的颜料、沥粉等的基本粘结用胶	清代各个时期彩画
其它材料	净光油（亦简称光油）	国产。以由桐树籽榨取的生桐油做为基本油料，再加入其它一定助干材料，经人工熬制的一种树脂油。颜色深黄透明，具有较强的黏性，干燥结膜后具有一定的韧性和光泽亮度，油膜耐久	做为彩画颜色的一种粘结用胶（指用光油调色的彩画做法），调制彩画颜色等用	清代各个时期彩画
其它材料	贴金油（亦名金胶油）	国产，以净光油（见上述净光油栏）为基本油料，根据实际需要，再加入一定量其它的油料（一般运用植物油）经人工熬制的一种贴金的专用油。贴金油的坯头黏度相对大于上述的净光油，由于用料及熬法的不同，贴金油还被细分为"暴打暴贴贴金油"及"隔夜贴金胶油"两种	做为贴饰金箔的粘结胶用油	清代各个时期彩画
其它材料	白矾（亦名明矾、明矾石）	国产。系天然矾石，六角结晶体。溶于水，透明，尝试有涩感	做调配胶矾水用。胶矾水主要用于矾纸（使生纸转变成熟纸）、矾已涂刷的地子色，使之便于渲染	清代各个时期彩画
其它材料	高丽纸	早期从高丽国进口，以后国产。产品分手工造和机器制造，古建彩画施工崇尚运用手工造高丽纸，高丽纸手感绵软，具有较强拉力韧性，纸色洁白	用做软作天花、朽样、刮擦拓描老彩画纹饰等用纸	清代各个时期彩画
其它材料	牛皮纸	国产，品种较多。牛皮纸褚黄色，具有很强的拉力韧性。古建彩画施工一般采用薄厚适中、拉力较强的牛皮纸	各种彩画的起扎谱子的用纸	清代各个时期彩画

注：本表所列颜材料名称，主要引自清工部"《工程做法则例》画作用料（卷五十八）"。

第一节　清代官式建筑彩画的颜材料成分及沿革

第二节 颜材料调配技术

一、颜料的毒性知识

彩画用的石青、石绿、锅巴绿、洋绿、银朱、章丹、定粉、石黄、藤黄等颜料，都不同程度的含有对人体有害的毒性，其中毒性较大的有洋绿、定粉及藤黄。对于这些有毒的颜料，无论储存、接触、加工调制及涂刷操作，都要有严格的防范防护措施。

二、颜材料调配前的再加工

各种彩画颜材料，大部分都是由市场供应的成粉末状或成细小颗粒状的产品，另外还有一些树脂油类，这些颜材料在储存及搬运过程中，不可避免地会落入其它杂物。或受潮结块，或因保存不善而变质变色，油脂类也会因放置过久而起皮。因此调配这些颜材料前，必须经过再加工。

对于已变质变色或两种以上不同性质颜材料相混无法区分的，均应予以报废；对于落入其它杂物及起皮的油类，调配前必须过细罗（其中干粉类一般过 80 目/cm² 罗，油类可相对粗些），筛出其中的杂物后，方可使用；对某些本来就成块状（如定粉）或因受潮形成块状的颜料，须粉碎过罗后使用。

三、调制颜材料的用胶

清式彩画调制颜材料用胶情况：大多数彩画是用水胶做粘结胶（动物质皮骨胶），来调制沥粉及各种颜料的，一般称为"胶做彩画"；少量彩画，以光油代水胶来调制各种颜料，称为"油做彩画"。因气候原因，如早春晚秋天气凉，但又非冬季施工，此时用水胶极易凝胶，也可以油作调灰用的油满代水胶做为粘结胶，但只限用来调制沥粉。

四、水胶溶液的熬制及运用

各种固体干水胶，在熬制前须用净水浸泡发开。熬制水胶的器具，传统运用砂锅，不宜用铁制及其它金属器具。熬制水胶宜用微火，忌用急火以防熬糊，水胶熬糊后会变色及降低应有的粘性。水胶应熬至沸点，使胶质充分溶解于水成为水胶溶液，过罗滤去杂质后使用。

炎热季节，水胶溶液极易发霉变质丧失胶性，为防腐变，每天须将水胶溶液重新熬沸 1~2 次。

入胶调制沥粉或颜色，必须将水胶溶液加热化开后使用。严禁运用变质的水胶调制各种颜材料。

五、用水胶调制沥粉及各种颜色的方法

（一）对颜材料入胶量的合理运用及控制

入胶调制沥粉及各种颜色是一个非常关键的问题，直接关系到彩画质量的优劣。在历来的彩画施工中，都非常重视对这项工作的管理和控制。一般材料房都要设有经验的专业技术人员，直接管理调制各种颜材料，在施工中跟踪监督已入胶颜材料是否合理使用。彩画的很多部位是由多道含胶颜色重叠构成的，彩画调制沥粉及各种颜色，其入胶量的控制原则是：沥粉的用胶量必须大于各种大色，大色的用胶量必须大于各种小色。也就是说，由最底层的沥粉或基底大色起，至表层各层颜色的用胶量，必须是由大至小成递减趋势。如果用胶量出现了本末倒置的错误，则会出现表层颜色抓起底层颜色的质量问题。

调制沥粉及各种颜色，必须做到用胶量适度，否则会因为用胶量过大或过小而出现各种质量问题。如用胶量过大，沥粉粉条会出现断裂、翘起至脱落；若用胶量偏小，会出现粉条缺乏强度不坚固、粉条面粗糙不光滑及在上面刷颜色时被一同刷起，或颜色干燥后被表层颜色抓起等质量问题。

调制颜色若用胶量过大，则色度会偏暗不正，色面会出现明显胶花及龟裂，严重者甚至会起翘脱落。若用胶量偏小，则色面干燥后，手触摸掉色粉，若在色面上重叠涂刷其它颜色时，极易泛起底色，出现色彩相互混色等问题。

炎热季节调制的沥粉及各种颜色，放置时间稍长，易自行走胶，失去部分胶力作用，故此季节施工，应由专职人员向已调制成的颜材料内补加胶液。

（二）调制沥粉

清式各种贴金彩画，其贴金部位大部分都要沥粉。纹饰一经沥粉，则凸起于彩画表面，形成浅浮雕式的立体花纹，同时还可以衬托金箔的光泽效果。

彩画沥粉，凡用水胶做为粘结胶的，称为"胶砸沥粉"，凡用油满做为粘结胶的，称为"满砸沥粉"。无论胶砸沥粉和满砸沥粉，除了用胶不同外，其它材料的合成、调制方法大体上是相同的。下面以胶砸沥粉为代表，做些基本说明。

胶砸沥粉是以土粉子为主（约占70%）、青粉为辅（约占30%）、少许光油（约占沥粉总重量的3%~5%）、水胶溶液及适量的清水调合而成。土粉子质地较粗硬，可起到骨料作用；青粉质地较细软，不仅起到填充料作用，还利于出条，干燥后粉条面光滑美观，光油可起到增加粉条韧性，缓干，防止粉条断裂，使沥粉持久延年的作用；水胶主要起粘结作用；清水可起调解稀稠作用。

调制沥粉分大粉与小粉，大粉即沥粉粉条较粗的粉，如彩画的箍头线、方心线、皮条线等大线用粉。小粉即沥粉粉条较细的粉，如彩画细部的龙凤、卡子、卷草等纹饰的沥粉。

调制沥粉的用胶量是以实际情况而定的，大粉的用胶量大于小粉的用胶量，气候偏凉且干燥的季节，沥粉用胶量相对宜小些稀些。以防粉条断裂。气候炎热且潮湿的季节，为防沥粉走胶及坠条，用胶量相对要大些，粉宜浓些。但无论什么季节调制沥粉，都要求用胶量适度，便于实施，沥粉粉条坚固美观，无断裂起翘，无脱落。

每次调制沥粉的数量应视具体工程的需要和当时的季节情况而定，如果沥粉调制过多放置过久，其内的水胶容易变质。调制沥粉时，必须用加热化开的水胶液，先把干粉材料、水胶液、光油及少许水倒在一起，用木棒缓缓搅合，使几种材料初步合扰成膏状，然后在容器内用力反复地捣砸，使几种材料充分地结合为一体后，再加水调到适合使用的稀调度，经试沥合格后待用。所谓"砸沥粉"就是因此得名的。

（三）几种主要大色的调制方法

大色指彩画用量较大的颜色。如天大青、大绿、洋青（群青）、洋绿、定粉、银朱、黑烟子等。

调制颜色，术语还称为"跐色"。为防止颜色与器皿间产生化学反应，调制彩画颜色用的器皿，传统用瓷盆瓷碗或瓦盆等。

由于每种大色的性质各不相同，因而调制的方法亦有所不同。以下就彩画基本常用的几种主要大色的一般调制方法，做些代表性说明。

调制群青：调制群青用胶量忌过大，否则颜色呈暗黑。调制方法：将群青干粉置于容器中，边搅拌边加入胶液，使群青和胶液先黏结成较硬的团状，之后用力反复地跐搅，将团内未浸入胶液的干粉全部跐拉开，后再加足胶液及适量的清水调拌均匀，经试刷，以颜色干燥后，色彩亮丽，遮地不虚花，色面整洁美观结实，手触摸不落色粉，重叠涂刷它色时不混色好用为基本标准。调制群青色的这个标准，也是调制其它大色应达到的标准。

另外，凡易被雨淋部位的群青色，一般都要通罩光油，应单独调配罩油群青。罩油群青应在已调制好的群青内，再加入适量的调配好的定粉混合而成，加入适量定粉是为提高群青的明度，以取得罩油后与不罩油群青色度大体一致的效果。如果在纯群青面上直接罩油，则色度会变暗，形成与同建筑彩画的群青不同的色差。调制其它各种大色的过程、手法及应达到的标准，与调制群青是基本相同的，故相同内容不再做重复叙述。

（四）调制洋绿

洋绿比重较大，涂刷时极易沉淀，为缓解沉淀现象及颜色的牢固耐久，调制时还要加入2%~3%(重量)的清油或光油。洋绿覆盖力较弱，为涂刷美观达到刷色标准，一般要涂刷两遍成活，因此调制洋绿，一般都调得稀些。

(五) 调制定粉

定粉的比重比其它颜料都重，涂刷该色时不但会有涩皱感，而且色面还极易刷厚，从而产生龟裂、爆皮等现象，因此调制定粉用胶量不要过大。

调制定粉极容易将颜色"趿泡"。趿泡，是趿色出了质量问题的意思。所谓被趿泡了，即在入胶调制过程中，由于操作草率或方法不对，使水胶、定粉、清水未能较好地融于一体，颜色表层浮现许多水胶气沫，颜色中有许多细小颗粒及涂刷颜色不遮地等。

在入胶趿制定粉过程中，当胶量已基本加足，且已经过充分的趿制并拧结成硬团后，还需经手工反复地搓成条状，然后浸泡在清水中约2~3日，用时捞出，并再略加些水胶及适量清水，加热化开调匀后使用。将已入胶的定粉搓成条和在清水中浸泡，目的都是为使水胶、定粉及清水充分地融为一体，避免将定粉趿泡的有效方法。

另外，因某些彩画做法的需要，还有两种特殊的调制定粉的方法需做些说明：

方法一，为增强定粉的覆盖力，取60%~70%定粉，30%~40%土粉子一并入胶调制，方法与上述调制定粉方法相同。术语称此粉为"鸳鸯粉"。

方法二，其它调制方法均与调制定粉相同，只是当进行到手工搓定粉条时，每搓一条沾一次香油，将香油搓进定粉内，这种定粉专用做彩塑人物裸露肉体部分的吊白粉，术语称此粉为"亮粉"。

(六) 调制黑烟子

黑烟子具有非常轻，不易与水胶相溶合的特点。调制黑烟子最忌一下子入胶量过急过多，否则非常容易趿泡而达不到调制要求。正确调制法的关键是，最初入胶必须少量缓慢，同时随入随轻轻搅拌，直至被拧结成硬团，尔后再加力反复地趿搅，使硬团内的烟子全部被胶液浸透后，再加足水胶及适量清水调成。

(七) 调制银朱

调制银朱的方法基本与调制黑烟子相同，另外，调制银朱用胶量的多少，直接关系到银朱的色彩效果，因此为使颜色达到稳重艳丽的效果，一般特意使它的用胶量要略大些。行业中流传的"若使银朱红，务必用胶浓"的口诀，就是对调制银朱时用胶量的提示。

六、几种常用小色的调配及用途

彩画作所称的小色，是相对大色而言的，凡用量较小，颜色明度较浅的颜色，如三青、三绿、粉三青、粉三绿、粉紫、水红、香色、米色等类颜色，都被笼统地称为小色。

清式彩画用的小色，从其颜色性质方面分，大体可分为如下三种：

1. 直接用由天然矿物颜色所构成的颗粒较细、颜色明度较浅的石色(如清《工程做法则例》所载的三青、三绿色)做为小色。

2. 由两种原色调配成的复合色做为小色，例如，由银朱色加一定量的定粉所调配成的水红(即俗称的粉红、硝红)等。

3. 由多种原色调配成的复合色做为小色，例香色、紫色等。

清式彩画常用的主要小色有粉三青、粉三绿、粉紫、浅香色等。

粉三青：由洋青(群青)加一定量的定粉(白色)调成。主用做某些彩画主体花纹的晕色、细部攒退活的晕色及某些特定部位的基底色。

粉三绿：由洋绿加一定量的定粉调成。主要用做某些彩画主体纹饰的晕色、细部攒退活的晕色及某些特定部位的基底色。

粉紫：由银朱加一定量的群青和一定量的定粉调成。主要用做细部攒退活的晕色。

浅香色：由石黄或其它黄色加适量群青、黑色、银朱或丹色调成，主要用做细部攒退活的晕色及某些部位的基底色。

七、入胶颜色的出胶方法

古建彩画运用的颜色，大多是较贵重的天然矿物颜料或化工颜料。在一项彩画工程中，对已入胶调制的颜色不能一次用完，为不浪费这些颜色，传统做法可利用这些颜色的比重大于水，及水胶的比重小于水并溶于水的特点，对已入胶颜色出胶。

方法是先用沸开水将含胶颜色进行浸泡并充分趴搅开，再兑入宽裕的开水，用木棍将颜色搅荡多遍，然后静放一段时间，待颜色沉淀后，慢慢澄出漂在颜色上面的浮水胶色，之后再次向剩余的颜色内重新注入开水，再搅荡，静放沉淀，澄出浮水，如此重复约3～4遍，当上面浮水已基本成清水时，则说明颜色内的胶质已基本出完，尔后将湿颜色凉干，以备再次使用。

八、配制胶矾水

清工部《工程做法则例》"画作用料"所例举的各种彩画，几乎无一例外地都列有白矾，可见白矾的重要作用，白矾在彩画中是专用做配制胶矾水用的。

胶矾水系由水胶、白矾及清水配制的，配制方法为，将白矾砸碎并用开水化开，水胶亦须加热化开，再按所需要的浓度，加入适量的清水，将三者相混合调制均匀即成。

配制胶矾水的基本要求是，胶、矾、水各自的用量适宜，清洁无杂物。在某层地子色上过胶矾水后，确能起到阻隔作用，若在该地子色上再染色时，不吸附不混淆再渲染色。在生纸过该胶矾水后，可使生纸转变成可用的熟纸，且其熟纸的手感不脆硬，着色时不洇、不漏色。

九、关于色谱的制做的简要说明

为了使读者对清代官式建筑彩画所用的各种颜色有个直观全面的了解，特制作了"清代官式建筑彩画颜色色谱"，简称"色谱"见彩图 8-2-1。

1. 清代彩画曾用过的某些颜色，凡已断档的，未能收集进色谱内。

2. 对清代彩画曾用过的某些合成颜色，由于当今只有某种成分，而另种成分已断档，为再现这些合成颜色，作者对已断档的成分，采用了相近似的代用色，为表示与原合成色的区别，称为仿×××× 色（如仿天大青、仿天二青、仿天三青、仿大绿、仿二绿、仿三绿）。

3. 色谱中的粉二青、粉三青，系由群青分别加不同量的白颜色调成；粉二绿、粉三绿系由洋绿（本色谱用巴黎绿）分别加不同量的白颜色调成；粉红 1，系由广银朱加白颜色调成；粉红 2，系由上海牌银朱加白颜色调成；粉紫 1，系由银朱紫加白颜色调成；粉紫 2，系由红土子加白颜色调成；深、浅香色主要是由土黄等色调成；仿石三青主要是由巴黎绿加群青调成。

以上的这些小色，都为二次色，若再次调配，由于颜色的用途、个人手法等不同，与色谱颜色肯定会有某些差别，故本色谱的各种小色仅做为参照，不是绝对意义上的色标。

4. 清代彩画曾用过的见方三寸红金、见方三寸黄金因已断档，无法列入本色谱，但当今的九八库金箔与清代的红金箔较相近似，七四赤金箔与清代的黄金箔较相似，故在色谱中以当今的这两种金箔为代表。

5. 色谱一同收集了近几十年来的彩画施工中已经普遍运用的几种现代化工颜料，如氧化铁红、上海牌银朱、铬黄、立德粉等。

第三节　古建彩画设计与施工中采用的颜色代号

古建筑彩画在正式施工前，一般在彩画的谱子纹样或实际彩画的各个部位，运用非常简便的颜色代号来标色，以此标明各彩画部位是什么颜色。例如某彩画部位的代号标上了"六"字，则代表了该部位用色为绿色，……如此等等。

古建彩画颜色代号简单易记，成连贯的数字排列读起来比较上口，有人还称其为"号色歌"，具体为：一米色、二淡青、三香色、四水红(粉红)、五粉紫、六绿、七青、八黄、九紫、十黑、工红。以下参见表 8-3-1。

古建筑彩画颜色代号表　　　　表 8-3-1

颜色代号	一	二	三	四	五	六	七	八	九	十	工
颜色名称	米色	淡青	香色	水红	粉紫	绿	青	黄	紫	黑	红
说　明	从一至五间的颜色代号所代表的是彩画的小色，实际标色不经常运用。从六至工之间的颜色代号所代表的是彩画常用的几种主要大色，实际中经常运用											

古建筑彩画设计施工用这些颜色代号这个传统究竟起于何时，现已无法考证，但从清代至今的三百多年来，一直被广泛沿用却是肯定的。长期的实践说明，在彩画的设计施工中运用这些简便的颜色代号，与运用各种口诀的作用一样，不仅便捷可行，而且对于准确表述彩画的各种颜色，提高工效，避免颜料浪费，培养青年技术人员掌握古建彩画颜色应用知识等方面，是大有裨益的。

第九章

古建筑彩画保护修缮与彩画施工

第一节 古建筑彩画保护修缮

一、文物古建筑彩画保护修缮必须遵循的原则

我国所保存的诸多古建筑上，仍不同程度的保留着不同历史时期的古彩画遗存，这些彩画遗存，是我国各个不同历史阶段的具有代表性的建筑彩画实物，它们携带着很多不同的历史文化信息，反映着我国各个历史时期的政治、经济、文化、艺术、技术的发展特点和水平，是各个不同历史阶段古建筑彩画的代表之作。保护好这些极为珍贵的彩画，无论对于延续古建筑寿命，对广大人民进行爱国主义教育，对于深入开展建筑史学研究，艺术研究，对于继承和弘扬我国优秀文化传统，不断创造出具有新时代民族特点的建筑彩画，对于发展我国的旅游事业，都具有十分重要的现实意义和历史意义。

保护和维修古建筑遗存彩画的根本宗旨在于，保护实物遗迹所具有的历史、艺术、科学、技术等价值，为后人留下可信的实物例证。要达到这样的目的，首先要认真贯彻执行国家关于这方面的法律法规。同时也要认识到，这些古建彩画遗存，经历了长时期的风吹雨淋，自然损坏，已经进入垂垂暮年。要保护好这些历史遗存，使之继续流传后世，不外乎通过两种方式，一种是通过各种科学有效的技术手段，对比较完整的遗存部分加以科学保护。另一种是，对完全缺失的部分，已经完全丧失了对古建筑保护和美化功能作用的部分要进行科学复原，通过彩画的保护和复原，使古建筑以完整、真实、健康的面貌得到长期保存。

保护修缮古建筑彩画应当遵循什么原则呢？这就是《中华人民共和国文物保护法》第十四条的规定："核定为文物保护单位的……古建筑、古窟寺……，在进行修缮、保养、迁移的时候，必须遵守不改变文物原状的原则。"

二、修缮保护工程前应做的主要工作

（一）勘察

保护修缮工程施工之前,首先对要修缮的古建筑现状损坏情况及其历史沿革情况的做全面详细的专业性检查和考查。勘察的基本目的在于,通过专业人员对古建的深刻细致的观查、分析、对照、鉴别等工作,达到对遗存现状的全面准确地认识与掌握,从而为具体保护修缮工作的实行,提供科学依据。

对于古建筑彩画遗存现状的勘察应着重关注三个方面的问题:

1. 彩画的历史沿革方面的情况

要结合该古建筑的历史及其沿革情况,考查附在古建筑上的彩画的历史特征,法式特点,判断它属于哪个朝代、哪个历史阶段的遗存。

2. 彩画遗存(包括油作地仗)的损坏程度

这些损坏程度情况包括旧彩画的剥落情况,空鼓离骨、酥松粉化及龟裂翘皮等情况,哪些部位的彩画还仍能继续地起保护木构、美化建筑的作用,哪些部位的彩画已经基本上丧失了这种作用。

3. 不同历史时期的彩画遗存的不同绘制工艺

指体现在颜材料成分及运用方面的、纹饰构成画法方面的、设色方面的、做法等方面的情况等。

因勘察的目的在于对彩画遗存所反映的各方面的情况与问题能透彻地认识与掌握,所以要求在勘察时务必做到细心、具体,通过实物进行分析,对所发现的各种情况随时做好详细记录。同时,根据实际工作的需要,还要对具有代性的旧彩画进行捶拓或刮擦、踏描、取样、拍照录像等工作,详细记录在案。

(二) 拟定方案及定案

通过勘察,在充分掌握了遗存彩画的各种法式特征、做法特点损坏情况以及其它与之有关的情况之后,还需要对所掌握的资料做进一步研究、分析,提出有针对性的修缮保护方案,必要时还可以请专家论证,直至拟定出向文物主管部门上报的保护修缮方案报告。

保护修缮方案的定案工作,一般是以勘察设计单位为主,同时吸收建设单位的意见来完成的。该工作的进行,必须遵循《文物保护法》规定的文物保护修缮原则,在这些原则下的指导下,根据建筑物的实际损坏情况及当前的财力情况,确定出实事求是的切实可行的保护修缮方案。

(三) 技术设计

依据保护修缮方案进行技术设计,技术设计一般包括以下基本内容:

1. 古建筑彩画的沿革情况说明。

2. 对遗存彩画继续保留不动部分的范围及其保护方法做出具体说明。

3. 对按某特定历史时期重新复原部分的彩画的做法要求(其中包括颜材料成分、法式要求、工艺要求等方面),做出详细的说明。

4. 按特定历史时期彩画的法式要求、纹饰画法，准确地绘制出复原彩画部分的纹样图纸。

5. 按特定历史时期彩画的纹饰、工艺、色彩，绘制出具有代表性的彩色小样。

6. 按特定历史时期运用的彩画颜色，制做出彩画复原参照用的色标。

（四）编制概预算

保护修缮定案及技术设计工作做完之后，要根据设计图纸提出的各项具体做法要求及各部分的工程量，做出工程费用造价概预算。工程概预算分为概算和预算两种，概算是对工程费用所做的粗略计算，一般仅做为研究控制经费的参考；预算则是按人工、材料及其它费用细则做出的详细具体的计算，做为施工控制的指标用。预算做出后要报主管部门审查批准。

（五）审批

古建筑彩画工程同主体结构工程同时进行时，应与主体工程同时上报，如仅做彩画油饰工程时，可单独上报审批，上报文件中要包含现状勘察、修缮方案、设计概算等内容。待方案批准后方可进行修缮施工。

三、古建筑彩画保护修缮工程的基本做法方式

"彩画在历史上是不存在保护问题的，一代新彩画出现了，老彩画自然被取代，这就构成了彩画自然演变的过程"[18]。

我国确定较明确的文物建筑保护工作，是从推翻清廷以后，将明清紫禁城宫殿建筑视为古建筑并进行维修保养才开始的。自那时起至今的80余年，古建筑界的前辈，对如何有效保护和修缮文物建筑及其彩画的问题，曾进行过多方面的研究探讨，经历了艰难曲折的道路，积累了大量宝贵的经验，为今后继续做好这方面的工作，奠定了可靠而坚实的基础。依据前辈们辛勤的研究成果和古建筑彩画遗存的各种不同情况，对现存文物古建筑彩画（包括与之不可分割的油作地仗部分）的保护修缮工作，主要有如下基本做法：

1. 对遗存较完整的旧彩画，保持原样不动。

2. 对遗存旧彩画已损坏残缺的部分，按仍旧彩画的原状做法，做复原修整。

3. 按始建时期现状遗存旧彩画的原状进行局部或全部复原。

4. 按某特定历史时期遗存的旧彩画进行局部或全部复原。

根据古建筑彩画遗存情况及历史价值情况，在某项具体工程中上述做法有的可能只涉及到一种，有的则可能涉及到几种乃至全部。

第二节　彩画施工

彩画施工包括文物古建筑彩画修缮、复原，仿古建筑彩画及新式

彩画的施工。

一、对施工单位及施工人员的要求

古建彩画施工,就是要按照一定的设计要求,绘制完成各种彩画工程。彩画,其中特别是传统文物建筑彩画,由于本身具有独特的文化内涵和很高的文化品位,因而就决定了凡从事彩画施工的人员,都应具有一定的历史文化知识和基本的职业技能,方能从事各种彩画的施工。

《中华人民共和国文物保护法》颁布以后,又颁布了《建筑法》,建筑行业还执行"学历文凭和职业资格两种证书制度"有针对性的各种新的规章制度。国家对于从事各种建筑施工(包括彩画施工)的单位及个人的资质要求,在原基础上更具体、更严格、更加制度化规范化了。

某建筑施工单位及其个人,能否从事某建筑工程,必须要按照国家规定的职业标准,通过政府授权的考核鉴定机构对操作者的专业知识和技能水平进行科学规范的评价和相关知识、实际操作的考核以后,才可持证上岗。

二、施工工具及用途

1. 沥粉工具:老筒子、各种不同长度不同口径的单粉尖子及双粉尖子、装沥粉的皮子(传统用猪膀胱,现已改用软塑料布)、切割沥粉的小刀、通粉尖的粉针等。

2. 着染色画具:用猪鬃加工特制的各种粗细不同的圆型小刷子及各种宽窄不同的扁型捻子(现今已较普遍地改用了各种不同型号的由动物鬃制做的油画笔)。

主要用做彩画细部绘画及起谱子的各种毛笔、羊毛板刷、木炭条、炭素笔、铅笔、圆规、三角板、钢卷尺等。

3. 装盛色器具:大、中、小缸瓦盆,中号瓷碗、大中小酒盅等。

4. 研磨加工颜色器具:手摇小石磨、鲁钵、砚台、砂底碗等。

5. 其它辅助工具:线坠、大小水桶、小线、碗落子等见彩图9-2-1。

三、不同季节彩画施工的管理措施

北方地区的彩画施工,历来重视因施工季节气候变化的不同,采取有针对性的管理措施。

大多彩画工程选择的施工季节,通常要避开冬季,因彩画施工用的颜色内的粘结胶多为水胶,要防止胶液因冻而失去胶结作用。因特殊需要一定要在冬季进行施工,则必须采取支搭保暖棚的措施,棚内的昼夜气温要求必须达到5℃以上。在其它季节进行彩画施工,其气温也不得低于5℃,否则定会影响彩画施工质量。

在气候偏凉季节,如早春、深秋施工,在调制颜材料时,一般要适当降低用胶量,同时适量加进些白酒,以缓解因气候偏凉发生凝胶(俗称'俊胶')的问题。

施工中禁止用已明显形成凝胶的颜材料强行操作。

夏季因气候炎热,动物质水胶极易发霉变质而失去胶力作用。为防止腐变,要求每天须将水胶熬沸一至两次。

雨季施工,为防止雨水溅冲在施的彩画,要责成专人负责遮挡风雨,及随时掀搭有关部位的脚手板。

四、料具房的设立与管理

凡多人参加的较大的彩画工程,必须坚持设立临时彩画料具房的制度。

彩画料具房是专用于储备码放各种颜材料、有关器具、大样谱子及调制颜材料的场地。

料具房的管理人员,一般由施工负责人根据工程的大小,选择有丰富施工技术经验及有调拌料阅历的中、高级技工组成,专门从事供料等有关的具体工作。

料具房工作人员的主要职责是,收、发颜材料及各种器具;测试收进的各种颜材料质量的优劣,向有关责任人提出某种颜材料可否应用于施工的报告;涂刷制做颜色样板;按传统技术方法及彩画的设计要求统一加工调制各种颜料供施工使用;跟踪控制已调成的颜材料在实际操作中的情况,发现问题及时调整等。这些工作的根本目的在于,确保彩画工程在重要颜材料的运用方面,能够实现统一规范,切实体现传统及设计要求,从根本上保证彩画施工用色用料的质量。

五、彩画施工与其它工种的协作配合问题

彩画施工往往是与其它工种同时交叉作业,其中与油作工种发生交叉影响是最多的。如建筑的椽望及檩子,椽望为油作范围,而檩子为画作范围,两构造部位又相互连接,按常理当由油作先做椽望后再由画作做檩子彩画。但若双方未经协商而颠倒了施工次序,则必定会产生油作难于操作,双方工作成果相互污染的问题。

再如建筑的由额垫板的油饰彩画,是经油、画两作共同完成的施工部位,按常理当先由画作沥粉,之后由油作做满垫光油,将已沥粉蒙涂于油皮之下,然后又由画作在油皮之上做细部彩画,最后再由油作完成贴金、扣罩油到全部完成。但若两作之间未经协商,施工时各干各的,造成了颠倒施工次序的施工,则油作施工时不但很难操作,画作施工的成果质量也是无法接受的。

为了保证各个工种施工互不干扰,在施工前,一般应由工程总负责人组织各个工种代表,经协商达成共识,编写出施工组织设计,并要求各工种在施工时切实落实执行,自觉地相互配合。

彩 图

彩图 1-1-15 北京历代帝王庙明代嘉靖年间彩画实物

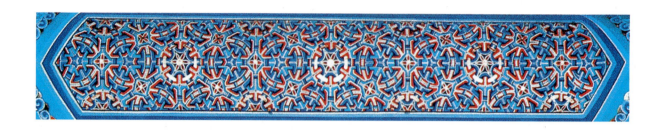

彩图 2-2-12　方心锦纹图例一

彩图 2-2-13　方心锦纹图例二

彩图 2-3-2　清代中期的搭袱子式金琢墨石碾玉旋子彩画图例一

彩图 2-3-3　清代中期的搭袱子式金琢墨石碾玉旋子彩画图例二

彩图 2-3-4　清代中期的搭袱子式金琢墨石碾玉旋子彩画图例三

彩图 2-3-5　清代中期的搭袱子式金琢墨石碾玉旋子彩画图例四

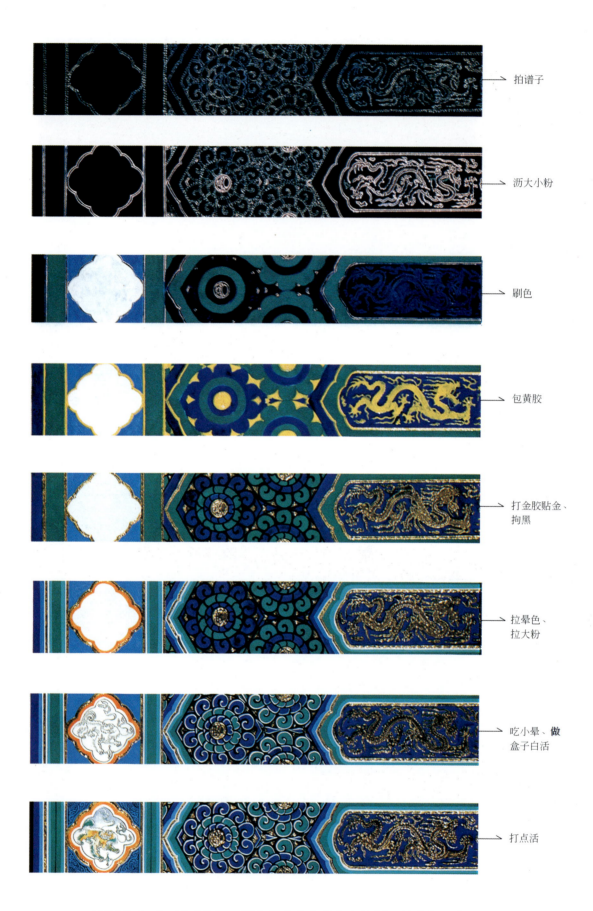

彩图 2-9-1　清式旋子彩画金线大点金龙方心绘制工艺流程示意图

彩图 2-9-2 清式旋子彩画墨线大点金以上等级方心宋锦绘制工艺流程示意图

彩图 2-9-3　清式旋子彩画金琢墨石碾玉夔龙方心彩画小样

彩图 3-3-2　北京历代帝王庙景德崇圣殿外檐按原样恢复的清中期龙和玺彩画

彩图 3-3-3　北京故宫坤宁宫外檐龙凤和玺彩画

彩图 3-3-4　北京故宫景仁宫外檐龙凤方心西番莲灵芝找头和玺彩画

彩图 3-3-5　北京雍和宫万福阁内檐清中期龙草和玺(原实物)彩画之一

彩图 3-3-6　北京雍和宫万福阁内檐清中期龙草和玺(原实物)彩画之二

彩图 3-3-7　承德普宁寺大雄宝殿外檐按原样恢复的清中期梵纹龙和玺彩画

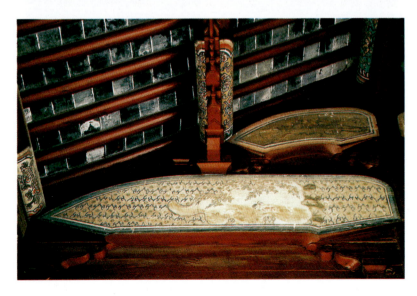

彩图 4-1-1　苏州地区彩画与清代官式苏画对照图例(一)

(苏州地区彩画)

彩图 4-1-2　苏州地区彩画与清代官式苏画对照图例(二)

(清代官式苏画)

彩图 5-1-1　清式宝珠吉祥草彩画小样

彩图 5-1-2　北京故宫午门宝珠吉祥草彩画(一)

彩图 5-1-3　北京故宫午门宝珠吉祥草彩画(二)

彩图 5-2-1　清式海墁斑竹纹彩画小样

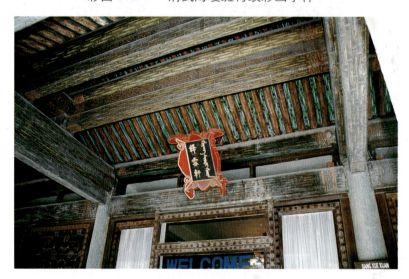

彩图 5-2-2　北京故宫绛雪轩海墁斑竹纹彩画(一)

彩图 5-2-3　北京故宫绛雪轩海墁斑竹纹彩画(二)

彩图 5-2-4 北京故宫倦勤斋室内小戏台海墁彩画

彩图 6-1-1 椽头彩画做法一览彩图

256

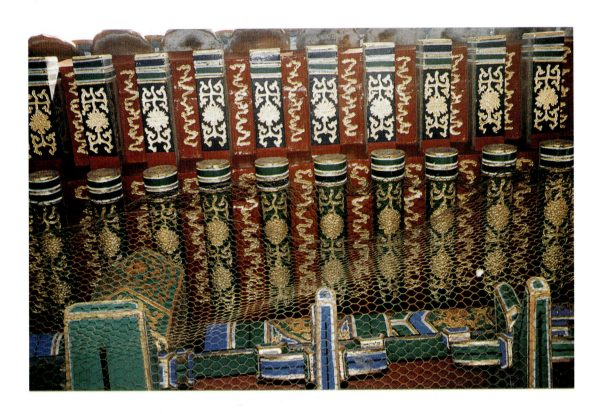

彩图 6-1-2　椽望彩画做法实例

彩图 6-1-3　椽望油色刷饰实例

(1) 片金龙纹角梁

(2) 片金西番莲角梁

(3) 金边框金老角梁

彩图 6-3-2　角梁彩画做法实例图(1~5)(一)

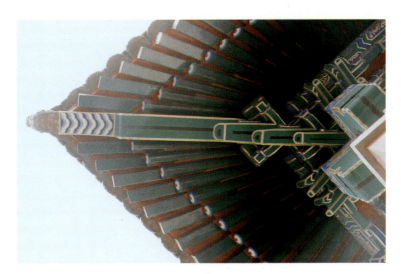

(4) 金边框墨老角梁

(5) 墨边框墨老角梁

彩图 6-3-2　角梁彩画做法实例图(1~5)(二)

(1) 金边框内做片金西番莲桃尖梁头

(2) 金边框金老桃尖梁头

彩图 6-3-3 桃尖梁头彩画不同纹饰运用做法实例(1~4)(一)

(3) 墨边框墨老桃尖梁头

(4) 金边框内做片金梵纹桃尖梁头(仅用于藏传佛教建筑)

彩图 6-3-3 桃尖梁头彩画不同纹饰运用做法实例(1~4)(二)

彩图6-3-7　霸王拳彩画,金边框内做片金西番莲做法

彩图6-3-8　霸王拳、穿插枋头彩画,金边框内做黑老做法

彩图 6-3-9　丁头栱梁头彩画，金边框内做片金西番莲做法

彩图 6-3-10　丁头栱梁头彩画，墨边框、墨老做法

彩图 6-4-3　正面龙天花彩画做法实例（一）

彩图 6-4-4　正面龙天花彩画做法实例（二）

彩图 6-4-5　升降龙天花彩画做法实例(一)

彩图 6-4-6　升降龙天花彩画做法实例(二)

彩图 6-4-11　金莲水草天花彩画做法实例

彩图 6-4-13　六字正言天花彩画做法实例

彩图 6-4-14　鲜花天花彩画做法实例(一)

彩图 6-4-15　鲜花天花彩画做法实例(二)

彩图 6-4-16　鲜花天花彩画做法实例(三)

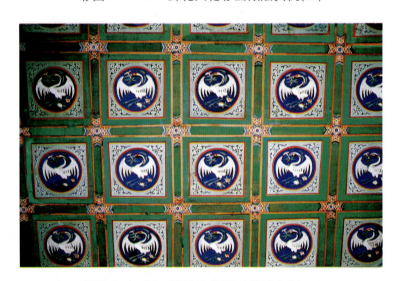

彩图 6-4-17　团鹤天花彩画做法实例

彩图 6-4-19　阿拉伯文、西番莲天花做法实例

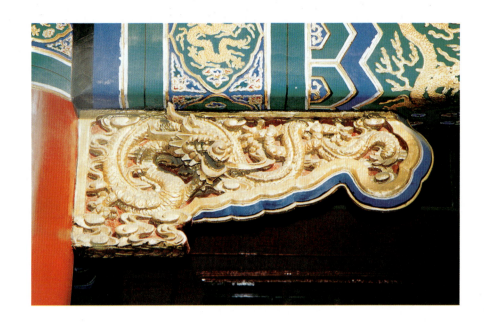

(1) 最高等级雀替彩画做法

(2) 高等级雀替彩画做法

(3) 中高等级雀替彩画做法

彩图 6-5-1　雀替彩画从高至低五种常见等级做法(1~6)(一)

(4) 中低等级雀替彩画做法

(5) 低等级雀替彩画做法之一

(6) 低等级雀替彩画做法之二

彩图 6-5-1　雀替彩画从高至低五种常见等级做法(1~6)(二)

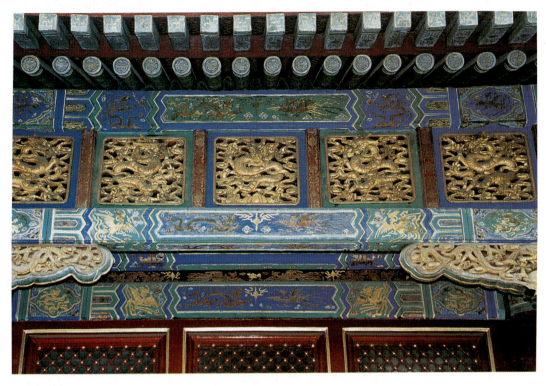

(1) 浑金花板彩画做法实物图例

(2) 烟琢墨攒退间局部贴金花板彩画做法实物图例

彩图 6-5-2　花板彩画做法实例(1~4)(一)

(3) 纠粉间局部贴金花板彩画做法实物图例

(4) 纠粉花板彩画做法实物图例

彩图 6-5-2　花板彩画做法实例(1~4)(二)

彩图 6-7-1　浑金柱子彩画实例

彩图 6-7-2　朱红油地片金西番莲柱子彩画实例

(1) 画描墙边衬二绿做法(之一)

(3) 刷大绿界拉红、白线墙边做法

(2) 画描墙边衬二绿做法(之二)

(4) 刷大绿界拉黑、白线墙边做法

彩图 6-7-3　墙边彩画做法图例(1~4)

彩图 8-2-1 清代官式建筑彩画颜色谱

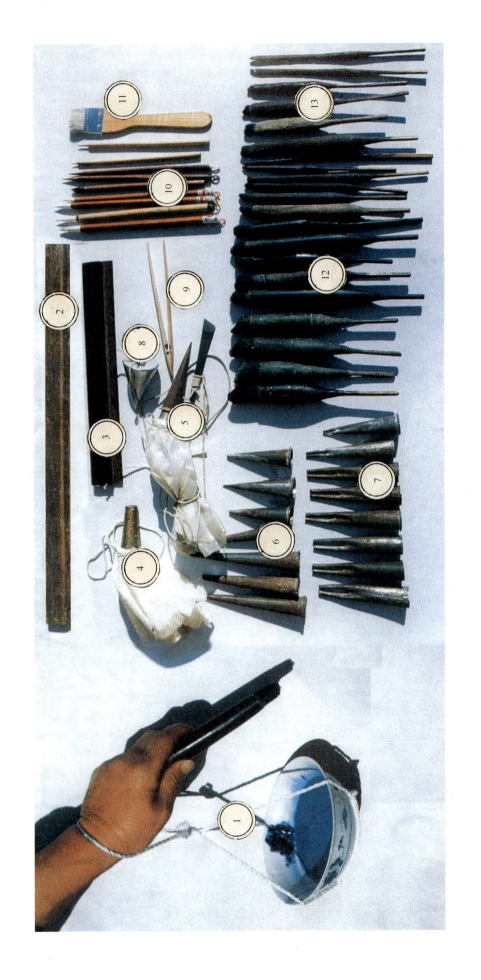

彩图 9-2-1　古建彩画传统画具

1—碗落子；2—坡梭尺；3—槽尺；4—老筒子；5—组装成的沥粉工具；6—各种口径的单尖子；7—各种口径的双尖子；8—线队；9—金夹子；10—各种画笔；11—羊毛板刷；12—各种口径的圆形綦画刷；13—各种不同粗细的捻子

清代官式建筑彩画彩色小样图集

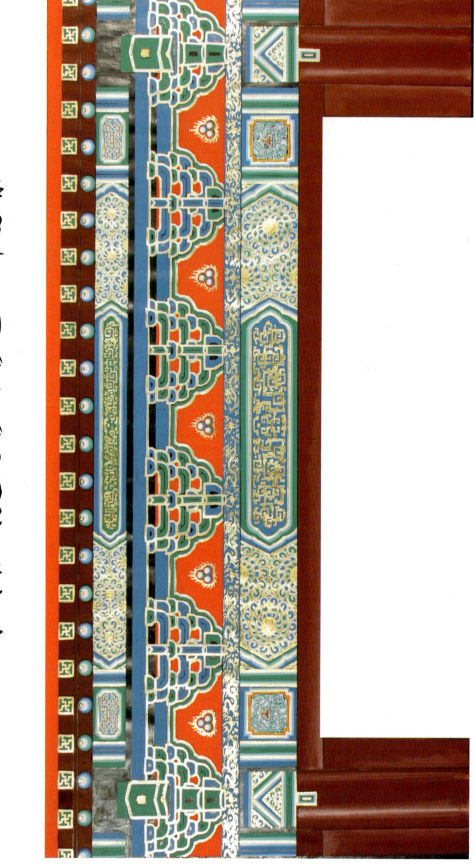

清代中期"金琢墨石碾玉夔龙方心"旋子彩画复原　绘制：蒋广全

清代中期墨线搭锦袱苏式彩画　绘制：蒋广全

清代中期金线包袱海屋添筹苏式彩画　绘制：蒋广全

游廊月梁抱头梁等构件清代中期墨线海墁式苏画　绘制：蒋广全

游廊月梁抱头梁等构件清代中期墨线方心式及部分海墁式苏画 绘制：蒋广全

清代中期金线云秋木彩画 绘制：蒋广全

283

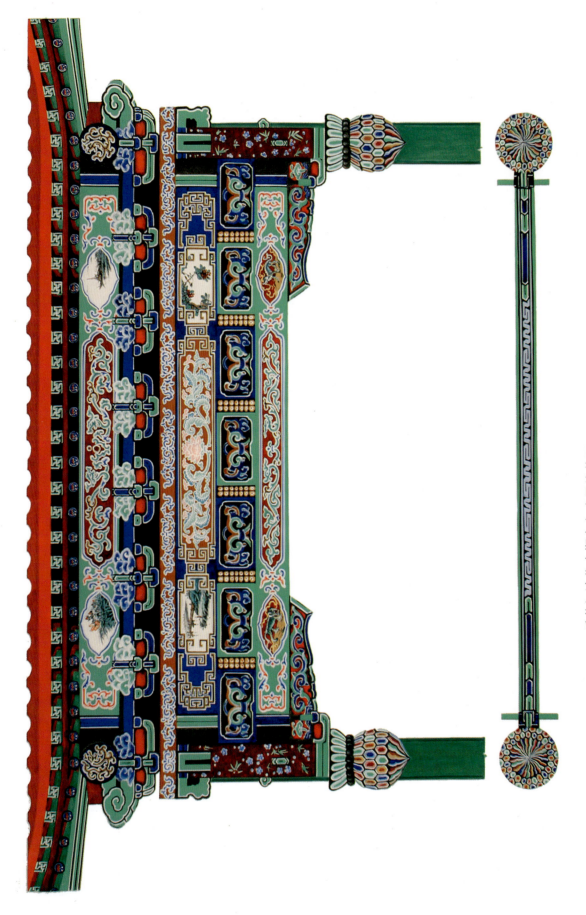

垂花门清代中期方心式墨线苏画　绘制：蒋广全

清代中期金线海墁式苏画　绘制：蒋广全

清代中期墨线海墁式苏画　绘制：蒋广全

垂花门清式金琢墨苏画 绘制：蒋广全

游廊清式金线包袱式苏画　绘制：蒋广全　赵双成

288

苏画烟云包袱落墨搭色绘法人物——踏雪寻梅 绘制：蒋广全

苏画烟云包袱硬抹实开绘法花鸟——富贵白头　绘制：蒋广全

清代宝珠吉祥草彩画　绘制：蒋广全

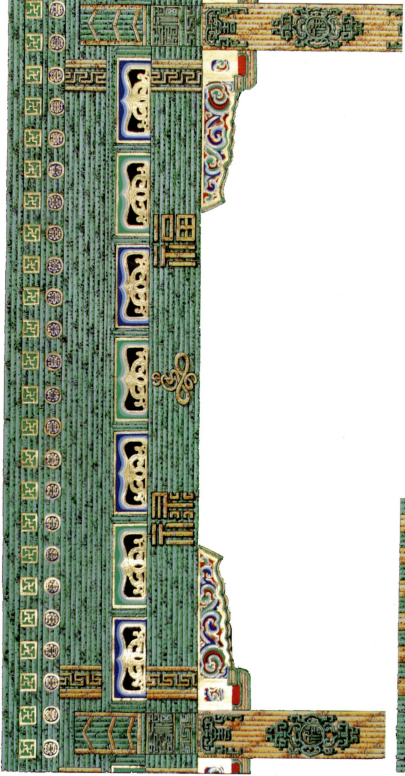

清代斑竹纹海墁彩画　绘制：蒋广全

雀替与斗栱清代彩画的几种基本做法　绘制：蒋广全

上图：升降龙天花彩画
下图：双凤天花彩画　　绘制：蒋广全

上图：玉做双夔龙寿字天花彩画

下图：玉做正面夔龙天花彩画　　绘制：蒋广全

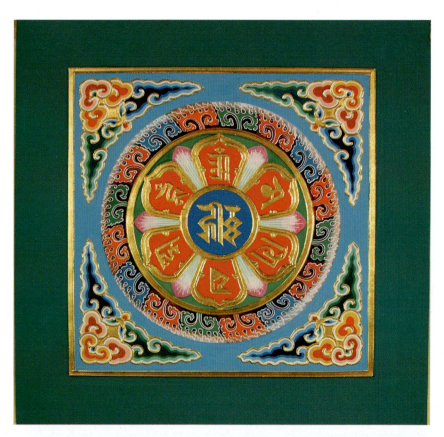

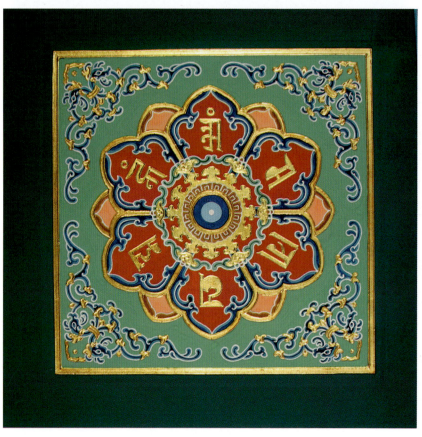

两例清代中早期六字正言天花彩画　绘制：蒋广全

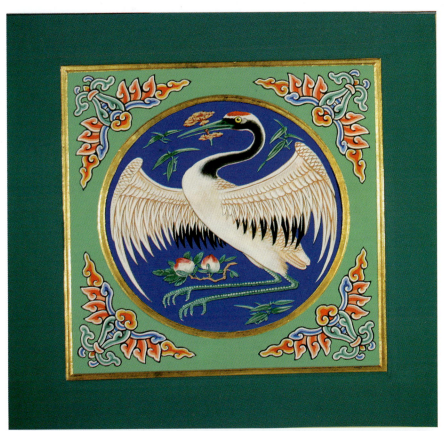

上图：单团鹤天花彩画

下图：清中期双团鹤天花彩画　绘制：蒋广全

清晚期百花图天花彩画　绘制：蒋广全

附录一

名词术语解释

旋子彩画：主体花纹的造型似圆旋涡状为特征的一类清代官式彩画，主要用做装饰殿堂建筑。

和玺彩画：主体框架大线以运用"{"形为构成特征的一类清代官式彩画，主要用做装饰殿堂建筑。

苏式彩画：构图形式多样、纹饰题材内容广泛、装饰效果较贴近生活为特点的一类清代官式彩画，主要用做装饰园林建筑。

宝珠吉祥草彩画：明代末期后金东北地区皇帝陵寝等建筑常采用，清代初期曾用于皇宫城门等建筑的以宝珠、大卷草做为主题纹饰的一类官式彩画。

海墁彩画：在建筑的上下架构件遍绘的无限定构图格式，做法具有随意性特点的一类清代官式彩画。

土黄三色伍墨空方心彩画：亦称雄黄玉旋子彩画、雄黄玉空方心旋子彩画。

云秋木彩画：即假木纹彩画。

斑竹座彩画：以海墁形式表现的，以斑竹纹为题材的彩画。

浑金旋子彩画：全部色彩都由贴金表现的旋子彩画。

金琢墨石碾玉旋子彩画：主体框架大线及细部旋花外轮廓线的全部及旋眼、栀花心、菱角地宝剑头沥粉贴金，主体框架大线旁侧及旋花等花纹内做晕色的旋子彩画。

烟琢墨石碾旋子彩画：主体框架大线、旋眼、栀花心、菱角地宝剑头沥粉贴金，主体框架大线旁侧做晕色，细部旋花等花纹外轮廓线做黑色，花纹内做晕色的旋子彩画。

金线大点金旋子彩画：在主体框架大线、细部旋花的旋眼、栀花心、菱角地宝剑头等做沥粉贴金的旋子彩画。

墨线大点金旋子彩画：在旋花的旋眼、栀花心、菱角地宝剑头做沥粉贴金的旋子彩画。

小点金旋子彩画：只在旋花的旋眼、栀花心做沥粉贴金的旋子彩画。

雅五墨旋子彩画：彩画无金，全部都由颜色构成的旋子彩画。

雄黄玉旋子彩画：以雄黄或土黄做基底色，主体框架大线及细部旋花等花纹按青、绿色之设色法则，用三青、三绿色绘制纹饰，再经行粉、攒色老,形成叠晕效果的旋子彩画。

空方心旋子彩画:方心内不画任何纹饰的旋子彩画。

一整两破旋花:旋子彩画找头内的花纹,为适应构件宽度由一整团旋花及两半团旋花构成的旋花组合。

旋花两路瓣画法及三路瓣画法:由头路、二路瓣所构成的旋花,称为两路瓣画法。由头路、二路、三路瓣所构成的旋花,称为三路瓣画法。

龙和玺:以龙纹做为主题纹饰的和玺彩画。

龙凤和玺:以龙纹、凤纹为主题纹饰的和玺彩画。

龙凤方心西番莲灵芝找头和玺:方心内运用龙凤纹,找头内分别运用西番莲、灵芝纹的和玺彩画。

龙草和玺:以龙纹、吉祥草纹为主题纹饰的和玺彩画。

凤和玺:以凤纹为主题纹饰的和玺彩画。

梵纹龙和玺:以梵纹(包括梵文字、佛塔等与佛教有关的纹饰)、龙纹为主题纹饰的和玺彩画。

箍头:大木彩画局部纹饰名称,位于构件两端成条带状的造型,亦称主箍头。

副箍头:大木彩画局部名称,位于箍头的外线至构件尽端位置。

黑老箍头:大木彩画局部名称,位于副箍头的黑色部分。

死箍头:亦名素箍头。彩画箍头的两条箍头线之间不绘繁细纹饰,只在箍头线的内侧拉饰白色线,或再加拉饰晕色,并都在箍头的中部拉饰黑老做法的做法。

活箍头:两条箍头线之间绘有曲折纹构成的有名称讲究的一类箍头。

万字箍头:以万字为纹饰内容的箍头。

回纹箍头:以回纹为纹饰内容的箍头。

福寿箍头:以夔福纹、寿字纹为内容的箍头。

卡海棠盒箍头:以小型卡子卡饰方形小盒子为纹饰的箍头。

观头箍头:亦称贯头箍头、环套箍头。箍头的细部纹饰,由细条带纹巧妙盘别构成似观世音头饰造型的箍头。纹饰画法有软、硬之不同,由弧形条带构成者称软观头箍头;由直形条带经转折构成者称硬观头箍头。

找头:大木彩画部位名称,位于箍头与方心或箍头与包袱之间。找头部位的纹饰,可视该部位的大小宽窄不同做灵活处理。

皮条线:彩画部位造型名称。旋子彩画类,位于找头的斜栀花形与旋花规划线之间的位置;和玺类彩画,位于找头的圭线光与皮条圭线之间的位置。

岔口:彩画部位造型名称。旋子彩画类,位于找头的旋花规划线与楞线之间的位置;和玺类彩画,位于找头的圭线与楞线之间的位置;方心式苏画类,位于找头的锦方线与楞线之间的位置。

楞线：彩画部位造型名称，横向构件，位于方心与岔口之间的位置；竖向构件，位于方心至构件的两边缘位置。

方心：彩画的纹饰造型名称，位于楞线以里的居中位置，占两箍头之间总长度的1/3，呈狭长造型。

盒子：彩画纹饰造型名称，在较长构件的两端，两条箍头之间的方形或长方形地子内所绘的与该地相交错或相重叠的方形或长方型、整或破形式的纹饰造型。分为死盒子与活盒子两种画法。

死盒子：亦称硬盒子。由于盒子图案的外轮廓大多画直线，故名。

池子：又名小池子。彩画纹饰造型名称。多用于平板枋、垫板及某些较窄枋底。其造型类似于方心，但长度体量非常短小，周围不设楞线，上下两边与构件宽相适应，左右两端头与方心头画法相同。

池子的块数不受限制，在体现装饰美的前提下可多可少，因而池子的长度画法不拘一格。

池子岔口：池子与燕尾地所夹之间的部位名称。

燕尾地：掐池子彩画两池子岔口之间形成的似燕尾形的空地。

半拉瓢掐池子：亦称半拉瓢卡池子。由画有水瓢样旋花的燕尾地所卡饰的池子。

活盒子：亦称软盒子。造型轮廓由曲弧形线条构成的盒子。此类盒子以外设岔角地，可做切活等纹饰；盒子心内可按清代彩画法规则，画各种特定的主题纹饰。

包袱：彩画纹饰造型名称，中早期称袱子。位于构件的中部，有的只画在一个构件上，有的连跨两个乃至三个构件，成近似半圆形、半菱形或半椭圆形的造型。

正搭包袱：包袱的开口位于上方者。

反搭包袱：包袱的开口位于下方者。

工王云：云的造型似工字、王字（有些画法似一字、二字），多用于和玺彩画、旋子彩画的挑檐枋、井口枋上连续排列的云纹图案。

流云：多运用于苏画的挑檐枋和海墁式苏画的某些部位，云团与云团间由云腿相连，给人以连绵不断有流动感的效果。

散云：多用于和玺、旋子等类彩画画有龙凤纹的部位，主要用做填补龙凤纹以外的空地，为不同造型的分散云纹。

岔角云：用于天花彩画圆鼓子以外及某些柱头彩画盒子以外的三角区域，整体造型成抱圆三角式云纹。

立水：指运用于和玺彩画柱头海水江牙下端的成斜立或直立式的条形水纹。

卧水：用于和玺彩画柱头海水江牙上端成横向的大海波纹或浪花状纹。

卷草纹：抽象化程式化了的花草纹。

把子草：有箍捆束的、成左右或上下对称的单体组织的卷草纹。

西番莲：抽象化程式化了的自然界西番莲图案，由卷草纹枝叶并绘有花头图案。

团花纹：整体造型成近乎于圆形、椭圆形或菱形的纹饰的统称。

火焰三宝珠：外围画火苗图案，内画三颗宝珠之纹饰。

分三停及三停线：按清代彩画构图规则，把横向构件的总长减去两副箍头的宽度，将所余总长度均分成三等份称为分三停。三等份之间的垂直线名三停线。

上青下绿：建筑同一立面垂直方向构件，彩画箍头的设色规则。如上方构件箍头为青色，则下方构件箍头为绿色。

整青破绿：旋子彩画死盒子的整、破画法及与其侧的箍头色之间结合方式的规则。凡画整栀花盒子或画整四合云盒子，其侧面的箍头必为青色；反之必为绿色。

青靠香色绿靠紫：清式彩画细部花纹青色与香色、绿色与紫色挨近设色的约定俗成的规矩。

升青降绿：和玺彩画不同姿势的龙纹、凤纹的画法与其所处部位基底色之间的安放规则。如找头内画升龙者，则找头的基底色当为青色；找头内画降龙或降凤者，则找的基色当为绿色，如此等等。

硬青软绿：（1）清代晚期苏画找头之硬、软卡子与找头的基底色之间结合的规则。凡找头内画硬卡子者，其基底色为青色；凡找头内画软卡子者，其基底色为绿色。

（2）凡画硬观头箍头，则必须占青色箍头的位置；凡画软观头箍头，则必须占绿色箍头的位置。

刮擦旧彩画：在有沥粉的旧彩画上取得沥粉纹样的一种传统方法。将高丽纸稍加喷湿，蒙于旧彩画表面，用较软的小皮子对纸面做反复轻刮，使纸面卧实并凸显出沥粉纹，再用包有黑烟子粉的布包对纸面反复轻擦，纸面便可显现出旧彩画的沥粉纹样。

拓描旧彩画：在有沥粉的旧彩画上取得沥粉纹样的传统方法之一。该法颇似于捶拓碑文的方法，用高丽纸并稍加喷湿，蒙于旧彩画表面，然后用包有棉花的净布包对纸表面做反复捶拍，使纸卧实并凸显示出沥粉纹，再用另一蘸有黑烟子色的布包对纸面做反复捶拍，彩画沥粉纹便会显现于纸画，这种方法为拓。

所谓描，指对捶拓片之含糊不清的纹样按原风格做加重的复描。

踏描旧彩画：指对古建筑不作沥粉贴金的素作旧彩画用透明或半透明纸蒙在上面，按纹饰的原样，做如实过描的一种方法。

起谱子：即画作人员用拉力强的牛皮纸，画作施工前按着构件的实际尺寸，在牛皮纸上画原大标准线描图的工作。

墨线点金彩画：我国元代及明代的一种与清代"旋子点金彩画"相类似的彩画。

贴两色金彩画：在同一构件上按纹饰区别分别贴红金箔与黄金箔的彩画。

攒退活：清代彩画细部图案的一种画法，具体做法是：

无论图案的轮廓线为什么颜色，其图案内的底色，都是先平涂同色相但明度较浅的小色，然后在图案的中部或一侧，留出一定宽度的小色做为晕色，同时压画与该小色相同色相的深色。此做法称为攒退。

金琢墨攒退图案：外轮廓线以运用沥粉贴金为做法特点的图案。属于细部图案的攒退活范畴。

烟琢墨攒退图案：外轮廓线以运用黑色圈描为做法特点的图案。属于细部图案的攒退活范畴。

烟琢墨攒退间点金图案：图案的大部为烟琢墨攒退，某些局部做沥粉贴金的图案。属于彩画细部图案的攒退活范畴。

玉做图案：简称玉做。图案的外轮廓线或一侧，用白色圈描为做法特点的图案。属于细部图案的攒退活范畴。

玉做间点金图案：图案的大部为玉做，只在局部做些沥粉贴金的图案。属于彩部图案的攒退活范畴。

切活：亦称反切，清式彩画细部图案一种独特的绘制方法，具体做法是：在基底色上，用黑色直接描画图案，通过描画使原平涂色变成花纹的造型色，描上去的黑色反倒变成了基底色。这是凭画师熟练的纹饰造型功底反画图案的一种彩画技法。

响堂：指由于没留空间，使地子内所绘的花纹顶到了地子边缘。

认色：识别颜色，判断色相是否相同。

金边框金老、金边框墨老、墨边框墨老：指建筑的角梁、霸王拳、穿插枋头、角云、三岔头等部位彩画的边框和老的三种不同做法：

(1) 金边框金老，彩画的边框及老全都沥粉贴金。

(2) 金边框墨老，彩画的边框沥粉贴金，老为黑色。

(3) 墨边框墨老，无论边框及老全都做成黑色。

宝仙花：亦称宝相花，古代吉祥图案之一。其花头主要以牡丹花、莲花为素材经抽象化程式化构成，枝叶由卷草纹构成。清代彩画主要用于天花及椽望等部位。

佛八宝：指轮、螺、伞、盖、花、罐、鱼、长八种图案。

片金流云：由沥粉贴金表现的流云。

片金夔龙：由沥粉贴金表现的夔龙。

宋锦：对于清式彩画中具有宋代锦纹画法风格特点的各种锦纹的统称。通常多用于旋子彩画方心中。

轱辘燕尾云：用于天花支条的纵横相交处的十字形的彩画图案，其中圆形纹饰称轱辘，由云纹构成的似燕尾形状的图案称燕尾云。

三裹柁：画作对外露三个看面的构件的俗称。

硬天花：直接在木制天花板上绘制的天花。

软天花：指用高丽纸等纸或绢裱糊在木制天花板上的天花。

死天花：指不能从建筑顶棚上摘取下来的天花。

活天花：指可以从建筑顶棚上摘取下来的天花。

正面龙天花：在天花彩画的圆光内，画头朝正面的圆团式龙的天花俗称坐龙天花。

金莲水草天花：天花彩画的圆光内，以三朵金色莲花和绿色水草为主题纹的天花。

鲜花天花：俗称四季花天花、百花图天花。指以各种写实花卉做主题纹的天花。

六字正言天花：又称六字真言天花。指以藏传佛教的梵文字：唵、嘛、呢、叭、咪、吽做主题纹的天花。

老金边：主要指（1）天花彩画的方光至天花板边缘之部位；（2）木雕刻雀替的大草池子至雀替边缘之部位。

天花圆光及方光：天花板彩画中央的圆形称圆光或圆鼓子。圆光以外的方形称方光或方鼓子。

一字方心旋子彩画：彩画的方心内画近似于一字的图案做为主题纹饰的旋子彩画。

金老、墨老及色老："老"，亦称随形老，是建筑构件外形的缩画。古建彩画各种做法的老的统称。

其中，对采用沥粉贴金表现的老，称为金老；对采用黑色表现的老，称为墨老或黑老；对采用其它颜色表现的老，称为色老。

点金：指彩画特定的贴金方式，只在花纹的某些特定部位做有规律的撒花式的贴金。

片金：彩画的一种贴金方式，在花纹的外部造型贴金，金色花纹以外的地子，用其它颜色来表现。

浑金：不用其它颜色，全部用贴金表现。

平金：亦称平贴金。是在不做沥粉的平面上直接贴金箔的做法。

窝金地儿白活：苏画白活的一种，其绘画空间背景不用其它颜色，而是做平贴金。

博古：指绘于苏式彩画等彩画某些特定部位的书卷、画卷、角、鼎、瓶等类文玩器物的造型绘画。

风路：指彩画的纹饰与纹饰之间及纹饰与其所处部位的边缘之间的空间。

子母粉：特指黑色的方心线内外所夹画的两种粗细不同的白色线，粗白线称母粉，细白线称子粉。

肚弦：指有套兽的仔角梁底面似鱼鳞片样的图案纹饰。

线法：以运用透视及硬抹实开画法所绘制的中国古建筑风景画。多用于苏画的包袱、方心及迎风板等部位。

白活：指苏画的方心、包袱、池子等造型部位内，在涂刷白色基底色的地子上绘制各种写实性绘画。

大龙纹：指古建筑彩画中已为人们熟悉的各种形态的龙纹。

夔龙纹：指由卷草图案构成的抽象化程式化的一种龙纹。亦名草龙。

硬卡子：由直形条状纹经转折构成的卡子。多用于苏画找头部位。

软卡子：由曲弧形条状纹经弯转构成的卡子。多用于苏画找头部位。

硬抹实开：先平涂色绘出造型，再开墨线或色线，而后做工细的渲染、着色、嵌粉等多道次工序完成的一种绘法写实性绘画。

落墨搭色：写实性绘画的一种画法，先落墨，然后罩染各种清淡透明水色。

洋抹：写实性绘画的一种画法，吸收西画绘画技法，不勾线，用各种颜色经直接涂抹完成。

作染：写实性绘画之一种，先平涂色，绘出造型，再经垫染、开线、分染、着色等程序完成的一种绘法。

拆垛：写实性绘画之一种，以一笔两色直接完成的一种绘法。

硬烟云：以直线和面转折构成的烟云。

软烟云：以弧线和弧面弯转构成的烟云。

烟云：由浅至深的色阶条纹造型构成的包袱式苏画的边框和方心式苏画的活贫口外框。

退烟云：苏画施工中由浅色至深色的一道一道地画烟云的操作过程。

沥粉：古建彩画的一种传统工艺。用土粉子、青粉、动物质水胶等材料调制成粥样粉浆材料，经特制的沥粉工具，按彩画纹饰走向，经手工挤压，使粉浆沿纹饰沥成为凸起于平面的半浮雕式立体花纹的操作过程。

沥大、小粉：沥较粗的粉条为沥大粉，较细的粉条为沥小粉。

刷大、小色：指平涂大片较深的基底色和各种小片较浅的基底色。

罩刷色：在已经涂刷了颜色的表面，再蒙刷同样的颜色。

接天地：将白活底色中天空色彩和地的色彩涂刷啣接成一体的操作过程。

过胶矾水：在已涂刷的颜色上面蒙刷胶矾水的操作过程。

摊活：起彩画稿子称为摊活。

摊找活：对所拍谱子中粉迹不正确的部分、遗漏或不清的部分的校正、描实，以及应做纹饰但未起谱子部分补画纹饰的工作。做的校正、描实、补画之活。

拉大黑：依直尺画黑色大线称拉大黑。

吃小晕：在旋花瓣外围轮廓部位随瓣画较细的白色线。

包黄胶：在彩画要贴金的部位，垫涂含胶量较大黄色。

描红墨：运用红土子色对所拍谱子粉迹偏离、不清等疵病，进行堪误校正或补画的工作。

开白粉：亦称行白粉。指在平涂了某种颜色的花纹的一侧或两侧画较细的白色浅纹。

筋斗粉：在彩画细部花纹的一侧画的细白线纹。

双夹粉：在彩画细部花纹的两侧画的细白线纹。

纠粉：指在木雕刻彩画表面用白色做渲染。

拉大粉：依直尺画白色大线。

拉晕色：依直尺在深色上画浅色条带纹。

天大青：名词见于清《工程做法则例》卷五十八"画作用料"。该颜色主要由天然矿物质头石青及一定量的广靛花合成，合成的颜色深于天然头石青，色彩虽艳丽但稳重柔和，有经久不易褪色及不易与其它颜色起化学变化的特点。该颜色早已断档。

大绿：名词见于清《工程做法则例》卷五十八"画作用料"。该颜色主要由天然矿质头石绿及一定量的锅巴绿合成，合成色深于天然头石绿，色彩稳重柔和，具有经久不易褪色及不易与其它颜色起化学变化的特点。该颜色早已断档。

洋青：清代由国外进口的一种成细颗粒状、彩度较高的蓝色化工颜料，曾从德国进口的顺全隆牌洋青。清代早、中期仅用做不做贴金苏画的大色及调配某些小色，晚清以来洋青逐渐代替天大青用于各种彩画。

洋青亦名佛青、云青、群青。

洋绿：清代由国外进口用于古建筑彩画的一种细颗粒状、彩度较高的绿色化工颜料，如德国进口的鸡牌绿、巴黎绿以及日本绿、澳大利亚绿等。

清代晚期以前主要用国产大绿，之后逐渐使用洋绿，民国时期至今所做的古建筑彩画，几乎全部改用了洋绿。

三寸见方红金：清代官式彩画曾经用的金箔品种之一，规格三平方寸，金箔黄中透红，颜色明度偏深，具有经久不易褪色的特点，该品种早已经断档。

三寸见方黄金：清代官式彩画曾经用的金箔品种之一，规格三平方寸，金箔黄中透青白，颜色明度偏浅，该品种早已断档。

库金箔(98库金箔)：现代国产金箔，含金98%，含银2%，规格93.3mm×93.3mm，金箔色彩黄中透红，颜色明度偏深，具有经久不易褪色的特点。该金箔的光泽色彩非常近似于清代的红金，故现代古建油饰彩画一般以98库金箔代替红金箔使用。

赤金箔(74赤金箔)：现代国产金箔，含金74%，含银26%，规格83.3mm×83.3mm，光泽色彩黄中透青白，颜色明度偏浅，施工后若直接地暴露在自然环境中，极易褪失其光泽，故往往要采取特殊的处理措施。该金箔的光泽色彩近似于清代的黄金，故现代古建油饰彩画一般以74赤金箔代替黄金箔使用。

光油：传统古建油饰使用的一种由桐树籽油等材料熬制的树脂油。该油褚黄色且透明，具有一定稠度黏性，干燥结膜后具有较好的光亮度和韧性，耐紫外线照射，与其它颜材料调和或者做重叠涂刷不易起化学反应。

画作一般用于特殊做法的油调色、彩画某些部位的罩油及胶砸沥粉的添加料等。

俊胶：由动物质水胶调制颜色或沥粉，遇天冷时，由可流动的浆糊体状态凝固成半固体状态的现象。

天然矿产颜料：自然存在的固态矿物质，经开采加工而成的颜料，该颜料具有相对稳定的化学性能。

化工颜料：泛指近现代化学工业生产的颜料。

动物质胶：用动物的皮、筋加工熬制的水胶。

油满：古建油作用来调制地仗灰的一种人工合成的材料，由灰油、面粉及生石灰水合成。

彩画作有时用油满代水胶做满砸沥粉。

彩画地仗色：彩画地仗色，指在特定范围内，对细部花纹起依仗、衬托作用的颜色。原见于清工部《工程做法则例》卷五十八"画作用料"中的"海墁葡萄米色地仗"，指的是以米色为背景色，画写实的海墁式葡萄。

彩画基底色：即"彩画地仗色"。

胶砸沥粉：由水胶做黏结料所调制的沥粉。

满砸沥粉：用油满做黏结料所调制的沥粉。

大色：相对于彩画的小色而言。指彩画中用量较多、颜色较深、主要用做涂刷大片基底色的各种颜色。

小色：相对于彩画的大色而言。指彩画中用量较少、颜色较浅、通常用做晕色的各种颜色。

色相：色彩所呈现出来的质的面貌。

颜色明度：指颜色的明亮程度。

彩度：指颜色的鲜艳程度或暗淡程度。

晕色：做于某种深色的一侧或两侧或周围的，与该深色的色相相同，颜色的明度明显要浅，对该深色能够起到晕染作用的颜色。

头色：泛指颜色明度较深的各种颜色。头色是相对于二色、三色……等浅色而言的。

二色：相对于头色而言，泛指明度明显浅于头色一个色阶的颜色。

三色：相对于二色而言，泛指明度明显浅于二色一个色阶的颜色。

白粉：即白色。清代彩画运用定粉（中国铅粉）做白色。

定粉：加工成锭子形的中国铅粉。

趾色：入胶调制颜色称趾色。

砸沥粉：入胶调制沥粉工艺称砸沥粉。因在调制沥粉时，须用木棒对材料反复捣砸故名。

尺棍：彩画施工中画直线用的尺，包括：坡棱直尺、槽尺、弧形直尺等。

捻子：传统彩画施工用的主要画具，系由较长猪鬃加工制做的各种大小不同的扁型、圆型的画刷。

碗落子：传统古建筑彩画施工专用的套在手腕上放置盛颜色大碗用的挽具，由细麻绳挽系而成。

附录二
引用注释

[1]　徐改：《中国古代绘画》(商务印书馆 1996 年版)

[2]　杨建果、杨晓阳：《中国古建筑彩画源流初探（二）》(《古建园林技术》杂志 1992 年第 4 期总 37 期)

[3][4][5][6][7]　建筑科学研究院建筑史编委会组织编写，刘敦桢主编：《中国古代建筑史》(中国建筑工业出版社 1984 年 6 月第版)

[8][9]　王仲杰：《试论元明清三代官式彩画的渊源关系》(《紫禁城建筑研究与保护》故宫博物院建院 70 周年回顾，紫禁城出版社 1995 年)

[10]　徐改：《中国古代绘画》(商务印书馆 1996 年版)

[11]　梁·吴均：《西京杂记》

[12]　汉·张衡：《西京赋》

[13]　晋·左思《吴都赋》

[14]　杨建果、杨晓阳：《中国古建筑彩画源流初探（一）》(《古建园林技术》杂志 1992 年第 3 期总 36 期)

[15]　林徽因：为《中国建筑彩画图案》的清式彩画所写的序文（中国古典艺术出版社编辑室，1954 年）

[16]　祁英涛：《怎样鉴定古建筑》

[17]　王仲杰：《中国建筑彩画图集》

[18]　于倬云主编《紫禁城建筑研究与保护》，王仲杰：《故宫建筑彩画保护 70 年》。

主要参考文献

1　李诫. 崇宁二年（公元1103年）. 营造法式. 重印. 上海：商务印书馆，1954

2　梁思成. 清式营造则例. 北京：中国建筑工业出版社，1980

3　中国科学院自然科学史研究所. 中国古代建筑技术史. 北京：科学出版社，1985

4　建筑科学研究院建筑史编委会组织编写. 刘敦桢主编. 中国古代建筑史. 北京：中国建筑工业出版社，1984

5　于倬云主编，副主编魏文藻，郑连章，傅连兴. 紫禁城建筑研究与保护. 北京：紫禁城出版社，1995